U0313721

人工智能
本科专业知识体系
与课程设置

郑南宁◎主编

Knowledge System
and Curriculum Setting
for Undergraduate Program
of Artificial Intelligence

清華大學出版社
北京

内 容 简 介

本书针对高等学校人工智能本科专业人才培养的专业内涵、定位和知识体系，设置了数学与统计、科学与工程、计算机科学与技术、人工智能核心、认知与神经科学、先进机器人技术、人工智能与社会、人工智能工具与平台等课程群，重点介绍了八大课程群中各门课程的概况和知识点，为培养具有科学家素养的工程师奠定知识和能力的基础。

本书可为各类学校人工智能专业构建宽口径和学科交叉的课程体系提供参考和引导示范，同时也可为研究生相关课程体系建设和专业学习提供指引。

图书在版编目(CIP)数据

人工智能本科专业知识体系与课程设置/郑南宁主编. —北京：清华大学出版社，2019(2022.10重印)
ISBN 978-7-302-53705-2

Ⅰ. ①人… Ⅱ. ①郑… Ⅲ. ①人工智能－课程设置－高等学校 Ⅳ. ①TP18

中国版本图书馆 CIP 数据核字(2019)第 178366 号

责任编辑：王　芳
封面设计：李召霞
责任校对：梁　毅
责任印制：沈　露

出版发行：清华大学出版社
网　　址：http://www.tup.com.cn，http://www.wqbook.com
地　　址：北京清华大学学研大厦 A 座　　**邮　　编**：100084
社 总 机：010-83470000　　**邮　　购**：010-62786544
投稿与读者服务：010-62776969，c-service@tup.tsinghua.edu.cn
质量反馈：010-62772015，zhiliang@tup.tsinghua.edu.cn
课件下载：http://www.tup.com.cn，010-83470236
印 装 者：三河市龙大印装有限公司
经　　销：全国新华书店
开　　本：185mm×230mm　　**印　　张**：30　　**字　　数**：636 千字
版　　次：2019 年 9 月第 1 版　　**印　　次**：2022 年10月第 7 次印刷
定　　价：129.00 元

产品编号：085242-01

教育也是一种创造

在本书付梓之际，窗外细雨蒙蒙，梧桐滴翠，沁人心脾。自本书酝酿至今，迂思回虑、推敲琢磨，历时二年有余，可谓“千呼万唤始出来”，这本书的背后浸润着我们三十余年来在人工智能领域的研究探索和人才培养的实践。编写过程中一次次思想碰撞，一遍遍伏案执笔，反复“自我教育和学习”的洗礼，更深感教育是一个缓慢而优雅的过程；正是这样的“缓慢”诠释了我们对构建全新一流的人工智能专业知识体系与课程设置的认识。

问渠那得清如许？为有源头活水来。教育的基本问题是培养什么样的人，怎样培养人，而专业知识体系构建与课程设置是为人才培养提供保障的重要载体之一。专业知识体系构建与课程设置是一个不断完善的过程，只有坚持实践、与时俱进，使其知识体系的建设和教育质量的提高成为一种创造的追求，才能使我们通过教育的实践培养出优秀的人才。潜心教育与课程建设不仅是对教师科学生命的一种延续，也是不断焕发教师科学青春的一剂良方。

人工智能是一门新兴的技术科学，具有多学科综合、高度复杂的特征以及渗透力和支撑性强等特点，它涉及信息科学、认知科学、脑科学、神经科学、数学、心理学、人文社科与哲学等多学科的深度交叉融合。这是我们构建人工智能专业知识体系和课程设置的基本指导思想，同时我们在专业知识体系的构建中注重“脑”（Mind）与“手”（Hand）相结合，即“知识的学习”与“动手的实践”相融相长，为学生今后能成为“大科学家”、成为具有“科学家素养”的工程师和人工智能相关领域的领军人才奠定知识和能力的基础。

教育者，非为已往，非为现在，而专为将来。人工智能的人才培养应重视思考未来的人工智能需要从哪些学科获得灵感。在集体智慧的交互、精益求精的斟酌与研讨的基础上，形成了人工智能专业知识体系中的数学与统计、科学与工程、计算机科学与技术、人工智能核心、认知与神经科学、先进机器人技术、人工智能与社会、人工智能工具与平台等八大课程群。通过这些理论、方法、工具和系统等课程设置以及高水平的跨学科师资团队，培养人工智能专业学生具有创新、创业、跨学科交叉、全球化和伦理道德等思维能力，有助于学生在毕业以后拥有更强的可塑性和更广阔的发展空间，在各行各业担当起创新、创业的重要角色，成为人工智能领域的高层次人才。

以学生为本，以创造为源。教育不是注满一桶水，而是点燃一把火，打开一扇门。期望在这本书指导下的教学工作能点燃学生内心探索人工智能奥秘的火种，帮助学生走进未来，并将在未来某个时刻，他们能放射出更加灿烂的光芒。

郑南宁教授

2019年7月22日于西安

PREFACE

前　　言

40 亿年以来，地球上的生命遵循着最基本的自然进化法则缓慢地演化。然而，随着人工智能等科学技术的发展，人类历史上将会出现按照有机化学规则演变的生命和无机的智慧生命并存的形态，或者说人类有可能利用计算机和人工智能去设计生命。目前，尽管我们无法描述人工智能技术在未来几十年后会形成什么样的具体形态，但可以确定的是，人工智能技术的发展一定会给人类带来革命性的变化，并且这个变化一定会远超人类过去千年所发生的变化。人工智能将成为未来 30 年影响最大的技术革命。

近年来，布局发展人工智能已经成为世界许多国家的共识与行动。中国高度重视人工智能的发展，习近平总书记多次重要讲话强调加快人工智能发展的重要性和紧迫性，强调“人工智能是新一轮科技革命和产业变革的重要驱动力量，加快发展新一代人工智能是事关我国能否抓住新一轮科技革命和产业变革机遇的战略问题”“要加强人才队伍建设，以更大的决心、更有力的措施，打造多种形式的高层次人才培养平台，加强后备人才培养力度，为科技和产业发展提供更加充分的人才支撑”。

自 2017 年起，人工智能已连续三年写入《政府工作报告》，加快新一代人工智能发展已成为国家重大战略。2017 年 7 月，国务院正式发布《新一代人工智能发展规划》，将我国人工智能技术与产业的发展上升为国家重大发展战略，提出要“完善人工智能教育体系”。2018 年 4 月，为贯彻落实国家《新一代人工智能发展规划》，教育部印发了《高等学校人工智能创新行动计划》，明确提出了设立人工智能专业、推动人工智能领域一级学科建设、建立人工智能学院以及完善人工智能领域人才培养体系等重要任务。今年 3 月，教育部批准全国 35 所大学建设首批“人工智能”新本科专业。

早在 1986 年，西安交通大学就成立了“人工智能与机器人研究所”（简称人机所），该研究所依托“模式识别与智能系统”国家重点二级学科开展教学、科研和人才培养工作，并逐步形成了独特的育人文化，培养了一批学术界和产业界的领军人才，成为高水平创新人才培养的重要基地。30 余年来，人机所始终坚持人工智能，特别是计算机视觉与模式识别的应用基础理论研究，并积极与国家重大需求相结合，培养了以人工智能领域世界一流科学家孙剑为代表的一大批优秀人才，取得了一系列重大科研成果，获国家自然科学基金委员会“创新研究群体科学基金”首批资助，成为“视觉信息处理与应用”国家工程实验室、教育部和国家外国专家局“机器视觉与认知计算”高等学校学科创新引智基地、教育部混合增强智能示范中心、“认知科学与工程”国际研究中心的支撑单位，为西安交通大学在人工智能领域奠定了坚实的基础，有力支撑了我国人工智能发展。

为满足国家重大战略需求，服务国家和地方社会经济发展，紧抓人工智能发展的重大历史机遇，充分发挥西安交通大学在人工智能领域的科学研究和人才培养的优势，加快人工智能创新人才培养，2017 年由中国工程院院士郑南宁教授领衔，在学校的大力支持下，创办了“人工智能拔尖人才培养试验班”，探索培养人工智能方向本科生，并于 2018 年招收第一批本科生。2018 年 11 月在人机所的基础上成立了人工智能学院，2019 年 3 月获教育部首批“人工智能”本科新专业建设资格。

人工智能具有多学科综合、高度复杂的特征以及渗透力和支撑性强等特点，其课程体系必须以学科交叉为重要指导思想。因此，人工智能人才培养具有高度的挑战性。人工智能专业的建设目标是培养扎实掌握人工智能基础理论、基本方法、应用工程与技术，熟悉人工智能相关交叉学科知识，具备科学素养、实践能力、创新能力、系统思维能力、产业视角与国际视野，未来能在我国人工智能学科与产业技术发展中发挥重要作用，并有潜力成长为一流的人工智能领域人才。

自 2017 年初开始，历经两年多的深入研讨和推敲，借鉴国际一流大学人工智能方向的课程设置和培养理念，最终形成了包括数学与统计、科学与工程、计算机科学与技术、人工智能核心、认知与神经科学、人工智能与社会、先进机器人技术、人工智能工具与平台等八大课程群计 37 门课程，其中必修 25 门、选修 12 门（完成所需学分须选修其中 7 门）。在实践方面，特设了“专业综合性实验”课程群，培养学生综合运用所学知识动手解决实际问题的能力，使学生培养达到“脑”与“手”相结合的目标。

经过严格遴选，教学团队以西安交通大学人工智能学院教师为主体，并特聘校内其他院系的优秀教师以及国内外知名高校、科研机构和人工智能企业的知名专家加入。例如，“计算机科学与人工智能的数学基础”将由具有数学专业背景，并从事人工智能领域研究的教授讲授；“理论计算机科学的重要思想”是由在国内理论计算机领域享有著名声誉的南京大学教授主讲；“认知心理学基础”由陕西师范大学心理学院知名教授讲授；“人工智能的科学理解”将由在科研与教学有着丰富实践和深刻洞见的资深教授讲授；微软亚洲研究院的专家也将参与“机器学习工具与平台”的授课等。

在当前第四次技术革命的背景下，中国不仅需要培养出更多的人工智能领域人才，更要培养出高层次乃至世界顶尖的人工智能人才。本书作为人工智能人才培养极为关键的本科阶段课程体系的指导，期望通过该课程体系引导的教学工作，使学生能掌握扎实的人工智能基础理论与方法，拥有特色的学科交叉背景，为他们今后能成长为人工智能领域的科学家、工程师，以及相关领域的创新、创业的高层次人才奠定良好的知识与技能的基础。

本书难免还存在一些缺点和不足，殷切希望广大国内同仁和读者批评指正！

西安交通大学人工智能学院
本科专业知识体系建设与课程设置工作组
2019年7月

西安交通大学人工智能学院
本科专业知识体系建设与课程设置

工　作　组

组　长：

郑南宁（西安交通大学人工智能学院）

副组长：

孙　剑（西安交通大学人工智能学院）

辛景民（西安交通大学人工智能学院）

Jose C. Principe（美国佛罗里达大学）

成　员（按姓氏笔画排序）：

王　乐（西安交通大学人工智能学院）

兰旭光（西安交通大学人工智能学院）

任鹏举（西安交通大学人工智能学院）

刘龙军（西安交通大学人工智能学院）

刘跃虎（西安交通大学人工智能学院）

孙宏滨（西安交通大学人工智能学院）

杜少毅（西安交通大学人工智能学院）

杨　勐（西安交通大学人工智能学院）

汪建基（西安交通大学人工智能学院）

陈霸东（西安交通大学人工智能学院）

徐林海（西安交通大学人工智能学院）

魏　平（西安交通大学人工智能学院）

参与本书编写的人员还有（按姓氏笔画排序）：

Georgios N. Yannakakis（马耳他大学数字游戏研究所）

王　锋（西安交通大学经济与金融学院）

白惠仁（西安交通大学人文社会科学学院）

朱晓燕（西安交通大学计算机科学与技术学院）

仲　盛（南京大学计算机科学与技术系）

杜行俭（西安交通大学自动化科学与工程学院）

李延海（西安交通大学生命科学与技术学院）

李　昊（西安交通大学计算机科学与技术学院）
李　博（西安交通大学机械工程学院）
杨建国（西安交通大学电气工程学院）
杨　强（香港科技大学计算机科学与工程系）
张元林（西安交通大学人工智能学院）
张　帆（西安交通大学经济与金融学院）
张　驰（西安交通大学认知科学与工程国际研究中心）
张雪涛（西安交通大学人工智能学院）
张　璇（西安交通大学认知科学与工程国际研究中心）
宗成庆（中国科学院自动化研究所）
赵　飞（西安交通大学机械工程学院）
赵晶晶（陕西师范大学心理学院）
姜沛林（西安交通大学软件学院）
姚慧敏（西安交通大学人工智能学院）
袁泽剑（西安交通大学人工智能学院）
高彦杰（微软亚洲研究院）
唐亚哲（西安交通大学计算机科学与技术学院）
梅魁志（西安交通大学人工智能学院）
葛晨阳（西安交通大学人工智能学院）
惠　维（西安交通大学计算机科学与技术学院）
薛建儒（西安交通大学人工智能学院）

郑南宁、辛景民、张璇、杨勐完成了全书的统稿。

注："工科数学分析""线性代数与解析几何""概率统计与随机过程"和"复变函数与积分变换"的教学大纲在西安交通大学数学与统计学院数学教学中心制定的基础上进行了修订；"大学物理（含实验）"教学大纲在西安交通大学理学院大学物理部、大学物理教学实验中心制定的基础上进行了修订。

CONTENTS

目　　录

第1章

人工智能及人才培养定位

1.1 人工智能

通过用机器模仿人类的行为，使机器具有人类的智慧是人类由来已久的梦想和追求。人工智能(Artificial Intelligence，AI)的早期种子可以追溯到古希腊亚里士多德的逻辑推理，而人工智能作为专业术语和一门学问则兴于1956年在美国达特茅斯学院(Dartmouth College)召开的"人工智能夏季研讨会"(Dartmouth Summer Research Project on Artificial Intelligence)，其目的就是探讨用机器来模仿人类学习以及其他方面的智能。

一般而言，人工智能是指以机器为载体，模拟、延伸和扩展人类或其他生物的智能，使机器能胜任一些通常需要人类智能才能完成的复杂工作。不同种类和程度的智能出现在人和许多动物身上，而人工智能所展示的智能并不局限于这些生物具有的自然智能，它能像人那样思考，也可能超过人的智能。此外，不同的时代、不同的人对这种"复杂工作"的理解是不同的。

在学术上，人工智能通常被划分为符号主义(源于数理逻辑，自顶而下)、连接主义(源于对人脑模拟，人工神经网，自底而上)、行为主义(源于控制论)、贝叶斯方法(基于概率推理)和类推主义(Analogizer)等五大学派。人工智能主要通过搜索和优化、逻辑、概率推理、神经网络等工具，解决知识表示、演绎推理、问题求解、学习、感知、规划、运动与操纵、自然语言处理等核心问题。人工智能主要涉及控制理论、计算机科学与工程、数学、统计学、物理学、认知科学、脑科学、神经科学、心理学、语言学、哲学等。

当前，人工智能迎来了第三次发展浪潮，人工智能已成为引领新一轮科技革命和产业变革的战略性技术，人类正走向人工智能时代。以此为契机的人工智能及相关技术的发展和应用对于整个人类的生活、社会、经济和政治都正在产生重大而深远的革命性影响，人工智能已成为国家综合实力与发展的核心竞争力的重要体现。人工智能毫无疑问会改变我们的未来，掌握人工智能技术就意味着价值创造和竞争优势。人工智能是人类历史上最重要的一个演变，人类社会将迎来以有机化学规律演化的生命和无机智慧性的生命形式并存的时代。

1.2 人才培养国家需求

以习近平同志为核心的党中央高度重视人工智能发展。2017 年 7 月，国务院正式发布的《新一代人工智能发展规划》将人工智能上升为我国重大发展战略，明确了"完善人工智能领域学科布局，设立人工智能专业，推动人工智能领域一级学科建设"的重点任务。2018 年 4 月，教育部印发的《高等学校人工智能创新行动计划》指出要加强人工智能领域专业建设和人才培养力度；提出到 2020 年建立 50 家人工智能学院、研究院或交叉研究中心，建设 100 个"人工智能＋X"复合特色专业，编写 50 本具有国际一流水平的本科生和研究生教材，建设 50 门人工智能领域国家级精品在线开放课程。2019 年 3 月，教育部公布了 2018 年度普通高等学校本科专业备案和审批结果，35 所高校获首批建设人工智能本科专业的资格。

1.3 本科专业人才培养定位

人工智能多学科交叉、高度复杂、强渗透性的学科特点决定了人工智能的人才培养具有高度挑战性。我们认为，在探索"人工智能＋X"复合专业培养新模式的同时，应首先立足于根本，把人工智能专业本身建好。人工智能专业培养定位应强调"厚基础""重交叉"与"宽口径"：学生应掌握扎实的数理基础，熟悉人工智能的基本方法及脑认知等交叉学科知识，具备科学家素养、实践动手能力与创新能力，并且拥有较为开阔的产业应用视角与国际前瞻视野。我们相信，按照此方式培养的学生将具有较强的可塑性和更广阔的发展空间，为学生未来进一步成长为国际一流的人工智能工程师、科学家和企业家奠定知识和能力基础。

从高校发展的层面来讲，人工智能不仅是科学研究的重要内涵，更是大学人才培养和学科建设的新机遇。在当前的人工智能浪潮中，人工智能技术在高等教育、人才培养和各个学科的应用与发展也必将重塑国内外一流大学的格局和地位。各高校可根据发展定位与学科优势特色，探索适合于自身的人工智能专业及"人工智能＋X"复合专业的建设之路。

第2章

培养方案

2.1 培养目标

面向国家新一代人工智能发展的重大需求，培养扎实掌握人工智能基础理论、基本方法、应用工程与技术，熟悉人工智能相关交叉学科知识，具备科学素养、实践能力、创新能力、系统思维能力、产业视角与国际视野，未来有潜力成长为国际一流工程师、科学家和企业家，能在我国人工智能学科与产业技术发展中发挥领军作用的优秀人才。

2.2 培养方式

西安交通大学人工智能本科专业的学生选拔遵循“优中选优”的原则，将兴趣、能力与潜力作为选拔与评价的依据，在高考学生、少年班和入校新生中，遴选出数理基础扎实、能力突出、对人工智能兴趣浓厚、具有良好发展潜质的优秀学生进入人工智能专业，并施行动态管理机制。

课程体系建设在参考借鉴国际一流大学课程设置与培养理念的同时，充分把握人工智能学科仍处于高速发展期、渗透性与学科交叉性强的特点，课程设置精练。选用国际一流教材和自编高水平教材，通过讲授基本知识锻炼学习能力与思维方法，并让学生拥有自主学习和创造知识的空间。

任课教师的聘用坚持“校内与校外并举、水平与责任并重”的原则，在充分利用校内最优质师资力量的基础上，通过聘任国内外一流教师与海外杰出科学家短期讲学相结合的方式，建设一支学术水平高、责任心强、有热情、肯投入的具有国际化水准的高水平师资队伍。积极探索基于教学评价的教师竞争上岗机制，保证教学水平。

强化并改革实践培养环节，学习国外一流大学培养经验与理念，构建从课内外实验、专业综合性实验、项目实训到导师制科研训练、国际访学、一流企业实习的贯通式实践培养体系，使学生通过参与具体的科研项目，在实践中培养兴趣、锻炼学习能力以及灵活运用所学知识的能力与创新能力。

创新教学方式，采用启发式教学、小组学习、开放式实验与问题研讨等方式，强化学生讨论与课堂互动。对学生通过导师个性化指导和科研项目训练，激发学生好奇心、想象力和批判性思维，培养学生表达能力、发现问题能力和学术判断力，引导学生发现学术兴趣、选择科研方向、发展学术特长。

加强与人工智能领域领军企业的合作，深化产教融合和校企协同育人。通过设立专项奖学金、开设特色实践课程、提供高质量实训实习基地等方式，将产业的理念、技术、资源整合到培养体系、课程、实训及师资中，最大程度共享和优化配置产教资源，培养高素质和具有产业应用视角的创新人才。

开展国际合作，建立多层次、立体化的高端国际联合培养体系。通过与国际一流大学和研究机构进行学术交流合作、组织高水平国际会议、资助学生国（境）外短/长期交流学习或参加高水平国际会议、邀请国际一流学者访问讲学等，形成国际化培养氛围，拓宽学生的国际化视野。

积极推动人工智能技术在教学与人才培养中的应用。利用新技术升级教学环境，丰富教学手段，改进教学方法，准确掌握教师教学效果与学生掌握情况，以此作为教学水平提升、师资队伍建设与学生个性化指导的抓手，精准发力，促进教学与人才培养模式变革。

2.3 专业知识体系

人工智能本科专业知识体系主要由八大课程群构成，如图 2.1 所示。

我们在八大课程群设置中，强调了科学、技术与工程学科交叉、相辅相成，内容设置立足当前、面向未来。其中，“数学与统计”课程群中除了有关数学与统计的通识课程外，还设置了“计算机科学与人工智能的数学基础”“博弈论”和“信息论”等课程。“科学与工程”课程群包含了“大学物理”以及信息学科的工程技术基础——“电子技术与系统”“现代控制工程”等课程。“计算机科学与技术”课程群设置了计算机学科核心的程序设计、算法与理论、体系结构等相关课程。以上三个课程群作为人工智能专业的基础课程群。

图 2.1　人工智能本科专业知识体系：八大课程群

“人工智能核心”课程群由“人工智能的现代方法”“自然语言处理”“计算机视觉与模式识别”和“人工智能的科学理解”等课程组成，通过不同层次的课程内容启发学生探索人工智能的未来与奥秘。机器人是人工智能在物理现实中应用的载体，具有重要的地位。“先进机器人技术”课程群着重介绍基础及拓展性的机器人相关技术。“人工智能工具与平台”课程群强化了工具与平台在人工智能发展中的重要性，涉及相当广泛的架构、系统、应用等，旨在培养学生应用人工智能技术开发工具和动手的能力。上述三个课程群构成人工智能专业的主干课程群，为本科生奠定稳固的专业核心技术根基。

“认知与神经科学”课程群设置了认知、神经科学与工程相关的基础课程，我们认为要发展新一代人工智能，需要借鉴认知心理学、神经生物学等领域的研究成果，从脑认知和神经科学获得灵感和启示。“人工智能与社会”课程群包含了人工智能的哲学基础与伦理、社会风险与法律等内容，旨在培养学生成为负责任的科学家和工程师。这两个课程群属于人工智能专业的交叉课程群，其目的是为学生奠定基本的认知科学、神经科学、人文社会科学等学科交叉知识。

2.4　专业课程设置

专业课程设置的八大课程群共包含 37 门课程，其中必修 25 门、选修 12 门(完成所需学分须选修其中 7 门)。此外，还特设了“专业综合性实验”课程群，培养学生综合运用所学知识动手解决实际问题的能力。

课　程　群	课程名称(学分)	必/选修	参阅章节
数学与统计 (必修29学分、选修2学分)	工科数学分析(12)	必修	3.1
	线性代数与解析几何(4)		3.2
	计算机科学与人工智能的数学基础(6)		3.3
	概率统计与随机过程(4)		3.4
	复变函数与积分变换(3)		3.5
	博弈论(2)	选修 (2选1)	3.6
	信息论(2)		3.7
科学与工程 (必修21学分)	大学物理(含实验)(10)	必修	4.1
	电子技术与系统(5)		4.2
	数字信号处理(3)		4.3
	现代控制工程(3)		4.4
计算机科学 与技术 (必修9学分、选修2学分)	计算机程序设计(2)	必修	5.1
	数据结构与算法(3)		5.2
	计算机体系结构(3)		5.3
	理论计算机科学的重要思想(1)		5.4
	3D计算机图形学(2)	选修 (2选1)	5.5
	智能感知与移动计算(2)		5.6
人工智能核心 (必修15学分、 选修2~3学分)	人工智能的现代方法(5)	必修	6.1
	自然语言处理(2)		6.2
	计算机视觉与模式识别(4)		6.3
	强化学习与自然计算(4)		6.4
	人工智能的科学理解(1)	选修 (3选2)	6.5
	游戏AI设计与开发(1)		6.6
	虚拟现实与增强现实(2)		6.7
认知与神经科学 (必修6学分)	认知心理学基础(3)	必修	7.1
	神经生物学与脑科学(2)		7.2
	计算神经工程(1)		7.3
先进机器人技术 (必修5学分、选修1学分)	机器人学基础(3)	必修	8.1
	多智能体与人机混合智能(2)		8.2
	认知机器人(1)	选修 (2选1)	8.3
	仿生机器人(1)		8.4
人工智能与社会 (必修2学分)	人工智能的哲学基础与伦理(1)	必修	9.1
	人工智能的社会风险与法律(1)		9.2
人工智能工具 与平台 (必修2学分、 选修2~3学分)	机器学习工具与平台(2)	必修	10.1
	三维深度感知(1)	选修 (3选2)	10.2
	人工智能芯片设计导论(2)		10.3
	无人驾驶平台(1)		10.4

续表

课 程 群	课程名称(学分)	必/选修	参阅章节
专业综合性实验(必修4学分)	机器人导航技术实验(1)	必修	11.1
	自主无人系统实验(1)		11.2
	虚拟现实与仿真实验(1)		11.3
	脑信号处理实验(1)		11.4

2.5 学期安排

学期安排建议如下所示。需要特别说明的是,此表中不含普通高校统一要求的通识教育、集中实践等公共课程,此类课程可根据学校具体要求安排至相应学期。

学年	第一学期		第二学期		小学期1	
第一学年	课程名称(学分)	参阅章节	课程名称(学分)	参阅章节		
	工科数学分析Ⅰ(6)	3.1	工科数学分析Ⅱ(6)	3.1	* 人工智能前沿系列讲座	
	线性代数与解析几何(4)	3.2	计算机科学与人工智能的数学基础Ⅰ(4)	3.3		
	计算机程序设计(2)	5.1	大学物理(含实验)Ⅰ(5)	4.1		
			数据结构与算法(3)	5.2		
第二学年	第三学期		第四学期		小学期2	
	课程名称(学分)	参阅章节	课程名称(学分)	参阅章节	课程名称(学分)	参阅章节
	计算机科学与人工智能的数学基础Ⅱ(2)	3.3	复变函数与积分变换(3)	3.5	理论计算机科学的重要思想(1)	5.4
	概率统计与随机过程(4)	3.4	计算机体系结构(3)	5.3	* 人工智能前沿系列讲座	
	大学物理(含实验)Ⅱ(5)	4.1	人工智能的现代方法(5)	6.1		
	电子技术与系统(5)	4.2	神经生物学与脑科学(2)	7.2		
	认知心理学基础(3)	7.1	人工智能的哲学基础与伦理(1)	9.1		
			博弈论(选修A,2选1)(2)	3.6		
			信息论(选修A,2选1)(2)	3.7		

续表

学年	第五学期		第六学期		小学期3	
	课程名称(学分)	参阅章节	课程名称(学分)	参阅章节	课程名称(学分)	参阅章节
第三学年	数字信号处理(3)	4.3	自然语言处理(2)	6.2	游戏AI设计与开发(选修C,3选2)(1)	6.6
	现代控制工程(3)	4.4	强化学习与自然计算(4)	6.4	* 人工智能前沿系列讲座	
	计算机视觉与模式识别(4)	6.3	机器人学基础(3)	8.1		
	计算神经工程(1)	7.3	多智能体与人机混合智能(2)	8.2		
	人工智能的社会风险与法律(1)	9.2	机器人导航技术实验(1)	11.1		
	机器学习工具与平台(2)	10.1	脑信号处理实验(1)	11.4		
			3D计算机图形学(选修B,2选1)(2)	5.5		
			智能感知与移动计算(选修B,2选1)(2)	5.6		
			虚拟现实与增强现实(选修C,3选2)(2)	6.7		
	第七学期		第八学期			
	课程名称(学分)	参阅章节	* 毕业设计等			
第四学年	自主无人系统实验(1)	11.2				
	虚拟现实与仿真实验(1)	11.3				
	人工智能的科学理解(选修C,3选2)(1)	6.5				
	认知机器人(选修D,2选1)(1)	8.3				
	仿生机器人(选修D,2选1)(1)	8.4				
	三维深度感知(选修E,3选2)(1)	10.2				
	人工智能芯片设计导论(选修E,3选2)(2)	10.3				
	无人驾驶平台(选修E,3选2)(1)	10.4				

备注:

1. 表内语句前含*的是说明。
2. 带下画线的课程为选修课。根据选修A-E类的标示,在类内选修相应的门数即可。
3. 表内未包含通识教育、集中实践等学校统一要求的公共课程。

2.6　毕业要求

西安交通大学人工智能专业八大课程群及“专业综合性实验”课程群共需修102～104学分，通识教育、集中实践等公共课程需修46学分。以上合计需修148～150学分，达到人工智能专业毕业要求。

人工智能专业学制为四年，毕业将授予工学学士学位。

第3章

数学与统计课程群

3.1 “工科数学分析”教学大纲

课程名称：工科数学分析

Course：Mathematical Analysis for Engineering

先修课程：无

Prerequisites：None

学分：12

Credits：12

3.1.1 课程目的和基本内容(Course Objectives and Basic Content)

本课程是人工智能学院本科生基础必修课。

This course is a basic compulsory course for undergraduates in College of Artificial Intelligence.

本课程介绍了极限、微分、积分、级数等重要的数学工具，并将分析、代数和几何内容进行了有机结合。相关的知识对包括人工智能专业在内的众多工科专业提供了不可或缺的高等数学基础，也使学生在数学的抽象性、逻辑性和严谨性等方面受到必要的熏陶和训练。为学生今后增进数学知识、学习人工智能的方法奠定良好的基础，培养学生应用数学知识进行数据分析和建模，以及解决实际问题的意识、兴趣和能力。

本课程的教学，要求学生系统地掌握一元函数微积分学、无穷级数、多元函数微积分学、常微分方程组的基本概念、基本理论和基本方法，同时通过数学实验来培养学生的综合素质，即实验动手能力、分析设计能力及团队合作精神，拓展学生思维，激发学生的创新意识。对数学分析的基本思维方法进行必要的训练，逐步提高数学素养以及运算能力、抽象思维能力、逻辑推理能力、空间想象能力、学习能力、分析问题和解决问题的能力，并对现代数学的某些思想方法有所了解，以利于与今后学习现代数学接轨。

This course introduces some important mathematical tools, such as limit, differential, integral and series, and organically combines analysis, algebra and geometry. Relevant knowledge in this course provides an indispensable foundation of advanced mathematics for AI majors and lots of other engineering majors. It lets students take necessary trainings in abstraction, logic and rigor of mathematics, and also lays a good foundation to absorb more mathematics knowledge and learn artificial intelligence in the future, and cultivates readers' awareness, interest and ability to apply mathematics knowledge to solve practical problems.

This course requires students to systematically master the basic concepts, basic theories and basic methods of calculus of unary functions, infinite series, multivariate function calculus, and ordinary differential equations. Meanwhile, the comprehensive quality of students can be cultivated through mathematical experiments. It can be called experimental hands-on ability, analysis design ability and teamwork spirit, and it can also expand student thinking and stimulate students' sense of innovation.

3.1.2 课程基本情况（Course Arrangements）

<table>
<tr><td>课程名称</td><td colspan="8">工科数学分析
Mathematical Analysis for Engineering</td></tr>
<tr><td rowspan="2">开课时间</td><td colspan="2">一年级</td><td colspan="2">二年级</td><td colspan="2">三年级</td><td colspan="2">四年级</td></tr>
<tr><td>秋</td><td>春</td><td>秋</td><td>春</td><td>秋</td><td>春</td><td>秋</td><td>春</td></tr>
<tr><td>课程定位</td><td colspan="8">本科生数学与统计课程群必修课</td></tr>
<tr><td>学　分</td><td colspan="8">12学分</td></tr>
<tr><td>总学时</td><td colspan="8">204学时
（授课180学时、实验24学时）</td></tr>
<tr><td>授课学时分配</td><td colspan="8">课堂讲授（180学时）</td></tr>
<tr><td>先修课程</td><td colspan="8">无</td></tr>
<tr><td>后续课程</td><td colspan="8"></td></tr>
<tr><td>教学方式</td><td colspan="8">课堂教学、上机教学、课外学习</td></tr>
<tr><td>考核方式</td><td colspan="8">闭卷考试成绩占80%，平时作业占10%，数学实验成绩占10%</td></tr>
</table>

<table>
<tr><td colspan="2">数学与统计</td></tr>
<tr><td rowspan="5">必修
（学分）</td><td>工科数学分析(12)</td></tr>
<tr><td>线性代数与解析几何(4)</td></tr>
<tr><td>计算机科学与人工智能的数学基础(6)</td></tr>
<tr><td>概率统计与随机过程(4)</td></tr>
<tr><td>复变函数与积分变换(3)</td></tr>
<tr><td rowspan="2">选修
（学分）
2选1</td><td>博弈论(2)</td></tr>
<tr><td>信息论(2)</td></tr>
</table>

续表

参考教材	王绵森,马知恩. 工科数学分析基础(第三版). 北京:高等教育出版社,2017
参考资料	李继成. 数学实验. 北京:高等教育出版社,2014
其他信息	

3.1.3 教学目的和基本要求(Teaching Objectives and Basic Requirements)

(1) 系统掌握一元函数微积分、无穷级数、多元函数微积分、常微分方程组的基本概念、基本理论和基本方法;

(2) 训练数学分析的基本思维方法,提高运算能力、抽象思维能力、逻辑推理能力、空间想象能力,逐步提高数学素养、学习能力、分析问题和解决问题的能力;

(3) 了解现代数学的思想方法,以利于与今后学习现代数学接轨。

3.1.4 课程大纲和知识点(Syllabus and Key Points)

第一章 映射、极限、连续(Mappings,Limits and Continuity)

章节序号 Chapter Number	章节名称 Chapters	课时 Class Hour	知识点 Key Points
1.1	集合、映射与函数 Sets,mappings and functions	3	(1) 了解实数集的完备性及确界概念 (2) 理解映射与函数的概念 (1) Understand the completeness and concepts of supremum and infimum (2) Comprehend the concepts of mappings and functions
1.2	数列的极限 Limits of sequences	6	(1) 理解数列极限的概念与性质 (2) 了解数列收敛性的判别准则 (3) 掌握数列极限的求解方法 (1) Comprehend the concepts and properties of the sequences of limits (2) Understand some criteria for existence of the limit of a sequence (3) Master the solution to the limits of sequences

续表

章节序号 Chapter Number	章节名称 Chapters	课时 Class Hour	知识点 Key Points
1. 3	函数的极限 Limit of a function	3	(1) 理解函数极限的概念与性质 (2) 掌握两个重要极限 (3) 了解函数极限的存在准则 (4) 掌握函数极限的求解方法 (1) Comprehend the concepts and properties of functional limits (2) Master two important limits of functions (3) Understand the existence criteria of function limits (4) Master the solution to the limits of functions
1. 4	无穷小量和无穷大量 Infinitesimal and infinite quantities	2	(1) 理解无穷小量与无穷大量的概念 (1) Comprehend the concepts of infinitesimal and infinite quantities
1. 5	连续函数 Continuous functions	6	(1) 理解连续函数的概念与性质 (2) 了解闭区间上连续函数的性质 (3) 了解一致连续的概念 (4) 了解压缩映射原理 (1) Comprehend properties and concepts of continuous functions (2) Understand properties of continuous functions on a closed interval (3) Understand continuity of elementary functions (4) Understand the principle of compression mapping

第二章　一元函数微分学及其应用(Unary Function Differential Calculus and Its Applications)

章节序号 Chapter Number	章节名称 Chapters	课时 Class Hour	知识点 Key Points
2. 1	导数概念 Concept of derivatives	2	(1) 理解导数的概念 (1) Comprehend concept of derivatives

续表

章节序号 Chapter Number	章节名称 Chapters	课时 Class Hour	知识点 Key Points
2.2	求导的基本法则 Fundamental derivatives rules	4	(1) 掌握求导的基本法则 (1) Master fundamental derivatives rules
2.3	函数的微分 The differential of function	6	(1) 理解微分的概念 (2) 了解高阶微分的概念及微分在近似计算中的应用 (1) Comprehend concept of differential (2) Understand applications of the high-order differential in approximate computation
2.4	微分中值定理及其应用 The mean value theorem and its applications	2	(1) 理解微分中值定理 (2) 掌握洛必达法则求不定式的极限 (1) Comprehend the mean value theorem (2) Master L'Hospital's rule to solve the limit of infinitive
2.5	泰勒公式 Taylor formula	2	(1) 了解泰勒定理 (1) Understand Taylor's theorem
2.6	函数性质研究 Function property study	6	(1) 掌握用导数研究函数单调性及极值的方法 (2) 理解函数极值的概念 (3) 掌握求函数的最大值与最小值的方法 (4) 了解函数凸性的概念 (1) Master the method of using the derivative to study the monotonicity and extremum of the function (2) Comprehend the concept of function extremum (3) Master the method of solving the maximum and minimum values of a function (4) Understand the concept of function convexity

第三章 一元函数积分学及其应用(Unary Function Integrals Calculus and Its Applications)

章节序号 Chapter Number	章节名称 Chapters	课时 Class Hour	知识点 Key Points
3.1	定积分的概念与性质 Concepts and properties of definite integrals	3	(1) 理解定积分的概念与性质 (2) 了解定积分存在的条件 (1) Comprehend concepts and properties of definite integrals (2) Understand the conditions for integrals exist
3.2	微积分基本公式与基本定理 Basic formulas for indefinite integrals and basic theorems	5	(1) 理解不定积分的概念与性质 (2) 掌握微积分基本公式与基本定理 (1) Comprehend concepts and properties of indefinite integrals (2) Master basic formulas for indefinite integrals and basic theorems
3.3	换元积分法与分部积分法 Integration by substitution and by parts in definite integrals	6	(1) 掌握换元积分法与分部积分法 (1) Master integration by substitution and by parts in definite integrals methods
3.4	定积分的应用 Applications of definite integrals systems	6	(1) 掌握建立积分表达式的微元法及用定积分去计算一些几何量(如面积、体积等)和一些物理量(如功、压力、引力和函数的平均值等)的方法 (1) Master the method of establishing the integral expression of the micro-element method and definite integral to calculate some geometric quantities (such as area, volume, etc.) and some physical quantities (such as work, pressure, gravity and the average value of the function, etc.)

续表

章节序号 Chapter Number	章节名称 Chapters	课时 Class Hour	知识点 Key Points
3.5	反常积分 Improper integral	5	(1) 理解反常积分的概念 (2) 了解反常积分的审敛准则 (3) 了解Γ函数的概念 (1) Comprehend concept of improper integral (2) Understand the criteria for improper integral (3) Understand the concept of function Γ

第四章　常微分方程(Differential Equations)

章节序号 Chapter Number	章节名称 Chapters	课时 Class Hour	知识点 Key Points
4.1	微分方程的基本概念与可分离变量的微分方程 Basic concepts of differential equations and separable equations	6	(1) 理解常微分方程与常微分方程组的基本概念及其相互关系 (2) 掌握变量可分离微分方程和一阶线性微分方程的解法 (3) 了解可降阶微分方程的解法 (1) Comprehend the basic concepts of ordinary differential equations and systern ordinary differential equations and their relationship (2) Master the solution of variable separable differential equations and first-order linear differential equations (3) Understand the solution of reduced order differential equations

续表

章节序号 Chapter Number	章节名称 Chapters	课时 Class Hour	知识点 Key Points
4.2	微分方程的解 Solution of differential equations	6	(1) 理解线性微分方程组的解的性质及解的结构 (2) 掌握常系数线性微分方程组的求解方法 (3) 理解高阶线性微分方程解的结构 (4) 掌握常系数齐次线性微分方程的求解方法 (5) 掌握非齐次项 $f(x)$ 为一些常见类型的(如 $\varphi(t)e^{\mu t}$、$\varphi(x)e^{\mu t}\cos\nu t$、$\varphi(x)e^{\mu t}\sin\nu t$，其中 $\varphi(t)$ 为多项式)的二阶常系数非齐次线性微分方程的特解求解方法 (6) 了解欧拉微分方程的解法及微分方程的幂级数解法 (1) Comprehend properties and structure of solution of linear differential equations (2) Master the solution of linear differential equations with constant coefficients (3) Comprehend structure of solution of higher-order linear differential equations (4) Master solution methods of homogeneous linear differential equations with constant coefficients (5) Master the particular solution method of second-order nonhomogeneous linear differential equation with constant coefficients and the function $f(x)$ includes $\varphi(t)e^{\mu t}$, $\varphi(x)e^{\mu t}\cos\nu t$, $\varphi(x)e^{\mu t}\sin\nu t$, where $\varphi(t)$ is a polynomial (6) Understand solution methods of Euler's differential equation and the power series solution of differential equation
4.3	微分方程的定性分析方法初步 Preliminary analysis of qualitative analysis methods for differential equations	6	(1) 了解自治系统和稳定性的基本概念 (2) 了解判定稳定的李雅普诺夫方法和线性近似系统方法 (1) Understand the basic concepts of autonomous systems and stability (2) Understand the Liapunov method and the linear approximation system method for determining stability

第五章 多元函数微分学及其应用(Multi-variable Function Differential Calculus and Its Applications)

章节序号 Chapter Number	章节名称 Chapters	课时 Class Hour	知识点 Key Points
5.1	多元函数的基本概念 The basic concepts of multi-variable functions	2	(1) 了解 R^n 中点列的极限的概念 (2) 了解 R^n 中的开集、闭集、紧集与区域等概念 (3) 了解多元连续函数的性质 (1) Understand concept of the limit of a point set sequence in R^n (2) Understand concepts of open sets, closed sets, tight sets and regions in R^n (3) Understand properties of multi-variable continuous functions
5.2	偏导数 Partial derivatives	5	(1) 理解多元数量值函数的偏导数的概念 (2) 了解方向导数与梯度的概念 (3) 掌握多元复合函数的偏导数的求解方法 (4) 掌握高阶偏导数的求解方法 (5) 掌握由一个方程确定的隐函数的偏导数的计算方法 (6) 掌握由方程组所确定的隐函数的偏导数的计算方法 (1) Comprehend concept of partial derivatives of multi-variable functions (2) Understand concepts of directional derivatives and the gradient (3) Master the solution method of partial derivatives of multi-variable composite derivatives of multi-variable composite (4) Master the solution method of high-order partial derivatives (5) Master the calculation method of partial derivative of implicit function determined by an equation (6) Master the calculation method of partial derivative of the implicit function determined by equation systems

续表

章节序号 Chapter Number	章节名称 Chapters	课时 Class Hour	知识点 Key Points
5.3	全微分 Total differential	6	(1) 理解多元数量值函数的全微分的概念 (2) 掌握多元复合函数的全微分的求解方法 (3) 掌握求解高阶全微分的方法 (4) 掌握由一个方程确定的隐函数的全微分的计算方法 (5) 掌握由方程组确定的隐函数的全微分的计算方法 (1) Comprehend concept of total differential of multi-variable functions (2) Master the calculation method of total differential of multi-variable composite functions (3) Master the solution method of high-order total differential (4) Master the calculation method of total differential of implicit function determined by an equation (5) Master the calculation method of total differential of the implicit function determined by equation systems
5.4	多元函数的泰勒公式与极值问题 Taylor formula of multi-variable functions and extreme values	3	(1) 了解多元函数的泰勒公式 (2) 理解多元函数无约束极值和有约束极值的概念 (3) 掌握多元函数的极值及一些最大最小值应用问题的求解方法 (1) Understand Taylor formula of multi-variable functions (2) Comprehend concepts of unrestricted and constrained extreme values (3) Master the extreme values of multi-variable functions and applications about maximum and minimum values

续表

章节序号 Chapter Number	章节名称 Chapters	课时 Class Hour	知识点 Key Points
5.5	多元向量值函数的导数与微分 Derivatives and derivations of multivariate vector value functions	5	(1) 理解向量值函数的导数与微分的概念 (2) 掌握向量值函数的导数与微分的求解方法 (1) Comprehend concepts of derivatives and differential of vector value functions (2) Master the solution method of derivatives and differential of vector value functions
5.6	多元函数微分学的几何应用 Applications in geometry of the differential for multi-variable functions	6	(1) 掌握空间曲线的切线与法平面方程的计算方法 (2) 掌握曲线弧长的求解方法 (3) 掌握曲面的切平面与法线方程的法求解方法 (1) Master the calculation of tangent line and normal plane of a space curve (2) Master the solution method of curve arc length (3) Master the method of solving the tangent plane and the normal equation of the curved surface
5.7	空间曲线的曲率与挠率 Curvature and torsion of space curves	4	(1) 掌握空间曲线的切线与法平面方程的求解方法 (2) 了解空间曲线的弗莱纳 (3) 弗莱纳标架与弗莱纳公式 (4) 掌握求解曲线的曲率和挠率的方法 (1) Master the solution method of tangent and normal plane equation of the space curve (2) Understand the Frenet of the space curve (3) Frenet frame and Frenet formula (4) Master the methods of solving the curvature and torsion of the curve

第六章　多元函数积分学及其应用(Multi-variable Function Integrals Calculus and Its Applications)

章节序号 Chapter Number	章节名称 Chapters	课时 Class Hour	知识点 Key Points
6.1	多元数值函数积分的概念与性质 Concepts and properties of multi-variable functions' integrals	3	(1) 理解多元数量值函数积分的概念与性质 (1) Comprehend concepts and properties of multi-variable functions' integrals
6.2	二重积分 Double integrals	6	(1) 理解二重积分的几何意义 (2) 掌握二重积分在直角坐标系及极坐标系下的计算方法 (3) 了解二重积分在曲线坐标系下的计算方法 (1) Comprehend geometric meaning of double integrals (2) Master the calculation of double integrals in rectangular and polar coordinates (3) Understand the calculation of double integrals in curve coordinates
6.3	三重积分 Triple integrals	6	(1) 掌握三重积分在直角坐标系、柱面坐标系及球面坐标系下的计算方法 (1) Master the calculation of triple integrals in rectangular, cylindrical and spherical coordinates
6.4	重积分的应用 Applications of multiple integrals	2	(1) 了解重积分的微元法及重积分在几何、物理中的一些应用(如求曲面面积、立体的体积、质量、引力、质心及转动惯量等) (1) Understand the micro-element methods of multiple integrals and some applications of multiple integrals in geometry and physics (such as surface area, three-dimensional volume, mass, gravity, the center of mass and moment of inertia)

续表

章节序号 Chapter Number	章节名称 Chapters	课时 Class Hour	知识点 Key Points
6.5	含参变量的积分与反常重积分 Parametric integral and improper multiple integral	6	(1) 了解含参变量的积分与反常重积分的概念 (1) Understand concepts of parametric integral and improper multiple integral
6.6	第一线性积分与面积分 Line integral of a scalar field and surface integrals	6	(1) 理解第一型线积分与面积分的概念 (2) 掌握第一型线积分与面积分的计算方法 (1) Comprehend concepts of line integral of a scalar field and surface integrals (2) Master the calculation of line integral of a scalar field and surface integrals
6.7	第二线性积分与面积分 Line integral of a vector field and surface integrals	6	(1) 理解第二型线积分与面积分的概念 (2) 掌握第二型线积分与面积分的计算方法 (1) Comprehend concept of line integral of a vector field and surface integrals (2) Master the calculation of line integral of a vector field and surface integrals
6.8	各种积分的联系及其在场论中的应用 The connection of various integrals and its application in field theory	7	(1) 掌握格林公式 (2) 理解平面积分与路径无关的条件 (3) 了解斯托克斯公式与旋度的概念 (4) 了解高斯公式与散度的概念 (5) 了解几种重要的特殊向量场 (1) Master Green's formula (2) Comprehend the conditions for surface integrals and path independence (3) Understand concepts of Stokes' formula and curl (4) Understand concepts of Gauss' formula and divergence (5) Understand several important special vector fields

第七章　无穷级数(Infinite Series)

章节序号 Chapter Number	章节名称 Chapters	课时 Class Hour	知识点 Key Points
7.1	常数项级数 Series with constant terms	6	(1) 理解无穷级数的基本概念 (2) 了解无穷级数的性质及柯西收敛原理 (1) Comprehend the basic concepts of infinite series with constant terms (2) Understand properties of infinite series and the principle of Cauchy
7.2	函数项级数 Series with function terms	4	(1) 理解函数项级数的处处收敛与和函数的概念 (2) 了解函数项级数一致收敛的概念、性质及判别方法 (3) 掌握正项级数的审敛准则 (4) 了解变号级数的审敛准则 (1) Comprehend the concepts of the convergence and sum function of the series with function terms (2) Understand the concepts, properties and discriminant method of uniform convergence of function series (3) Master the criteria for positive series (4) Understand the criteria for series of variable signs
7.3	幂级数 Power series	6	(1) 理解阿贝尔定理 (2) 掌握幂级数收敛区间的求解方法 (3) 了解幂级数的性质 (4) 将函数展开成幂级数 (5) 了解幂级数在近似计算等问题中的简单应用 (1) Comprehend Abel's theorem (2) Master the solution method of convergence interval of the power series (3) Understand properties of the power series (4) Master the solution method of expanding a function into the power series (5) Understand the simple application of the power series in approximate calculation problems

续表

章节序号 Chapter Number	章节名称 Chapters	课时 Class Hour	知识点 Key Points
7.4	傅里叶级数 Fourier series	6	(1) 掌握欧拉-傅里叶公式及狄利克雷定理 (2) 掌握将函数展开为傅里叶级数的方法 (3) 了解傅里叶级数的复数形式 (1) Master the Euler-Fourier formula and Dirichlet theorem (2) Master the solution method of expanding a function into the Fourier series (3) Understand the plural form of the Fourier series

3.1.5 实验环节(Experiments)

序号 Num.	实验内容 Experiment Content	课时 Class Hour	知识点 Key Points
1	基于MATLAB软件的计算方法 MATLAB based numerical solution methods	24	(1) 迭代法 (2) 最优化方法 (3) 数据拟合 (4) 数据插值 (5) 数值积分 (6) 微分方程的数值解方法 (1) Iterative method (2) Optimization method (3) Data fitting (4) Data interpolation (5) Numerical integration (6) Numerical solution of differential equation

大纲制定者：西安交通大学数学与统计学院数学教学中心

大纲修订者：杜少毅教授(西安交通大学人工智能学院)、汪建基副教授(西安交通大学人工智能学院)

大纲审定：西安交通大学人工智能学院本科专业知识体系建设与课程设置工作组

3.2 “线性代数与解析几何”教学大纲

课程名称：线性代数与解析几何

Course：Linear Algebra and Analytic Geometry

先修课程：无

Prerequisites：None

学分：4

Credits：4

3.2.1 课程目的和基本内容(Course Objectives and Basic Content)

本课程是人工智能学院本科生基础必修课。

This course is a basic compulsory course for undergraduates in College of Artificial Intelligence.

本课程的内容对近些年计算机技术的快速发展和人工智能领域的技术进步都有着重要的理论支撑，如计算机视觉与图像处理本质上就可看作是一种向量、矩阵或几何的运算。同时，本课程在教学中精简了内容，淡化了繁杂的运算技巧。这样可以使学生在掌握必要理论知识的同时能有更充足的时间进行应用实践，为将来在计算机科学和人工智能等领域的学习奠定重要的理论基础。

本课程力求将线性代数与解析几何融为一体，与数学分析的内容相互渗透，并为数学分析的多元部分提供必要的代数与几何基础。通过本课程的教学，使学生系统地获取线性代数与空间解析几何的基本知识、基本理论与基本方法，提高运用所学知识分析和解决问题的能力，并为学习相关课程及进一步学习现代数学奠定必要的数学基础。课堂教学中，注重将数学建模思想融入理论课教学，培养学生应用线性代数知识解决实际问题的能力和创新意识。

本课程的内容主要包括：行列式、矩阵、几何向量及其应用、n 维向量与线性方程组、线性空间与欧氏空间、特征值与特征向量、二次曲面与二次型、线性变换等。课程的第一章引入行列式并讨论了其基本性质和计算方法。第二章主要介绍矩阵的基本概念及其运算。第三章首先介绍了向量的概念及它的线性运算和乘法运算，并引入向量坐标的概念将向量运算转化为代数运算，然后利用向量研究平面和空间直线问题。第四章不仅讨论了向量相关的基本理论，还利用矩阵和向量等工具完整地解决线性方程组的求解问题。第五章介绍了线性空间与欧氏空间的基本概念，并讨论了它们的基本性质和基本结构。第六章介绍了特征值与特征向量的概念、性质与计算，然后讨论了矩阵对角化的问题和特征值的典型应用实例。第七章主要讨论了二次型相关理论。第八章介绍了线性变换的基本知识，包括线性变化的基本概念、线性变换的矩阵表示等。

This course has supported various important theoretical progresses to the rapid development of computer and artificial intelligence technologies in recent years. For example, computer science and image processing can essentially be viewed as vector, matrix or geometric operation. At the same time, this course simplifies the content and weakens the complicated operation skills in teaching, so that students master the necessary theoretical knowledge and take more time to practice, which would lay an important theoretical foundation for the future study of computer science and artificial intelligence.

This course seeks to integrate linear algebra and analytic geometry together, infiltrate the contents of mathematical analysis, and provide the necessary algebraic and geometric basis for the multivariate part of mathematical analysis. By studying this course, students should systematically acquire the basic knowledge, theory and methods of linear algebra and spatial analytic geometry, improve their ability to analyze and solve problems with the knowledge they have learned, and lay the necessary mathematical foundation for learning related courses and further studying modern mathematics. In classroom teaching, this course takes the thinking of mathematical modelling into theoretical teaching to cultivate students' ability of innovative consciousness and the ability to solve practical problems with linear algebra knowledge.

The content of this course mainly includes determinant, matrix, geometric vector with applications, n-dimensional vector and system of linear equations, linear space and Euclidean space, eigenvalue and eigenvector, quadratic surface and quadratic form, and linear transformation, etc. Chapter 1 introduces the determinant and discusses its basic properties and calculation methods. The basic concepts and operations of matrix are introduced in Chapter 2. In Chapter 3, the concept of vector and its linear and multiplication operations are firstly introduced. Moreover, the concept of vector coordinates helps to transform vector operations into algebraic operations, and then the planar and spatial straight line problems can be studied by vectors. In Chapter 4, the basic theories of vector correlation are discussed, and the methods to solve the system of linear equations by using tools such as matrix and vector are also introduced. Chapter 5 introduces the concepts of linear space and Euclidean space, and discusses their basic properties and basic structure. Chapter 6 introduces the concept, properties and calculations of eigenvalues and eigenvectors, and then discusses the problems of matrix diagonalization and typical application examples of eigenvalues. Chapter 7 focuses on the theory of quadratic correlation. Chapter 8 introduces the basics of linear transformation, including the basic concepts of linear variation, matrix representations of linear transformations.

3.2.2　课程基本情况(Course Arrangements)

课程名称	线性代数与解析几何 Linear Algebra and Analytic Geometry							
开课时间	一年级		二年级		三年级		四年级	
	秋	春	秋	春	秋	春	秋	春
课程定位	本科生数学与统计课程群必修课							
学　分	4 学分							
总 学 时	64 学时 (授课 64 学时、实验 0 学时)							
授课学时分配	课堂讲授(62 学时)、 小组讨论(2 学时)							
先修课程	无							
后续课程								
教学方式	课堂教学、作业、自学							
考核方式	期中闭卷考试成绩占 30%,平时作业占 10%,期终闭卷考试成绩占 60%							
参考教材	魏战线,李继成. 线性代数与解析几何. 北京:高等教育出版社,2015							
参考资料	魏战线. 线性代数辅导与典型题解析. 北京:高等教育出版社,2018							
其他信息								

数学与统计	
必修(学分)	工科数学分析(12)
	线性代数与解析几何(4)
	计算机科学与人工智能的数学基础(6)
	概率统计与随机过程(4)
	复变函数与积分变换(3)
选修(学分)2选1	博弈论(2)
	信息论(2)

3.2.3 教学目的和基本要求(Teaching Objectives and Basic Requirements)

(1) 系统地掌握行列式、矩阵、几何向量及其应用、n 维向量与线性方程组、线性空间与欧氏空间(初步)、特征值与特征向量、二次曲面与二次型、线性变换(初步)的基本知识、基本理论与基本方法;

(2) 提高学生的运算能力;

(3) 训练学生的逻辑推理能力、抽象思维能力和空间想象能力;

(4) 能够运用所获取的知识去分析和解决问题。

3.2.4 课程大纲和知识点(Syllabus and Key Points)

第一章 行列式(Determinant)

章节序号 Chapter Number	章节名称 Chapters	课时 Class Hour	知识点 Key Points
1.1	行列式的定义与性质 Definition and properties of determinant	2	(1) 2 阶行列式与一类 2 元线性方程组的解 (2) n 阶行列式的定义 (3) 行列式的基本性质 (1) Solution of the 2nd order determinant and a kind of bivariate linear equations (2) Definition of nth-order determinant (3) Main properties of determinant
1.2	行列式的计算 The calculation of determinant	2	(1) 上三角行列式的转换与计算 (2) 降阶法的应用 (1) Conversion and calculation of the upper triangular determinant (2) Application of the reduced order method
1.3	克莱姆法则 Cramer's law	1	(1) 克莱姆法则的定理、推论以及应用 (1) Theorem, inference and applications of Cramer's law

第二章　矩阵(Matrix)

章节序号 Chapter Number	章节名称 Chapters	课时 Class Hour	知识点 Key Points
2.1	矩阵及其运算 Matrix with operations	2	(1) 矩阵的概念 (2) 矩阵的代数运算 (3) 矩阵的转置 (4) 方阵的行列式 (1) Concept of matrix (2) Algebraic operation of matrix (3) Transpose of matrix (4) Determinant of square matrix
2.2	逆矩阵 Inverse matrix	1	(1) 逆矩阵 (2) 伴随矩阵的定义、定理和推论 (1) Inverse matrix (2) Definition of adjoint matrix with its theorem and inference
2.3	分块矩阵及其运算 Partitioned matrix and operations	1	(1) 子矩阵 (2) 分块矩阵 (1) Submatrix (2) Partitioned matrix
2.4	初等变换与初等矩阵 Elementary transformation and elementary matrix	1	(1) 初等变换与初等矩阵 (2) 阶梯形矩阵 (3) 再论可逆矩阵 (1) Elementary transformation and elementary matrix (2) Echelon form (3) Re-discussion on reversible matrix
2.5	矩阵的秩 Rank of matrix	1	(1) 矩阵的秩的定义和相关推论 (1) The definition and related inferences of rank of matrix

第二章 几何向量及其应用(Geometric Vector with Applications)

章节序号 Chapter Number	章节名称 Chapters	课时 Class Hour	知识点 Key Points
3.1	向量及其线性运算 Vectors and linear operations	3	(1) 向量的基本概念 (2) 向量的线性运算 (3) 向量共线、共面的充要条件 (4) 空间坐标系与向量的坐标 (1) Basic concept of vector (2) Linear operation of vector (3) Necessary and sufficient conditions for vector collinearity and coplanarity (4) Spatial coordinate system and coordinate of vector
3.2	数量积、向量积、混合积 Quantitative product, vector product, and triple product	2	(1) 两个向量的数量积(内积、外积) (2) 两个向量的向量积(内积、外积) (3) 混合积 (1) Quantitative product of the two vectors (inner product, outer product) (2) Vector product of two vectors (inner product, outer product) (3) Triple product
3.3	平面和空间直线 Plane and space line	3	(1) 平面的方程 (2) 两个平面的位置关系 (3) 空间直线的方程 (4) 两条直线的位置关系 (5) 直线与平面的位置关系 (6) 距离 (1) Plane equation (2) Positional relationship between two planes (3) Equation of space line (4) Positional relationship between two straight lines (5) Positional relationship between line and plane (6) Distance

第四章　n 维向量与线性方程组(n-Dimensional Vectors and Systems of Linear Equations)

章节序号 Chapter Number	章节名称 Chapters	课时 Class Hour	知识点 Key Points
4.1	消元法 Elimination method	2	(1) n 元线性方程组 (2) 消元法 (3) 线性方程组的解 (4) 数域 (1) System of linear equations with n variables (2) Elimination method (3) Solution of system of linear equations (4) Number field
4.2	向量组的线性相关性 Linear correlation of vector groups	3	(1) n 维向量及其线性运算 (2) 线性表示与等价向量 (3) 线性相关与线性无关 (1) n-dimensional vector and linear operation (2) Linear representation and equivalent vector (3) Linear correlation and independence
4.3	向量组的秩 Rank of vector group	2	(1) 向量组的极大无关组与向量组的秩 (2) 向量组的秩与矩阵的秩的关系 (1) Maximum independent group of vector group and rank of vector group (2) The relation ship between rank of vector group and rank of matrix
4.4	线性方程组的解的结构 The structure of solutions of linear equations	3	(1) 齐次线性方程组 (2) 非齐次线性方程组 (1) Homogeneous linear equations (2) Nonhomogeneous linear equations

第五章 线性空间与欧氏空间(Linear Spacc and Euclidean Space)

章节序号 Chapter Number	章节名称 Chapters	课时 Class Hour	知识点 Key Points
5.1	线性空间的基本概念 Basic concepts of linear space	5	(1) 线性空间的定义 (2) 线性空间的基本性质 (3) 线性子空间的定义 (4) 基、维数和向量的坐标 (5) 基变换与坐标变换 (6) 线性空间的同构 (7) 子空间的交与和 (1) Definition of linear space (2) Basic properties of linear space (3) Definition of linear subspace (4) Coordinates of bases,dimensions and vectors (5) Base transformation and coordinate transformation (6) Isomorphism of linear spaces (7) Intersection and sum of subspaces
5.2	欧氏空间的基本概念 Basic concepts of Euclidean space	5	(1) 内积及其基本性质 (2) 范数和夹角 (3) 标准正交基及其基本性质 (4) Gram-Schmidt(格拉姆-施密特)正交化方法 (5) 正交矩阵 (6) 矩阵的 QR 分解 (7) 正交分解和最小二乘法 (1) Inner product and its basic properties (2) Norms and angles (3) Standard orthogonal basis and its basic properties (4) Gram-Schmidt orthogonalization method (5) Orthogonal matrix (6) QR decomposition of the matrix (7) Orthogonal decomposition and least squares

第六章 特征值与特征向量(Eigenvalues and Eigenvectors)

章节序号 Chapter Number	章节名称 Chapters	课时 Class Hour	知识点 Key Points
6.1	矩阵的特征值与特征向量 Eigenvalues and eigenvectors of matrices	2	(1) 特征值与特征向量的定义 (2) 特征方程、特征多项式与特征子空间的定义 (1) Definition of eigenvalues and eigenvectors (2) Definition of characteristic equations, characteristic polynomials and feature subspaces
6.2	相似矩阵与矩阵的相似对角化 Similar matrix and similar diagonalization of matrix	4	(1) 相似矩阵 (2) 矩阵可对角化的条件 (3) 实对称矩阵的对角化 (1) Similar matrix (2) Condition of matrix diagonalization (3) Diagonalization of real symmetric matrices
6.3	应用举例 Application examples	2	(1) 一类常系数线性微分方程组的求解 (2) 斐波那契数列与递推关系式的矩阵解法 (1) Solving a class of linear differential equations with constant coefficients (2) Matrix solution of Fibonacci sequence and recursion relation

第七章 二次曲面与二次型(Quadric Surface and Quadric Form)

章节序号 Chapter Number	章节名称 Chapters	课时 Class Hour	知识点 Key Points
7.1	曲面与空间曲线 Surface and space curve	3	(1) 曲面与空间曲线的方程 (2) 柱面、锥面、旋转面 (3) 5种典型的二次曲面 (4) 4种曲面在坐标面上的投影 (5) 空间区域的简图 (1) Equation of surface and space curve (2) Cylinder, tapered surface, rotating surface (3) Five quadric surfaces typically (4) Projection of four kinds of surfaces on the coordinate plane (5) Sketch of the space area

续表

章节序号 Chapter Number	章节名称 Chapters	课时 Class Hour	知识点 Key Points
7.2	实二次型 Real quadratic form	5	(1) 二次型及其矩阵表示 (2) 二次型的标准型 (3) 合同变换与惯性定理 (4) 正定二次型 (5) 二次曲面的标准方程 (1) Quadratic form and its matrix representation (2) Standard Quadratic form (3) Congruent transformation and inertia theorem (4) Positive definite quadratic form (5) Standard equation of quadric

第八章　线性变换(Linear Transformation)

章节序号 Chapter Number	章节名称 Chapters	课时 Class Hour	知识点 Key Points
8.1	线性变换及其运算 Linear transformation and its operations	4	(1) 线性变换的定义及其基本性质 (2) 核与值域 (3) 线性变换的运算 (1) Definition and basic properties of linear transformation (2) Core and range (3) Operation of linear transformation
8.2	线性变换的矩阵表示 Matrix representation of linear transformation	3	(1) 线性变换的矩阵 (2) 线性算子在不同基下的矩阵之间的关系 (1) Matrix of linear transformation (2) The relationship between matrices of linear operators with different bases

大纲制定者：西安交通大学数学与统计学院数学教学中心

大纲修订者：杜少毅教授(西安交通大学人工智能学院)、汪建基副教授(西安交通大学人工智能学院)

大纲审定：西安交通大学人工智能学院本科专业知识体系建设与课程设置工作组

3.3 "计算机科学与人工智能的数学基础"教学大纲

课程名称：计算机科学与人工智能的数学基础

Course：Math Foundation of Computer Science and Artificial Intelligence

先修课程：工科数学分析、线性代数与解析几何

Prerequisites：Mathematical Analysis for Engineering，Linear Algebra and Analytic Geometry

学分：6

Credits：6

3.3.1 课程目的和基本内容(Course Objectives and Basic Content)

本课程是人工智能学院本科生基础必修课。

This course is a basic compulsory course for undergraduates in College of Artificial Intelligence.

为了加强学生关于计算机和人工智能学科的数学基础，特开设本课程，其主要目的有：

(1) 人工智能相关的研究与实践需要诸多数学知识作为基础，而已开设的其他数学类课程：工科数学分析、线性代数与解析几何、概率统计与随机过程、复变函数与积分变换、博弈论以及信息论，虽然已经为相关领域的学习打下良好基础，但仍有部分内容尚未涉及，如数值计算与优化理论等，这些内容将在计算机科学与人工智能的数学基础课程中进行介绍；

(2) 部分内容，例如矩阵运算等，虽在其他开设课程中已有涉及，但人工智能方向的研究与应用需要更加深入地了解这些内容，本课程将对这部分内容做更深入和更有针对性的介绍。

计算机科学与人工智能的数学基础课程所包含的内容主要分为如下六个部分：逻辑学初步、集合论与组合分析、图论初步、矩阵论初步、数值计算，以及优化理论与运筹学。我们将其中部分内容命名为"初步"是因为它们单个拿出来都可能无法利用4个学时介绍完，而本课程也并非仅仅对它们进行概念的介绍、浅尝辄止，而是对这些科目

中与人工智能学习非常密切的内容进行深入的介绍。其中，逻辑学初步包含命题逻辑和谓词逻辑两个章节；集合论与组合分析包含了集合的基本概念与运算、组合分析初步、可数集 & 不可数集 & 康托集以及点集的勒贝格测度等四个章节的内容；图论初步包括图的基本概念、特殊的图、树等三个章节；矩阵论初步包含了矩阵基础和应用回归分析初步两个章节的内容；数值计算包括数值计算的数学基础、非线性方程的数值解法、线性方程组的数值解法、插值与拟合方法等四个章节；优化理论与运筹学则包含了优化基础、无约束优化、线性规划、非线性约束优化四个章节。

通过对上述内容的学习，为人工智能学院本科生进一步学习和实践打下扎实的数学基础。其中，逻辑学初步不仅是本课程后续内容的基础，也为命题表示及推理、逻辑电路设计等课程的学习打下良好的基础；集合论与组合分析初步可以帮助学生更好地用集合进行表达与分析，并为学习概率论奠定基础；图论初步部分为学生的编程学习以及学习数据结构等课程都有重要的帮助；矩阵论初步的学习可以帮助学生更好地利用矩阵这一重要工具分析和解决在学习和实践中碰到的具体问题；数值计算为学生在实际中利用计算机解决各种数学问题打下基础；而优化理论与运筹学部分所介绍的方法可以使学生在遇到实际问题时学会思考如何对问题更好地进行建模与优化求解。

课程采用集中授课与小组学习相结合的模式，并辅之以小组讨论、日常作业等教学手段，加强学生对数学基础的认识，为日后更好地利用数学知识解决在计算机及人工智能学科中遇到的问题奠定基础。课程还将通过大作业和算法编程实现等实践环节进一步加强学生独立分析问题、解决问题的能力，培养综合设计及创新能力，培养实事求是、严肃认真的科学作风和良好的实验习惯，为今后的工作打下良好的基础。

To further strengthen the students' mathematical foundation on computer science and artificial intelligence, the course is offered specially. Its main purposes include the following two points. 1. Although other mathematics courses, including Mathematical Analysis for Engineering, Linear Algebra and Analytic Geometry, Probability Statistics and Stochastic Processes, Complex Variable Function and Integral Transform, Game Theory, and Information Theory, have laid a good foundation for students on the study of related fields, there are still some contents that have not been covered, such as numerical computation and optimization theory. These contents will be included in the course "Math Foundation of CS and AI". 2. Some contents, such as matrix-related operations, have already been introduced in the course "Linear Algebra and Analytic Geometry", but students in AI school need to understand these contents more deeply.

The main contents of this course include the following six parts: Logic, Set Theory and Combination Analysis, Graph Theory, Matrix Theory, Numerical Computation, Optimization Theory and Operations Research. The part of Logic includes two chapters: propositional logic and predicate logic; The part of Set Theory and Combination Analysis includes basic concepts and operations of sets, combination analysis, countable set & uncountable set & Cantor Set, and Lebesgue measure; The part of Graph Theory includes basic concepts of graphs, special graphs, and trees; The part of Matrix Theory includes Matrix foundation and applied regression analysis; The part of Numerical Computation includes four chapters: mathematics basis of numerical computation, numerical solutions of nonlinear equations, numerical solutions of linear equations, and interpolation and fitting methods; The part of Optimization Theory and Operations Research includes basis of optimization, unconstrained optimization, linear programming, and nonlinear constrained optimization.

By studying the above contents, it lays a solid mathematical foundation for the further study and practice of undergraduates in AI College. Logic is not only the basis of the follow-up contents in this course, but also is the basis for the study of proposition representation and reasoning, logic circuit design, etc. The study of Set Theory and Combination Analysis can help students better use sets for expression and analysis, and lay the foundation of probability theory. The knowledge in Graph Theory provides some good ideas in programming, and it also is a basis to learn the course "Data Structures and Algorithms". Matrix is an important tool which can help students to analyze and solve practical problems well. Numerical Computation lays a foundation for students to solve various mathematical problems by computers. The methods introduced in Optimization Theory and Operations Research can help students think about how to solve problems arising in practice.

The course adopts the group learning supplemented by group discussion, daily homework and other teaching methods, to strengthen the students' understanding of the mathematical knowledge and methods, which is the mathematical foundation for better use of mathematics knowledge to solve problems of computer science and artificial intelligence in the future. The course also further strengthens students' ability to analyze problems and solve problems independently via large course assignments and algorithm programming, which can train comprehensive design and innovation ability. Moreover, this course will cultivate realistic, serious scientific style and good experimental habits, which can lay a good foundation for future work.

3.3.2 课程基本情况(Course Arrangements)

<table>
<tr><td>课程名称</td><td colspan="8">计算机科学与人工智能的数学基础
Math Foundation of Computer Science and Artificial Intelligence</td></tr>
<tr><td rowspan="2">开课时间</td><td colspan="2">一年级</td><td colspan="2">二年级</td><td colspan="2">三年级</td><td colspan="2">四年级</td></tr>
<tr><td>秋</td><td>春</td><td>秋</td><td>春</td><td>秋</td><td>春</td><td>秋</td><td>春</td></tr>
<tr><td>课程定位</td><td colspan="8">本科生数学与统计课程群必修课</td></tr>
<tr><td>学　　分</td><td colspan="8">6 学分</td></tr>
<tr><td>总 学 时</td><td colspan="8">96 学时
(授课 96 学时、实验 0 学时)</td></tr>
<tr><td>授课学时分配</td><td colspan="8">课堂讲授(96 学时)</td></tr>
<tr><td>先修课程</td><td colspan="8">工科数学分析、线性代数与解析几何</td></tr>
<tr><td>后续课程</td><td colspan="8">概率统计与随机过程、人工智能的现代方法</td></tr>
<tr><td>教学方式</td><td colspan="8">课堂教学、课后作业</td></tr>
<tr><td>考核方式</td><td colspan="8">笔试成绩占 70%,平时成绩(作业、大作业、上机实验等)占 20%,考勤占 10%</td></tr>
<tr><td>参考教材</td><td colspan="8">1. 耿素云. 离散数学. 北京:清华大学出版社,2013
2. 李桂成. 计算方法. 北京:电子工业出版社,2018
3. 孙文瑜,徐成贤,朱德通. 最优化方法. 北京:高等教育出版社,2010
4. 钱颂迪,等. 运筹学. 北京:清华大学出版社,2018</td></tr>
<tr><td>参考资料</td><td colspan="8">1. Eric Lehman, F Thomson Leighton, Albert R Meyer. Mathematics for Computer Science. Cambridge: MIT Press, 2016
2. 张贤达. 矩阵分析与应用. 北京:清华大学出版社,2016
3. 何晓群,刘文卿. 应用回归分析. 北京:中国人民大学出版社,2015
4. 高立. 数值最优化方法. 北京:北京大学出版社,2018
5. Stephen Boyd, Lieven Vandenberghe. 凸优化. 王书宁、许鋆、黄晓霖,译. 北京:清华大学出版社,2018</td></tr>
<tr><td>其他信息</td><td colspan="8"></td></tr>
</table>

数学与统计	
必修(学分)	工科数学分析(12)
	线性代数与解析几何(4)
	计算机科学与人工智能的数学基础(6)
	概率统计与随机过程(4)
	复变函数与积分变换(3)
选修(学分)2 选 1	博弈论(2)
	信息论(2)

3.3.3 教学目的和基本要求(Teaching Objectives and Basic Requirements)

(1) 掌握命题逻辑中的命题符号化、命题公式及分类、等值验算、范式与基本的逻辑推理方法,了解全功能集;

(2) 深入理解谓词逻辑中的合式公式及解释,并学会利用谓词逻辑等值式求前束范式;

(3) 熟悉集合的基本概念、基本运算与集合元素的计数方法,学会利用组合分析方法对集合或多重集中的元素进行计数,了解基于递推方程的算法复杂度分析方法;

(4) 理解无限集的势和可数集,了解不可数集和常见集合的势,了解康托集;

(5) 熟悉直线上的开集、闭集及其性质,了解康托闭区间套定理、魏尔斯特拉斯定理等基本理论,了解勒贝格测度与可测集;

(6) 了解图的基本概念并学会图的矩阵表示方法,掌握一些常见的特殊图并了解其重要的应用实例,掌握树的概念与基本分析方法;

(7) 熟练掌握主成分分析方法,掌握矩阵的奇异分解与 K-SVD 算法,掌握稀疏矩阵方程求解的常用方法;

(8) 熟悉矩阵与向量的求导法则,并会利用求导法则解决实际问题,掌握基于帽子矩阵的多元线性回归方法;

(9) 掌握二分法、弦截法和迭代法等非线性方程的数值解法,理解高斯消去法、矩阵分解和迭代法等线性方程组的数值解法;

(10) 熟悉多项式插值和分段插值的方法,理解函数最佳逼近理论,掌握曲线拟合方法;

(11) 理解最优化问题,掌握凸集、凸函数、凸优化的概念;

(12) 学会使用最小二乘法、最速下降法、牛顿法、拟牛顿法和共轭梯度法等无约束优化方法;

(13) 了解单纯形法、分枝定界法等线性规划的基本解法,理解线性规划的对偶问题;

(14) 掌握等式约束优化、不等式约束优化和二次规划的基本方法;

(15) 熟悉使用 C 语言和 Matlab 进行数值计算和优化方法的实现。

3.3.4 课程大纲和知识点(Syllabus and Key Points)

第一部分 逻辑学初步(Logic)

第一章 命题逻辑(Propositional Logic)

章节序号 Chapter Number	章节名称 Chapters	课时 Class Hour	知识点 Key Points
1.1	命题符号化及联结词 Symbolization of propositions & connectives	2	(1) 命题及其真值 (2) 联结词(否定联结词、合取联结词、析取联结词、蕴涵联结词、等价联结词) (1) Propositions and their real values (2) Connectives (negation connectives, conjunction connectives, disjunction connectives, conditional connectives, biconditional connectives)
1.2	命题公式及分类 Propositional formula & classification	2	(1) 命题公式及其赋值 (2) 真值表 (3) 重言式、矛盾式、可满足式 (1) Propositional formula & assignment (2) Truth table (3) Tautology, contradiction, satisfactable formula
1.3	等值验算 Equivalent deduction		(1) 置换规则 (1) Replacement rule
1.4	范式 Normal form	2	(1) 析取范式、合取范式 (2) 主析取范式、主合取范式 (1) Disjunctive normal form and conjunctive normal form (2) Principal disjunctive normal form and principal conjunctive normal form
1.5	联结词全功能集 Set of fully capable connectives	2	(1) 联结词全功能集 (1) Set of fully capable connectives
1.6	推理理论 Reasoning theory		(1) 前提、推理、结论 (1) Premise, logical deduction, conclusion

第二章　谓词逻辑(Predicate Logic)

章节序号 Chapter Number	章节名称 Chapters	课时 Class Hour	知识点 Key Points
2.1	谓词逻辑基本概念 Basic concept of predicate logic	2	(1) 个体词、谓词 (2) 存在量词、全称量词 (3) 特性谓词 (1) Individual term, predicate (2) Existential quantifier, universal quantifier (3) Characteristic predicate
2.2	谓词逻辑合式公式及解释 Well-formed formula in predicate logic and its interpretation	2	(1) 合式公式 (2) 逻辑有效式、矛盾式、可满足式 (1) Well-formed formula (2) Tautology, contradiction, satisfactable formula
2.3	谓词逻辑等值式与前束范式 Logical equivalence and prenex normal in predicate logic	2	(1) 等值式 (2) 前束范式 (1) Logical equivalence (2) Prenex normal

第二部分　集合论与组合分析(Set Theory and Combination Analysis)

第三章　集合的基本概念和运算(Basic Concepts and Operations of Sets)

<table>
<tr><th>章节序号
Chapter Number</th><th>章节名称
Chapters</th><th>课时
Class Hour</th><th>知识点
Key Points</th></tr>
<tr><td>3.1</td><td>集合的基本概念
Basic concepts of sets</td><td rowspan="2">2</td><td>(1) 子集、空集、幂集

(1) Subset, empty set, power set</td></tr>
<tr><td>3.2</td><td>集合的基本运算
Basic operations of sets</td><td>(1) 并集、交集、补集
(2) 对称差
(3) 文氏图

(1) Union, intersection, complementary set
(2) Symmetric difference
(3) Venn diagram</td></tr>
</table>

续表

章节序号 Chapter Number	章节名称 Chapters	课时 Class Hour	知识点 Key Points
3.3	集合中元素的计数 Cardinality of set	2	(1) 包含排斥原理 (1) Principle of inclusion and exclusion

第四章　组合分析初步(Combinatorial Analysis)

章节序号 Chapter Number	章节名称 Chapters	课时 Class Hour	知识点 Key Points
4.1	加法法则和乘法法则 Sum rule and product rule	2	(1) 加法法则 (2) 乘法法则 (1) Sum rule (2) Product rule
4.2	基本排列组合的计数方法 Counting method of permutation and combination		(1) 排列、组合 (2) 多重集 (1) Permutation, combination (2) Multiple sets
4.3	递推方程的求解与应用 Solution and application of recursive equation	2	(1) 迭代 (2) 递推方程 (1) Iteration (2) Recursive equation

第五章　可数集、不可数集、康托集(Countable Sets, Uncountable Set, Cantor Set)

章节序号 Chapter Number	章节名称 Chapters	课时 Class Hour	知识点 Key Points
5.1	映射、对等与可数集 Mapping, counter and countable sets	2	(1) 映射、满射、单射、双射 (2) 可数集 (1) Mapping, surjection, injection, bijection (2) Countable set

续表

章节序号 Chapter Number	章节名称 Chapters	课时 Class Hour	知识点 Key Points
5.2	不可数集、集合的势 Uncountable set, cardinality of set,	2	(1) 康托闭集套定理,不可数集、集合的势、伯恩斯坦定理 (1) Cantor's intersection theorem, uncountable set, cardinality of set, Bernstein's theorem
5.3	康托集 Cantor set		(1) 康托集 (1) Cantor set

第六章 点集的勒贝格测度(Lebesgue Measure on Point Set)

章节序号 Chapter Number	章节名称 Chapters	课时 Class Hour	知识点 Key Points
6.1	直线上的开集、闭集及其性质 Open and closed sets on lines and their properties	3	(1) 开集、闭集 (2) 有限覆盖定理、开集构造定理 (1) Open set, closed set (2) Finite covering theorem, theorem of composition of open sets
6.2	点集的勒贝格测度 Lebesgue measure of point set	3	(1) 可数可加性、测度、外测度、内测度 (2) 勒贝格测度 (1) Countably additive, measure, outer measure, inner measure (2) Lebesgue measure
6.3	可测集 Measurable set	2	(1) 可测集、波雷尔集 (1) Measurable set, Borel set

第三部分　图论初步(Graph Theory)

第七章　图的基本概念(Basis Concepts of Graphs)

章节序号 Chapter Number	章节名称 Chapters	课时 Class Hour	知识点 Key Points
7.1	无向图和有向图 Undirected graph and digraph	2	(1) 无向图、有向图 (2) 顶点、边、握手定理、图的同构 (1) Undirected graph,digraph (2) Vertex, edge, handshake theorem, graph isomorphism
7.2	通路、回路和图的连通性 Pathway,cycle and connectivity of graphs	2	(1) 通路、回路、简单通路、简单回路、初级通路、初级回路 (2) 连通、可达、点割集、边割集 (1) Path, cycle, simple path, simple cycle, primary path,primary cycle (2) Connectivity, reachability, vertex cut set, edge cut set
7.3	图的矩阵表示 Matrix representation of graphs	2	(1) 关联矩阵、邻接矩阵、可达矩阵 (1) Incidence matrix,adjacency matrix,reachability matrix
7.4	最短路径、关键路径和着色 Shortest path,critical path and coloring	2	(1) 最短路径、关键路径 (2) 着色 (1) Shortest path,critical path (2) Coloring

第八章　特殊的图(Special Graphs)

章节序号 Chapter Number	章节名称 Chapters	课时 Class Hour	知识点 Key Points
8.1	二部图 Bipartite graphs	2	(1) 二部图 (1) Bipartite graphs
8.2	欧拉图 Euler graphs		(1) 欧拉图 (1) Euler graphs

续表

章节序号 Chapter Number	章节名称 Chapters	课时 Class Hour	知识点 Key Points
8.3	哈密顿图 Hamilton graphs	2	(1) 哈密顿图 (1) Hamilton graphs
8.4	平面图 Plane graphs		(1) 平面图，欧拉公式 (1) Plane graphs, Euler's formula

第九章　树(Trees)

章节序号 Chapter Number	章节名称 Chapters	课时 Class Hour	知识点 Key Points
9.1	无向树及生成树 Undirected tree and spanning tree	2	(1) 无向树、生成树 (1) Undirected tree, spanning tree
9.2	根树及其应用 Root tree and its applications	2	(1) 根数、二叉树 (2) 最佳前缀码 (1) Root tree, binary tree (2) Best prefix code

第四部分　矩阵论初步(Matrix Theory)

第十章　矩阵基础(Matrix Foundation)

章节序号 Chapter Number	章节名称 Chapters	课时 Class Hour	知识点 Key Points
10.1	矩阵和向量的求导法则 Derivative rule of matrix and vector	2	(1) 矩阵和向量的求导法则 (1) Derivative rule of matrix and vector
10.2	特征分析 Eigen analysis		(1) 特征值与特征向量、主成分分析 (1) Eigenvalues and eigenvectors, principal component analysis

续表

章节序号 Chapter Number	章节名称 Chapters	课时 Class Hour	知识点 Key Points
10.3	矩阵的奇异分解与K-SVD算法 Singular decomposition of matrix and K-SVD algorithm	2	(1) 奇异分解 (2) K-SVD算法 (1) Singular decomposition (2) K-SVD algorithm
10.4	最小二乘法 Least square method	1	(1) 最小二乘法 (1) Least square method
10.5	稀疏矩阵方程求解 Solution of equation with sparse matrix	3	(1) L1范数最小化、RIP条件 (2) 匹配追踪算法、正交匹配追踪算法 (3) LASSO算法 (1) L1-norm minimization, RIP condition (2) Matching pursuit, orthogonal matching pursuit (3) LASSO Algorithm

第十一章　应用回归分析初步(Applied Regression Analysis)

章节序号 Chapter Number	章节名称 Chapters	课时 Class Hour	知识点 Key Points
11.1	回归问题概述 Overview of regression problems	2	(1) 变量间的统计关系、回归分析 (1) Statistical relations among variables, regression analysis
11.2	一元线性回归 Simple regression		(1) 一元线性回归模型 (2) 最小二乘估计 (1) Univariate linear regression model (2) Least square estimation
11.3	多元线性回归 Multivariate linear regression	2	(1) 多元线性回归模型 (2) 相关阵、偏相关系数 (1) Multivariate linear regression model (2) Correlation matrix, partial correlation coefficient

续表

章节序号 Chapter Number	章节名称 Chapters	课时 Class Hour	知识点 Key Points
11.4	非线性回归 Nonlinear regression	2	(1) 多项式回归 (2) 其他非线性回归模型 (1) Polynomial regression (2) Other nonlinear regression models

第五部分　数值计算(Numerical Computation)

第十二章　数值计算的数学基础(Mathematics Basis of Numerical Computation)

章节序号 Chapter Number	章节名称 Chapters	课时 Class Hour	知识点 Key Points
12.1	数值算法概论 Introduction to numerical algorithms	2	(1) 数值解与逼近解的概念 (1) Concepts of numerical solutions and approximate solutions
12.2	向量和矩阵范数 Norms of vector and matrix		(1) 范数的定义 (1) Norm definition
12.3	差分方程 Differential equation		(1) 差分方程的表示 (1) Expression of differential equation
12.4	误差 Error		(1) 误差的定义 (1) Definition of error

第十三章　非线性方程的数值解法(Numerical Solutions of Nonlinear Equations)

章节序号 Chapter Number	章节名称 Chapters	课时 Class Hour	知识点 Key Points
13.1	二分法 Dichotomy method	2	(1) 非线性方程问题、二分法 (1) Nonlinear equation problems, dichotomy method
13.2	弦截法 Chord section methods		(1) 弦截法、割线法、斯特芬森方法 (1) Chord section method, secant method, Steffensen method

续表

章节序号 Chapter Number	章节名称 Chapters	课时 Class Hour	知识点 Key Points
13.3	迭代法 Iterative methods	2	(1) 皮卡迭代法 (2) 埃特金加速迭代法 (3) 牛顿迭代法 (1) Picard iterative method (2) Aitken accelerated iteration method (3) Newton iterative method
13.4	迭代法的收敛性 Convergence property of iterative methods		(1) 收敛性质、收敛阶 (1) Convergence property,order of convergence

第十四章　线性方程组的数值解法(Numerical Solutions of Linear Equations)

章节序号 Chapter Number	章节名称 Chapters	课时 Class Hour	知识点 Key Points
14.1	高斯消元法 Gauss elimination method	2	(1) 线性方程问题、二分法线性方程组、病态方程组、高斯消元法 (1) Linear equations, ill-posed equations Gauss elimination method
14.2	矩阵分解法 Matrix decomposition methods		(1) 杜利特尔分解法 (2) 乔里雅基分解法 (1) Doolitttle decomposition method (2) Cholesky decomposition method
14.3	迭代法 Iterative methods	2	(1) 一般单步迭代法、雅可比迭代法、高斯-塞德尔迭代法、JOR 迭代法、SOR 迭代法 (1) One-step iterative method, Jacobi iterative method, Gauss-Seidel iterative method, JOR iterative method, SOR iterative method

第十五章　插值与拟合方法(Interpolation and Fitting Methods)

章节序号 Chapter Number	章节名称 Chapters	课时 Class Hour	知识点 Key Points
15.1	插值概念 Concept of interpolation	1	(1) 插值的基本概念 (1) Concepts of interpolation
15.2	插值方法 Interpolation methods	3	(1) 拉格朗日插值、分段线性插值、牛顿插值、埃尔米特插值、样条插值 (1) Lagrange interpolation, piecewise linear interpolation, Newton interpolation, Hermite interpolation, spline interpolation
15.3	函数最佳逼近 Optimal approximation of functions	2	(1) 最佳逼近原理 (1) Optimal approximation principle
15.4	曲线拟合方法 Curve fitting methods		(1) 曲线拟合方法、最小二乘方法 (1) Curve fitting method, least square method

第六部分　优化与运筹学(Optimization and Operations Research)

第十六章　优化基础(Basis of Optimization)

章节序号 Chapter Number	章节名称 Chapters	课时 Class Hour	知识点 Key Points
16.1	最优化问题 Optimization problem	2	(1) 最优化问题 (2) 无约束优化、约束优化 (3) 线性规划、二次规划 (1) Optimization problem (2) Constrained optimization, unconstrained optimization (3) Linear programming, quadratic programming
16.2	凸集、凸函数和凸优化 Convex set, convex function and convex optimization		(1) 凸集、凸函数 (2) 凸优化 (1) Convex set, convex function (2) Convex optimization

第十七章　无约束优化(Unconstrained Optimization)

章节序号 Chapter Number	章节名称 Chapters	课时 Class Hour	知识点 Key Points
17.1	无约束优化问题 Unconstrained optimization problem	2	(1) 无约束优化问题 (2) 最小二乘法 (1) Unconstrained optimization problem (2) Least square method
17.2	最速下降法 Steepest descent method		(1) 无约束优化方法 (2) 最速下降法 (1) Unconstrained optimization method (2) Steepest descent method
17.3	牛顿法 Newton methods	2	(1) 牛顿法 (2) 拟牛顿法 (1) Newton method (2) Quasi-Newton method
17.4	共轭梯度法 Conjugate gradient method		(1) 共轭梯度法 (1) Conjugate gradient method

第十八章　线性规划(Linear Programming)

章节序号 Chapter Number	章节名称 Chapters	课时 Class Hour	知识点 Key Points
18.1	线性规划问题 Linear programming problem	1	(1) 线性规划问题 (1) Linear programming problem
18.2	单纯形法 Simplex method	3	(1) 单纯形法 (1) Simplex method
18.3	对偶理论 Duality theory		(1) 线性规划的对偶理论 (1) Duality theory of linear programming

续表

章节序号 Chapter Number	章节名称 Chapters	课时 Class Hour	知识点 Key Points
18.4	整数线性规划 Integer linear programming	2	(1) 整数线性规划 (2) 分枝定界法 (1) Integer linear programming (2) Branch and bound method

第十九章　非线性约束优化(Nonlinear Constrained Optimization)

章节序号 Chapter Number	章节名称 Chapters	课时 Class Hour	知识点 Key Points
19.1	非线性约束优化 Nonlinear constrained optimization	2	(1) 等式约束优化 (2) 不等式约束优化 (1) Equality constrained optimization (2) Inequality constrained optimization
19.2	二次规划 Quadratic programming		(1) 二次规划 (2) 凸二次规划 (1) Quadratic programming (2) Convex quadratic programming
19.3	点集配准实例 Examples of point set registration	2	(1) 点集配准问题 (2) 几何变换及其代数表达式 (3) 迭代最近点算法 (4) 场景重建与定位 (1) Point set registration problem (2) Geometric transformation and its algebraic expression (3) Iterative closest point algorithm (4) Scene reconstruction and localization

大纲指导者：郑南宁教授(西安交通大学人工智能学院)

大纲制定者：杜少毅教授(西安交通大学人工智能学院)、汪建基副教授(西安交通大学人工智能学院)

大纲审定：西安交通大学人工智能学院本科专业知识体系建设与课程设置工作组

3.4 “概率统计与随机过程”教学大纲

课程名称：概率统计与随机过程

Course：Probability Theory and Stochastic Process

先修课程：工科数学分析、线性代数与解析几何

Prerequisites：Mathematical Analysis for Engineering，Linear Algebra and Analytic Geometry

学分：4

Credits：4

3.4.1 课程目的和基本内容(Course Objectives and Basic Content)

本课程是人工智能学院本科生基础必修课。

This course is a basic compulsory course for undergraduates in College of Artificial Intelligence.

本课程为计算机科学与人工智能提供了重要的数理统计基础。人工智能的相关方法大多涉及数据分析问题，其中不确定性几乎是不可避免的。因此，引入随机变量并建立相关的理论、模型和方法是人工智能的一个重要理论基础。本课程包含概率论、数理统计和随机过程三部分内容。其中第一章到第四章介绍了概率论中的基本概念及基本原理：随机事件与概率、随机变量及其概率分布、随机变量的数字特征、极限定理等；第五章到第七章介绍了数理统计的基本概念及经典方法：参数估计、假设检验等；第八、九章介绍了随机过程的基本知识以及平稳过程等。

课程通过对概率论和数理统计基本知识的学习，要求学生理解并掌握随机事件与概率的基本概念和基本计算方法，理解并掌握随机变量及概率分布的概念及基本性质，掌握随机变量的数学特征的基本概念和计算方法，了解大数定律的基本原理，会用中心极限定理求近似概率，了解数理统计的基本概念，掌握参数估计及假设检验的基本理论和方法，熟悉随机过程(包括复的)的概论，理解平稳过程的概念、相关函数的性质，了解各态历经性的判定，掌握谱密度的概念、性质和计算方法，了解平稳时间序列的概念、线性模型及模型识别，会进行有关的参数估计并会用这些方法解决一些工程

和经济管理中遇到的实际问题。

概率统计与随机过程是从数量方面研究随机现象统计规律性的一门学科，它在人工智能、模式识别、计算机视觉、经济管理、金融投资、保险精算、企业管理等众多领域都有广泛的应用。学习和正确运用概率统计方法已成为对工科类大学生的基本要求。使学生掌握处理随机现象的基本思想和方法，培养他们运用概率统计知识分析和解决实际问题的能力，并为学习后继课程和继续深造打好基础。

This course provides an important mathematical statistics foundation for computer science and artificial intelligence. Most artificial intelligence methods involve data analysis, where uncertainty is almost inevitable. Therefore, the introduction of random variables and the establishment of related theories, models and methods are important theoretical basis of artificial intelligence. This course consists of three parts: Probability Theory, Mathematical Statistics, and Stochastic Process. Chapters 1-4 introduce the basic concepts and principles of probability theory, such as random events and probability, random variables and their probability distribution, digital characteristics of random variables, limit theorem, etc. Chapters 5-7 introduce the basic concepts and classical methods of mathematical statistics, such as parameter estimation, hypothesis test, etc. Chapters 8-9 introduce the basic knowledge of stochastic process and stationary process.

Through studying the basic knowledge of probability theory and mathematical statistics, this course requires students to understand and master the basic concepts and calculation methods of random events and probability. Understand and master the concepts and basic properties of random variables and probability distribution. Grasp the basic concepts and calculation methods of the mathematical characteristics of random variables. Understand the basic principles of the law of large numbers. The approximate probability can be obtained by using the central limit theorem. Understand the basic concepts of mathematical statistics. Grasp the basic theory and method of parameter estimation and hypothesis test. Befamiliar with general knowledge of stochastic processes, including complex ones. Understand the concept of stationary processes and the properties of correlation functions. Understand the determination of ergodicity of states. Grasp the concept, properties and calculation methods of spectral density. Understand the concept of stationary time series, linear models and model recognition. The relevant parameters can be estimated and these methods can be used to solve some practical problems encountered in engineering and economic management.

Probabilistic statistics and stochastic process is a discipline that studies the statistical regularity of stochastic phenomena in term of quantity. It is widely used in many fields, such as artificial intelligence, pattern recognition, computer vision, economic management, financial investment, insurance actuarial, enterprise management. Learning and correctly using probability and statistics methods have become the basic requirements for students major in engineering. It is a basic theoretical course for students to master the basic ideas and methods of dealing with random phenomena, to train their abilities to analyze and solve practical problems by using probability and statistics knowledge, and to lay a good foundation for subsequent courses and further studies.

3.4.2 课程基本情况(Course Arrangements)

<table>
<tr><td>课程名称</td><td colspan="9">概率统计与随机过程
Probability Theory and Stochastic Process</td></tr>
<tr><td rowspan="2">开课时间</td><td colspan="2">一年级</td><td colspan="2">二年级</td><td colspan="2">三年级</td><td colspan="2">四年级</td><td rowspan="6"><table><tr><td colspan="2">数学与统计</td></tr><tr><td rowspan="5">必修
(学分)</td><td>工科数学分析(12)</td></tr><tr><td>线性代数与解析几何(4)</td></tr><tr><td>计算机科学与人工智能的数学基础(6)</td></tr><tr><td>概率统计与随机过程(4)</td></tr><tr><td>复变函数与积分变换(3)</td></tr><tr><td rowspan="2">选修
(学分)
2选1</td><td>博弈论(2)</td></tr><tr><td>信息论(2)</td></tr></table></td></tr>
<tr><td>秋</td><td>春</td><td>秋</td><td>春</td><td>秋</td><td>春</td><td>秋</td><td>春</td></tr>
<tr><td>课程定位</td><td colspan="8">本科生数学与统计课程群必修课</td></tr>
<tr><td>学　　分</td><td colspan="8">4 学分</td></tr>
<tr><td>总 学 时</td><td colspan="8">64 学时
(授课 64 学时、实验 0 学时)</td></tr>
<tr><td>授课学时分配</td><td colspan="8">课堂讲授(62 学时),
大作业讨论(2 学时)</td></tr>
<tr><td>先修课程</td><td colspan="9">工科数学分析、线性代数与解析几何</td></tr>
<tr><td>后续课程</td><td colspan="9"></td></tr>
<tr><td>教学方式</td><td colspan="9">课堂教学、综合大作业</td></tr>
<tr><td>考核方式</td><td colspan="9">期中考试成绩占 30%,期末考试成绩占 50%,平时作业占 10%,实验成绩占 10%</td></tr>
<tr><td>参考教材</td><td colspan="9">1. 施雨,李耀武. 概率论与数理统计应用. 西安:西安交通大学出版社,2015
2. 魏平,王宁,符世斌. 概率论与数理统计教程. 西安:西安交通大学出版社,2007</td></tr>
<tr><td>参考资料</td><td colspan="9">魏平. 概率论与数理统计综合辅导. 西安:西安交通大学出版社,2007</td></tr>
<tr><td>其他信息</td><td colspan="9"></td></tr>
</table>

3.4.3　教学目的和基本要求（Teaching Objectives and Basic Requirements）

（1）理解随机事件与概率的基本概念，掌握其基本计算方法；
（2）掌握随机变量及概率分布的概念及基本性质；
（3）熟悉随机变量的数学特征的基本概念，掌握其计算方法；
（4）了解大数定律的基本原理，会用中心极限定理求近似概率；
（5）理解数理统计的基本概念，掌握参数估计及假设检验的基本理论和方法；
（6）熟悉随机过程的概论，理解平稳过程的概念、相关函数的性质；
（7）了解各态历经性的判定，掌握谱密度的概念、性质和计算方法；
（8）掌握平稳时间序列的概念、线性模型及模型识别；
（9）会进行有关的参数估计并会用这些方法解决一些工程和经济管理中的实际问题。

3.4.4　课程大纲和知识点（Syllabus and Key Points）

第一章　随机事件与概率（Random Events and Probability）

章节序号 Chapter Number	章节名称 Chapters	课时 Class Hour	知识点 Key Points
1.1	随机事件 Random events	1	（1）随机现象与随机试验 （2）样本空间与随机事件 （3）事件的关系与运算 （1）Random phenomena and random experiments （2）Sample space and random events （3）The relation and operation of events
1.2	概率 Probability	1	（1）概率的古典定义 （2）概率的统计定义 （3）概率的公理化定义 （4）概率的性质 （1）Classical definition of probability （2）Statistical definition of probability （3）Axiomatic definition of probability （4）The property of probability

续表

章节序号 Chapter Number	章节名称 Chapters	课时 Class Hour	知识点 Key Points
1.3	古典概率的计算 The calculation of classical probability	2	(1) 古典概率的计算方法 (1) The calculating method of classical probability
1.4	条件概率， 事件的独立性 Conditional probability, event independence	4	(1) 条件概率与乘法定理 (2) 全概率公式与贝叶斯公式 (3) 事件的独立性 (1) Conditional probability and multiplication theorem (2) Total probability formula and Bayesian formula (3) Independence of events

第二章 随机变量及概率分布(Random Variables and Probability Distribution)

章节序号 Chapter Number	章节名称 Chapters	课时 Class Hour	知识点 Key Points
2.1	一维随机变量 One-dimensional random variable	4	(1) 随机变量与分布函数 (2) 离散型随机变量 (3) 连续性随机变量 (1) Random variables and distribution functions (2) Discrete random variables (3) Continuous random variables
2.2	二维随机变量 Two-dimensional random variables	4	(1) 二维随机变量与联合分布函数 (2) 二维离散型随机变量 (3) 二维连续性随机变量 (1) Two-dimensional random variables and joint distribution function (2) Two-dimensional discrete random variables (3) Two-dimensional continuous random variables

续表

章节序号 Chapter Number	章节名称 Chapters	课时 Class Hour	知识点 Key Points
2.3	条件分布 Conditional distribution	1	(1) 条件分布律 (2) 条件概率密度 (1) Conditional distribution law (2) Conditional probability density
2.4	随机变量的相互独立性 Interdependence of random variables	1	(1) 随机变量的相互独立性 (1) Interdependence of random variables
2.5	随机变量函数的概率分布 Probability distribution of functions of random variables	2	(1) 一维随机变量的函数的概率分布 (2) 二维随机变量的函数的概率分布 (1) Probability distribution of functions of one-dimensional random variables (2) Probability distribution of functions of two-dimensional random variables

第三章　随机变量的数字特征(Digital Characteristics of Random Variables)

章节序号 Chapter Number	章节名称 Chapters	课时 Class Hour	知识点 Key Points
3.1	数学期望 Mathematical expectation	2	(1) 数学期望的定义 (2) 随机变量的函数的数学期望 (3) 数学期望的性质 (1) Definition of mathematical expectation (2) Mathematical expectations of functions of random variables (3) The properties of mathematical expectation

续表

章节序号 Chapter Number	章节名称 Chapters	课时 Class Hour	知识点 Key Points
3.2	方差 Variance	2	(1) 方差和标准差 (2) 方差的性质 (1) Variance and standard deviation (2) The property of variance
3.3	协方差与相关系数,矩 Covariance and correlation coefficient, Moment	2	(1) 协方差与相关系数 (2) 矩 (3) 协方差矩阵 (1) Covariance and correlation coefficient (2) Moment (3) Covariance matrix

第四章 大数定律及中心极限定理(Law of Large Numbers and Central Limit Theorem)

章节序号 Chapter Number	章节名称 Chapters	课时 Class Hour	知识点 Key Points
4.1	大数定律 Law of large numbers	1.5	(1) 切比雪夫不等式 (2) 切比雪夫大数定律 (3) 贝努利大数定律 (1) Chebyshev inequality (2) Chebyshev's law of large numbers (3) Bernoulli law of large number
4.2	中心极限定理 Central limit theorem	1.5	(1) 独立同分布的中心极限定理 (2) 不同分布的中心极限定理 (1) Central limit theorem of independent and identical distribution (2) Central limit theorem of different distributions

第五章　数理统计的基本概念(Basic Concept of Mathematical Statistics)

章节序号 Chapter Number	章节名称 Chapters	课时 Class Hour	知识点 Key Points
5.1	总体与样本 Population and sample	1	(1) 总体及分布 (2) 样本 (1) Overall and distribution (2) Sample
5.2	样本分布 Sample distribution	1	(1) 样本频数分布与频率分布 (2) 频率直方图 (3) 经验分布函数 (1) Sample frequency distribution and frequency distribution (2) Frequency histograms (3) Empirical distribution function
5.3	统计量 Statistic	1	(1) 统计量概念 (2) 几个常用的统计量 (1) Concept of statistics (2) Several commonly used statistics
5.4	抽样分布 Sampling distribution	2	(1) 几个常用的重要分布 (2) 分位数 (3) 正态总体的抽样分布 (1) Several commonly used important Distributions (2) Quantiles (3) Sampling distribution of normal population

第六章　参数估计(Parameter Estimation)

章节序号 Chapter Number	章节名称 Chapters	课时 Class Hour	知识点 Key Points
6.1	点估计 Point estimation	2	(1) 矩估计法 (2) 极大似然估计法 (1) Moment estimation method (2) Maximum likelihood estimation

续表

章节序号 Chapter Number	章节名称 Chapters	课时 Class Hour	知识点 Key Points
6.2	估计量的评选标准 Criteria for selection of estimators	1	(1) 无偏性 (2) 有效性 (3) 相合性 (1) Unbiased (2) Effectiveness (3) Consistency
6.3	区间估计 Interval estimation	2	(1) 双侧区间估计 (2) 单侧区间估计 (1) Bilateral interval estimation (2) Unilateral interval estimation
6.4	正态总体参数的区间估计 Interval estimation of normal population parameters	1	(1) 单个总体 $N(\mu,\sigma^2)$的情形 (2) 两个总体 $N(\mu_1,\sigma_1^2)$和 $N(\mu_2,\sigma_2^2)$的情形 (1) The case of a single population (2) Two general situations

第七章　假设检验(Hypothesis Testing)

章节序号 Chapter Number	章节名称 Chapters	课时 Class Hour	知识点 Key Points
7.1	假设检验的基本概念 Basic concepts of hypothesis testing	1	(1) 假设检验的基本原理 (2) 假设检验的一般步骤 (1) Basic principles of hypothesis testing (2) General steps of hypothesis testing
7.2	正态总体参数的假设检验 Hypothesis test of normal population parameters	2	(1) 单个总体 $N(\mu,\sigma^2)$的情形 (2) 两个总体 $N(\mu_1,\sigma_1^2)$和 $N(\mu_2,\sigma_2^2)$的情形 (1) The case of a single population (2) Two general situations

续表

章节序号 Chapter Number	章节名称 Chapters	课时 Class Hour	知识点 Key Points
7.3	单边假设检验 Unilateral hypothesis test	1	(1) 单边假设 (1) Unilateral hypothesis
7.4	参数假设的大样本检验 Large sample Test of parametric hypothesis	1	(1) 参数假设的大样本检验方法 (1) Large sample testing method for parametric hypothesis
7.5	总体分布的假设检验 Hypothesis test of population distribution	1	(1) 分布拟合检验 (2) 皮尔逊定理 (3) χ^2 拟合检验法 (1) Distribution fitting test (2) Pearson theorem (3) χ^2 Fitting test method

第八章 随机过程的基本知识(Basic Knowledge of Stochastic Processes)

章节序号 Chapter Number	章节名称 Chapters	课时 Class Hour	知识点 Key Points
8.1	随机过程的概念 The concept of stochastic processes	2	(1) 随机过程的概念和记号 (1) Concept and notation of stochastic processes
8.2	随机过程的概率特征 Probabilistic characteristics of stochastic processes	2	(1) 有限维分布函数族 (2) 随机过程的数字特征 (3) 两个随机过程的不相关与相互独立 (1) Finite dimensional distribution function family (2) Digital characteristics of stochastic processes (3) Uncorrelated and independent of two random processes

续表

章节序号 Chapter Number	章节名称 Chapters	课时 Class Hour	知识点 Key Points
8.3	随机过程的基本类型 Basic types of stochastic processes	2	(1) 按参数集与状态空间分类 (2) 按过程的性质特点分类 (1) Classification by parameter set and state space (2) Classification according to the nature and characteristics of the process
8.4	泊松过程与布朗运动 Poisson process and Brownian motion	2	(1) 泊松过程的定义与性质 (2) 布朗运动 (1) Definition and properties of Poisson process (2) Brownian motion

第九章　平稳过程(Stationary Process)

章节序号 Chapter Number	章节名称 Chapters	课时 Class Hour	知识点 Key Points
9.1	平稳过程概念 The concept of stationary process	2	(1) 平稳过程的概念 (1) The concept of stationary process
9.2	相关函数的性质 Properties of correlation function	2	(1) 自相关函数的性质 (2) 互相关函数的性质 (1) Properties of auto-correlation function (2) Properties of cross-correlation functions
9.3	平稳过程的谱密度 Spectral density of stationary processes	2	(1) 相关过程的谱分解 (2) 谱密度的物理意义 (3) 谱密度与互谱密度的性质 (4) 相关函数与谱密度之间的变换 (1) Spectral decomposition of related processes (2) Physical significance of spectral density (3) Properties of spectral density and cross-spectral density (4) Transform between correlation function and spectral density

续表

章节序号 Chapter Number	章节名称 Chapters	课时 Class Hour	知识点 Key Points
9.4	各态的历经性 Ergodicity of states	2	(1) 各态历经性概念 (2) 各态历经定理 (3) 各态历经的应用 (1) The concept of ergodicity of states (2) Ergodic theorems of states (3) Applications of ergodic states

大纲制定者：西安交通大学数学与统计学院数学教学中心

大纲修订者：杜少毅教授(西安交通大学人工智能学院)、汪建基副教授(西安交通大学人工智能学院)

大纲审定：西安交通大学人工智能学院本科专业知识体系建设与课程设置工作组

3.5 "复变函数与积分变换"教学大纲

课程名称：复变函数与积分变换

Course：Complex Analysis and Integral Transformation

先修课程：工科数学分析、线性代数与解析几何

Prerequisites：Mathematical Analysis for Engineering，Linear Algebra and Analytic Geometry

学分：3

Credits：3

3.5.1 课程目的和基本内容(Course Objectives and Basic Content)

本课程是人工智能学院本科生基础必修课。

This course is a basic compulsory course for undergraduates in College of Artificial Intelligence.

本课程为数字信号处理等专业课打好基础，培养学生的数学素质，提高其应用数学知识解决实际问题的能力，也为计算机科学与人工智能的学习提供了重要的理论基础。本课程旨在使学生初步掌握复变函数与积分变换的基本理论和方法，为学习有关

后继课程和进一步扩大数学知识面而奠定必要的基础。本课程的内容包括：复数与复变函数、复变函数的导数及其性质，复变函数的积分及其性质，解析函数的性质（包括高阶导数公式）、幂级数和罗伦级数的展开，孤立奇点的分类（包括无穷远点），留数及其应用，共形映射的概念及性质（特别要掌握双线性映射以及几个初等函数定义的映射所具有的性质），傅里叶变换及其性质，拉普拉斯变换及其应用。

This course lays a foundation for major courses such as digital signal processing and etc. ,which cultivates students' mathematical quality and improves the students' ability to apply mathematics knowledge to solve practical problems. It also provides an important theoretical foundation for the study of computer science and artificial intelligence. The course is offered to make students grasp the basic theories and methods of complex analysis and integral transformation, and lay a necessary foundation for learning the subsequent courses and further expanding mathematical knowledge. The content of this course includes: complex and complex function, derivative of complex function and its properties,integral of complex function and its properties,properties of analytic functions (including higher derivative formulas), expansion of power series and Loren series, classification of isolated singularities (including infinite points), residual number and its applications, the concept and properties of conformal mapping (in particular,students should master the properties of bilinear mappings and mappings defined by several elementary functions),Fourier transform and its properties,Laplace transform and its applications.

3.5.2 课程基本情况（Course Arrangements）

课程名称	复变函数与积分变换 Complex Analysis and Integral Transformation							
开课时间	一年级		二年级		三年级		四年级	
	秋	春	秋	春	秋	春	秋	春
课程定位	本科生数学与统计课程群必修课							
学　　分	3 学分							
总 学 时	48 学时 （授课 48 学时、实验 0 学时）							
授课学时分配	课堂讲授（41 学时）， 小组讨论（7 学时）							

数学与统计	
必修（学分）	工科数学分析(12)
	线性代数与解析几何(4)
	计算机科学与人工智能的数学基础(6)
	概率统计与随机过程(4)
	复变函数与积分变换(3)
选修（学分）2 选 1	博弈论(2)
	信息论(2)

续表

先修课程	工科数学分析、线性代数与解析几何
后续课程	数字信号处理
教学方式	课堂教学、大作业、小组讨论
考核方式	闭卷考试成绩占80%,平时成绩占20%
参考教材	1. 王绵森.复变函数.北京:高等教育出版社,2008 2. 张元林.积分变换.北京:高等教育出版社,2004
参考资料	王绵森.复变函数学习辅导与习题选解.北京:高等教育出版社,2004
其他信息	

3.5.3 教学目的和基本要求(Teaching Objectives and Basic Requirements)

(1) 掌握复数的各种表示方法及其运算,了解区域的概念,了解复球面与无穷远点的概念,理解复变函数的基本概念,了解复变函数的极限和连续性的概念;

(2) 理解复变函数的导数及复变函数解析的概念,掌握复变函数解析的充要条件,了解调和函数与解析函数的关系,会从解析函数的实(虚)部求其虚(实)部,了解指数函数、三角函数、双曲函数、对数函数及幂函数的定义及它们的主要性质(包括在单值域中的解析性);

(3) 了解复变函数积分的定义及性质,会求复变函数的积分,理解柯西积分定理,掌握柯西积分公式和解析函数的高阶导数公式,了解解析函数无限次可导的性质;

(4) 理解复数项级数收敛、发散及绝对收敛等概念,了解幂级数收敛的概念,会求幂级数的收敛半径,了解幂级数在收敛圆内的一些基本性质,理解泰勒定理,了解 e^z, $\sin z$, $\cos z$, $\ln(1+z)$, $(1+z)^\mu$ 的马克劳林展开式,并会利用它们将一些简单的解析函数展开为幂级数,理解洛朗定理及孤立奇点的分类(包括无穷远点),会用间接方法将简单的函数在其孤立奇点附近展开为洛朗级数;

(5) 熟悉留数概念,掌握极点处留数的求法(包括无穷远点),掌握留数定理,掌握用留数求围道积分的方法,会用留数求一些实变函数的积分;

(6) 掌握解析函数导数的几何意义及共形映射的概念,掌握线性映射的性质和分式性映射的保圆性及保对称性,了解函数 $w=z^\alpha$(α 为正有理数)$w=e^z$ 和有关映射的性质,会求一些简单区域(例如平面、半平面、角形域、圆、带形域等)之间的共形映射;

(7) 理解傅里叶变换的概念，掌握傅里叶变换的性质，了解傅里叶变换的基本应用；

(8) 熟悉拉普拉斯变换的概念，掌握拉普拉斯变换的性质，了解拉普拉斯变换的基本应用。

3.5.4 课程大纲和知识点(Syllabus and Key Points)

第一章 复数与复变函数(Complex Number and Complex Function)

章节序号 Chapter Number	章节名称 Chapters	课时 Class Hour	知识点 Key Points
1.1	复数的表示与运算 Representation and operation of complex number	2	(1) 区域的概念 (2) 复球面与无穷远点的概念 (1) The concept of region (2) The concept of complex sphere and infinite point
1.2	复变函数的基本概念 Basic concept of complex function		(1) 复变函数的极限 (2) 复变函数的连续性 (1) Limit of complex function (2) Continuity of complex function

第二章 解析函数及其在平面场中的应用(Analytic Function and Its Application in Plane Field)

章节序号 Chapter Number	章节名称 Chapters	课时 Class Hour	知识点 Key Points
2.1	解析函数的概念 The concept of analytic function	2	(1) 复变函数的导数 (2) 复变函数解析的概念 (3) 复变函数解析的充要条件 (1) Derivative of complex function (2) The concept of analysis of complex function (3) Necessary and sufficient condition of analysis of complex function

续表

章节序号 Chapter Number	章节名称 Chapters	课时 Class Hour	知识点 Key Points
2.2	解析函数的性质 Properties of analytic function	2	(1) 调和函数与解析函数的关系 (2) 从解析函数的实(虚)部求其虚(实)部 (3) 指数函数、三角函数、双曲函数、对数函数及幂函数的定义及它们的主要性质(包括在单值域中的解析性) (1) The Relation between harmonic function and analytic function (2) Finding the real (virtual) part of analytic function from the real(virtual) part (3) Definition of exponential function, trigonometric function, hyperbolic function, logarithmic function and power function and their main properties (including analyticity in single value domain)

第三章 复变函数的积分(Integral of Complex Function)

章节序号 Chapter Number	章节名称 Chapters	课时 Class Hour	知识点 Key Points
3.1	复变函数积分的定义 Definition of complex function integral	1	(1) 复变函数积分的概念 (2) 复变函数积分的性质 (1) The concept of complex function integral (2) Properties of complex function integral
3.2	复变函数积分的公式 Formula for integral of complex function	1	(1) 复变函数积分的求解 (1) Solving the integral of complex function
3.3	柯西积分定理 Cauchy integral theorem	1	(1) 柯西积分定理的定义 (2) 柯西积分定理的性质 (1) Definition of Cauchy integral theorem (2) Properties of Cauchy integral theorem

续表

章节序号 Chapter Number	章节名称 Chapters	课时 Class Hour	知识点 Key Points
3.4	柯西积分公式 Cauchy integral formula	1	(1) 柯西积分的求解 (1) Solution of Cauchy integral
3.5	解析函数的高阶导数公式 The formula of higher order derivative of analytic function	1	(1) 解析函数的高阶导数求解 (1) Solution of higher order derivative of analytic function

第四章 复变函数项级数(Term Series of Complex Function)

章节序号 Chapter Number	章节名称 Chapters	课时 Class Hour	知识点 Key Points
4.1	复变函数项级数 Term series of complex function	1	(1) 复数项级数收敛 (2) 复数项级数发散 (3) 复数项级数绝对收敛 (1) Convergence of complex series (2) Divergence of complex series (3) Absolute convergence of complex series
4.2	幂级数收敛 Convergence of power series	1	(1) 幂级数的收敛半径 (2) 幂级数在收敛圆内的基本性质 (1) Convergence radius of power series (2) Basic properties of power series in convergent circle
4.3	泰勒定理 Taylor theorem	1	(1) 泰勒展开式 (2) 马克劳林展开式 (3) 解析函数展开为幂级数 (1) Taylor expansion (2) Marklaurin expansion (3) Analytic function expands to power series

续表

章节序号 Chapter Number	章节名称 Chapters	课时 Class Hour	知识点 Key Points
4.4	洛朗定理 Laurent theorem	2	(1) 洛朗定理 (2) 孤立奇点的分类 (3) 用间接方法将简单的函数在其孤立奇点附近展开为洛朗级数 (1) Laurent theorem (2) Classification of isolated singularities (3) Simple functions are expanded to Laurent series near their isolated singularities via indirect method

第五章　留数及其应用(Residue and Its Application)

章节序号 Chapter Number	章节名称 Chapters	课时 Class Hour	知识点 Key Points
5.1	留数的概念 The concept of residue	1	(1) 留数的定义 (2) 极点处留数的求法 (1) Definition of residue (2) Solution of residual number at pole
5.2	留数定理 Residue theorem	2	(1) 留数定理 (2) 留数求围道积分的方法 (1) Residue theorem (2) The method of finding contour integral by residual number
5.3	留数的应用 Application of residue	2	(1) 用留数求一些实变函数的积分 (1) Solving integrals of some real analysis by residual number

第六章 共形映射(Conformal Mapping)

章节序号 Chapter Number	章节名称 Chapters	课时 Class Hour	知识点 Key Points
6.1	共形映射的概念 The concept of conformal mapping	1	(1) 解析函数导数的几何意义 (2) 共形映射的概念 (1) The geometric meaning of derivative of analytic function (2) The concept of conformal mapping
6.2	线性映射和分式性映射的性质 Properties of linear mapping and fractional mappings	4	(1) 线性映射的性质 (2) 分式性映射的保圆性 (3) 分式性映射的保对称性 (4) 函数 $w=z^{\alpha}$(α 为正有理数) $w=e^{z}$ 和有关映射的性质 (1) Properties of linear mapping (2) Roundness preservation of fractional mapping (3) Symmetry preservation of fractional mapping (4) Properties of mappings of $w=z^{\alpha}$ (α is a positive rational number), $w=e^{z}$ and other functions
6.3	共形映射的求解 Solution of conformal mapping	1	(1) 求解简单区域(例如平面、半平面、角形域、圆、带形域等)之间的共形映射 (1) Solving conformal mappings between simple domains (e. g. plane, half plane, angular domain, circle, band domain, etc.)

第七章 傅里叶变换(Fourier Transform)

章节序号 Chapter Number	章节名称 Chapters	课时 Class Hour	知识点 Key Points
7.1	傅里叶变换的概念 The concept of Fourier transform	1	(1) 傅里叶变换的定义 (1) Definition of Fourier transform

续表

章节序号 Chapter Number	章节名称 Chapters	课时 Class Hour	知识点 Key Points
7.2	傅里叶变换的性质（一） Properties of Fourier transform(1)	2	(1) 傅里叶变换的性质 (1) Properties of Fourier transform
7.3	傅里叶变换的性质（二） Properties of Fourier transform(2)	2	(1) 傅里叶变换的性质 (1) Properties of Fourier transform
7.4	傅里叶变换的应用（一） Application of Fourier transform(1)	1	(1) 傅里叶变换的应用 (1) Application of Fourier transform
7.5	傅里叶变换的应用（二） Application of Fourier transform(2)	1	(1) 傅里叶变换的应用 (1) Application of Fourier transform

第八章　拉普拉斯变换(Laplace Transform)

章节序号 Chapter Number	章节名称 Chapters	课时 Class Hour	知识点 Key Points
8.1	拉普拉斯变换的概念 Concept of Laplace transform	2	(1) 拉普拉斯变换的概念 (1) The concept of Laplace transform
8.2	拉普拉斯变换的性质(一) Properties of Laplace transform(1)	2	(1) 拉普拉斯变换的性质 (1) Properties of Laplace transform
8.3	拉普拉斯变换的性质(二) Properties of Laplace transform(2)	2	(1) 拉普拉斯变换的性质 (1) Properties of Laplace transform

续表

章节序号 Chapter Number	章节名称 Chapters	课时 Class Hour	知识点 Key Points
8.4	拉普拉斯变换的应用(一) Applications of Laplace transform(1)	1	(1) 拉普拉斯变换的应用 (1) Application of Laplace transform
8.5	拉普拉斯变换的应用(二) Applications of Laplace transform(2)	2	(1) 拉普拉斯变换的应用 (1) Application of Laplace transform

大纲制定者：西安交通大学数学与统计学院数学教学中心

大纲修订者：杜少毅教授(西安交通大学人工智能学院)、汪建基副教授(西安交通大学人工智能学院)

大纲审定：西安交通大学人工智能学院本科专业知识体系建设与课程设置工作组

3.6 “博弈论”教学大纲

课程名称：博弈论

Course: Game Theory

先修课程：工科数学分析、概率统计与随机过程

Prerequisites: Mathematical Analysis for Engineering, Probability Theory and Stochastic Process

学分：2

Credits: 2

3.6.1 课程目的和基本内容(Course Objectives and Basic Content)

本课程是人工智能学院本科生选修课。

This course is an elective course for undergraduates in College of Artificial Intelligence.

该课程介绍有关决策主体的行为产生相互作用时，各决策主体之间的最优策略选

择以及策略均衡的知识体系。博弈论不仅是现代经济学的一个标准分析工具，而且在政治学、国际关系学、军事战略等学科有着广泛的应用。随着博弈论的不断发展和完善，该理论逐渐被应用到电力系统、人工智能等工程设计领域。近几年来，算法博弈论迅速发展，并与多智能系统研究融合，其普及程度已逐渐追赶上人工智能的发展。博弈论的思维模式和分析方法将会对人工智能领域的研究起到一定的推动作用。因此，有关博弈的基础理论有必要成为学习人工智能的本科生选修的一门专业基础选修课。

该课程以博弈的信息结构、博弈过程和博弈方式为主线，按照博弈的类型，用 8 章的内容系统介绍以下 8 种博弈的基本原理和分析方法：完全信息静态博弈、完全且完美信息动态博弈、重复博弈、完全但不完美信息动态博弈、不完全信息静态博弈、不完全信息动态博弈、博弈学习和进化博弈、合作博弈。第一章是该课程的导论，主要通过与日常生活密切相关的博弈游戏介绍博弈的基本特征和博弈的分类。第二章到第九章分别介绍上述 8 种类型的博弈；第十章介绍博弈论的发展简史。

该课程主要采用课堂授课模式，并辅之以小组讨论、行为经济学实验等教学手段。在课堂授课中，将始终以博弈实例或博弈模型分析为基本手段，帮助学生通过实例分析掌握博弈论的基本概念、基本原理和分析方法，最终使得学生在自己的知识体系中构建起博弈论的理论框架，在思维习惯上培养学生用博弈思想分析决策问题的思维模式，在掌握的分析工具中学会应用博弈分析方法。在小组讨论中，将训练学生用博弈论的基本理论和方法分析解决实际决策问题的能力，并引导学生逐渐将博弈论的思想融入到人工智能领域的学习和研究中。

This course introduces the knowledge system about optimal strategy choice and strategic equilibrium among players when the behavior of players interacts. Game Theory is not only a standard analytical tool for modern economics, but also has a wide range of applications in Politics, International Relations, Military Strategy and other disciplines. With the continuous development and improvement of Game Theory, this theory has gradually been applied to engineering design fields such as power systems and artificial intelligence. In recent years, algorithm game theory has developed rapidly and merged with multi-intelligent systems, and its popularity has gradually caught up with the development of artificial intelligence. The thinking mode and analysis method of game theory will play a certain role in promoting the research in the field of artificial intelligence. Therefore, Game Theory is necessary to become a basic elective course for undergraduates in the College.

Based on the main logical line of information structure, game process and game mode, according to the type of game, the basic principles and analysis methods of the following eight kinds of games are introduced in eight chapters: games with complete information, dynamic games with complete and perfect information, repeated game, dynamic games with complete but imperfect information, static games with incomplete information, dynamic games with incomplete information, game learning and evolutionary games, and cooperative games. The first chapter is an introduction to the course. It introduces the basic characteristics of the game and the classification of the game mainly through games closely related to daily life. The second to eighth types of games are introduced in the second to the ninth chapters; the tenth chapter introduces the brief history of the development of game theory.

The course mainly adopts classroom teaching mode, supplemented by group discussion, behavioral economics experiment and other teaching methods. In classroom teaching, we will use game examples or game models analysis as the basic means to help students obtain the basic concepts, basic principles and analysis methods of Game Theory. By teaching this course, we expect to enable students to construct a theoretical framework of Game Theory in their own knowledge system, to train students' thinking mode of using Game Theory to analyze decision-making problems in their thinking habits, and to teach students can use game analysis tool in their tool boxes. In group discussions and behavioral economics experiments, students will be trained to use the basic theory and methods of Game Theory to analyze and solve practical decision-making problems, and guide students to gradually incorporate the idea of game theory into the study and research of artificial intelligence.

3.6.2 课程基本情况(Course Arrangements)

课程名称	博弈论 Game Theory							
开课时间	一年级		二年级		三年级		四年级	
	秋	春	秋	春	秋	春	秋	春
课程定位	本科生数学与统计课程群选修课							
学　　分	2 学分							
总 学 时	32 学时 (授课 32 学时、实验 0 学时)							
授课学时分配	课堂讲授(32 学时)							

数学与统计	
必修(学分)	工科数学分析(12)
	线性代数与解析几何(4)
	计算机科学与人工智能的数学基础(6)
	概率统计与随机过程(4)
	复变函数与积分变换(3)
选修(学分)2 选 1	博弈论(2)
	信息论(2)

续表

先修课程	工科数学分析、概率统计与随机过程
后续课程	
教学方式	课堂教学、小组讨论
考核方式	闭卷考试成绩占80%，小组讨论占5%，平时成绩占15%
参考教材	谢识予. 经济博弈论. 上海：复旦大学出版社，2018
参考资料	1. Robert Gibbons. 博弈论基础. 高峰，译. 北京：中国社会科学出版社，1999 2. Michael Maschler，Eilon Solan，Shmuel Zamir. 博弈论. 赵世永，译. 北京：格致出版社，2018
其他信息	

3.6.3　教学目的和基本要求（Teaching Objectives and Basic Requirements）

（1）理解博弈论的基本概念、博弈的特征和博弈的分类；

（2）熟练掌握完全静态信息博弈的基本分析思路和方法、纳什均衡、混合策略和混合策略纳什均衡；

（3）熟悉完全且完美信息动态博弈的表示法和特点、子博弈和子博弈完美纳什均衡、逆推归纳法；

（4）了解有限次重复博弈和无限次重复博弈；

（5）理解完全但不完美信息动态博弈，以及完美贝叶斯均衡；

（6）熟练掌握不完全信息静态博弈和贝叶斯纳什均衡；

（7）了解不完全信息动态博弈、声明博弈和信号博弈；

（8）掌握有限理性博弈、博弈学习模型和进化博弈论。

3.6.4　课程大纲和知识点（Syllabus and Key Points）

第一章　导论（Introduction）

章节序号 Chapter Number	章节名称 Chapters	课时 Class Hour	知识点 Key Points
1.1	从游戏到决策理论 From games to decision theory	0.5	（1）博弈论的学习目的及学习内容 （1）Learning purpose and contents of game theory

续表

章节序号 Chapter Number	章节名称 Chapters	课时 Class Hour	知识点 Key Points
1.2	典型的博弈例子 Typical game examples	1.5	(1) 囚徒困境 (2) 双寡头竞价博弈 (3) 田忌赛马 (4) 古诺模型 (5) 空城计中的博弈 (1) Prisoners' dilemma (2) Duopoly bidding game (3) Tianji horse racing (4) Cournot model (5) Game in empty city planning
1.3	博弈的特征和博弈的分类 Characteristics and classification of games	1	(1) 博弈方 (2) 博弈策略 (3) 博弈过程 (4) 博弈得益 (5) 博弈信息结构 (6) 博弈决策方式 (7) 博弈方式 (8) 博弈理论结构 (1) Players (2) Strategy (3) Game process (4) Payoff (5) Information structure of games (6) Decision-making mode of games (7) Game mode (8) Structure of game theory

第二章 完全信息静态博弈(Games with Complete Information)

章节序号 Chapter Number	章节名称 Chapters	课时 Class Hour	知识点 Key Points
2.1	博弈的基本分析思路和方法 Basic analytical thinking and methods of games	1	(1) 上策均衡 (2) 严格下策反复消去法 (3) 划线法 (4) 箭头法 (1) Dominant strategy equilibrium (2) Iterated elimination of weakly dominated strategies (3) Line-drawing method (4) Arrow method
2.2	纳什均衡 Nash equilibrium		(1) 纳什均衡的定义 (2) 纳什均衡与严格下策反复消去法 (3) 纳什均衡的一致预测性质 (1) Definition of Nash equilibrium (2) Nash equilibrium and iterated elimination of weakly dominated strategies (3) Uniform prediction of Nash equilibrium
2.3	无限策略博弈分析和反应函数 Infinite strategy game analysis and response function	1	(1) 古诺模型 (2) 反应函数 (3) 伯特兰德寡头模型 (4) 公共资源问题 (5) 反应函数的问题 (1) Cournot model (2) Response function (3) Bertrand Oligopoly model (4) Public resources problem (5) Problem of response function

续表

章节序号 Chapter Number	章节名称 Chapters	课时 Class Hour	知识点 Key Points
2.4	混合策略和混合策略纳什均衡 Mixed strategy and mixed strategy Nash equilibrium	1	(1) 严格竞争博弈和混合策略的引进 (2) 多重均衡博弈和混合策略 (3) 混合策略和严格下策反复消去法 (4) 混合策略反应函数 (1) Strict competition game and introduction of mixed strategy (2) Multiple equilibrium game and mixed strategy (3) Mixed strategy and iterated elimination of weakly dominated strategies (4) Mixed strategy response function
2.5	纳什均衡的存在性 The existence of Nash equilibrium	1	(1) 纳什定理 (2) 纳什定理的意义和扩展 (1) Nash theorem (2) Significance and extension of Nash theorem
2.6	纳什均衡的选择和分析方法扩展 Selection and analysis method extension of Nash equilibrium		(1) 帕累托和风险上策均衡 (2) 聚点和相关均衡 (3) 共谋和防共谋均衡 (1) Pareto dominant strategy equilibrium and Risk dominant strategy equilibrium (2) Focus equilibrium and relevance equilibrium (3) Collusion and anti-collusion equilibrium

第三章 完全且完美信息动态博弈(Dynamic Games with Complete and Perfect Information)

章节序号 Chapter Number	章节名称 Chapters	课时 Class Hour	知识点 Key Points
3.1	动态博弈的表示法和特点 Representation and characteristics of dynamic games	1	(1) 动态博弈的阶段和扩展形表示 (2) 动态博弈的基本特点 (1) Stage and extensive-form of dynamic game (2) Basic characteristics of dynamic game

续表

章节序号 Chapter Number	章节名称 Chapters	课时 Class Hour	知识点 Key Points
3.2	策略的可信性和纳什均衡的问题 The credibility of a strategy and problems of a Nash equilibrium	1	(1) 相机选择和策略的可信性问题 (2) 纳什均衡的问题 (3) 逆推归纳法 (1) Selection and credibility of strategies (2) Problems of Nash equilibrium (3) Reverse induction
3.3	子博弈和子博弈完美纳什均衡 Subgame and subgame perfect Nash equilibrium		(1) 子博弈与子博弈完美纳什均衡 (1) Subgame and subgame perfect Nash equilibrium
3.4	经典的动态博弈模型 Classical dynamic game models	1	(1) 斯塔克博格模型 (2) 劳资博弈 (3) 议价博弈 (4) 委托人-代理人理论 (1) Stackelberg model (2) The game between labor unions and firms (3) Bargaining game (4) Principal-agent theory
3.5	有同时选择的动态博弈模型 Dynamic game model with simultaneous selection	1	(1) 标准模型 (2) 间接融资和挤兑风险 (3) 国际竞争和最优关税 (4) 有同时选择的委托人-代理人关系 (1) Standard model (2) Indirect financing and risk of bank run (3) International competition and optimal tariff (4) Principal-agent relationship with simultaneous choice

续表

章节序号 Chapter Number	章节名称 Chapters	课时 Class Hour	知识点 Key Points
3.6	动态博弈分析的问题和扩展讨论 Problems and extended discussion of dynamic game analysis	1	(1) 逆推归纳法的问题 (2) 颤抖手均衡和顺推归纳法 (3) 蜈蚣博弈 (1) Problems of inverse induction (2) Trembling hand equilibrium and progressive induction (3) Centipede game

第四章　重复博弈(Repeated Games)

章节序号 Chapter Number	章节名称 Chapters	课时 Class Hour	知识点 Key Points
4.1	重复博弈引论 Introduction to repeated games	2	(1) 重复博弈的定义和意义 (2) 重复博弈的基本概念 (1) Definition and significance of repeated game (2) Basic concepts of repeated game
4.2	有限次重复博弈 Finite repeated game		(1) 两人零和博弈的有限次重复博弈 (2) 唯一纯策略纳什均衡博弈的有限次重复博弈 (3) 多个纯策略纳什均衡博弈的有限次重复博弈 (4) 有限次重复博弈的民间定理 (1) Finite repeated game of two-person zero-sum game (2) Finite repeated game with unique pure strategy Nash equilibrium (3) Finite repeated game with multiple pure strategy Nash equilibriums (4) The Folk theorems of finite repeated game

续表

章节序号 Chapter Number	章节名称 Chapters	课时 Class Hour	知识点 Key Points
4.3	无限次重复博弈 Infinite repeated game	2	(1) 两人零和博弈的无限次重复博弈 (2) 唯一纯策略纳什均衡博弈的无限次重复博弈 (3) 无限次重复古诺模型 (4) 有效工资率 (1) Infinite repeated game of two-person zero-sum game (2) Infinite repeated game with unique pure strategy Nash equilibrium (3) Infinite repeated Cournot model (4) Effective wage rate

第五章 完全但不完美信息动态博弈(Dynamic Games with Complete but Imperfect Information)

章节序号 Chapter Number	章节名称 Chapters	课时 Class Hour	知识点 Key Points
5.1	不完美信息动态博弈 Dynamic game with imperfect information	2	(1) 概念和例子 (2) 不完美信息动态博弈的表示 (3) 不完美信息动态博弈的子博弈 (1) Concepts and examples (2) Representation of dynamic game with imperfect information (3) Subgame of dynamic game with imperfect information
5.2	完美贝叶斯均衡 Perfect Bayesian equilibrium		(1) 完美贝叶斯均衡的定义 (2) 关于判断形成的进一步理解 (1) Definition of perfect Bayesian equilibrium (2) Further understanding of judgment formation

续表

章节序号 Chapter Number	章节名称 Chapters	课时 Class Hour	知识点 Key Points
5.3	单一价格二手车交易 The model of used vehicle trading with single price	2	(1) 单一价格二手车交易模型 (2) 均衡的类型 (3) 模型的纯策略完美贝叶斯均衡 (4) 模型的混合策略完美贝叶斯均衡 (1) The model of used vehicle trading with single price (2) Types of equilibriums (3) Perfect Bayesian equilibrium with pure strategy of the model (4) Perfect Bayesian equilibrium with mixed strategy of the model
5.4	双价二手车交易 The model of two-price used car trading		(1) 双价二手车交易模型 (2) 模型的均衡 (1) The model of two-price used car trading (2) Equilibrium of model
5.5	有退款保证的双价二手车交易 Two-price used car trading with refund guarantee		(1) 有退款保证的双价二手车交易 (1) Two-price used car trading with refund guarantee

第六章　不完全信息静态博弈(Static Games with Incomplete Information)

章节序号 Chapter Number	章节名称 Chapters	课时 Class Hour	知识点 Key Points
6.1	不完全信息静态博弈和贝叶斯纳什均衡 Incomplete information static game and Bayesian Nash equilibrium	2	(1) 问题和例子 (2) 不完全信息静态博弈的一般表示 (3) 海萨尼转换 (4) 贝叶斯纳什均衡 (1) Problems and examples (2) General representation of incomplete information static game (3) Harsanyi conversion (4) Bayesian Nash equilibrium

续表

章节序号 Chapter Number	章节名称 Chapters	课时 Class Hour	知识点 Key Points
6.2	暗标拍卖 Sealed-bid auction	2	(1) 暗标拍卖 (1) Sealed-bid auction
6.3	双方报价拍卖 Bid auction	2	(1) 双方报价拍卖的贝叶斯纳什均衡条件 (2) 线性策略均衡 (1) Conditions of Bayesian Nash equilibrium of bid auction (2) Linear strategic equilibrium

第七章 不完全信息动态博弈(Dynamic Games with Incomplete Information)

章节序号 Chapter Number	章节名称 Chapters	课时 Class Hour	知识点 Key Points
7.1	不完全信息动态博弈及其转换 Dynamic game with incomplete information and its conversion	2	(1) 不完全信息动态博弈问题 (2) 类型和海萨尼转换 (1) Problems of dynamic game with incomplete information (2) Types and Harsanyi conversion
7.2	声明博弈 Declarations game		(1) 声明和信息传递 (2) 离散型声明博弈 (3) 连续型声明博弈 (1) Declarations and information transfer (2) Discrete declarations game (3) Continuous declarations game

续表

章节序号 Chapter Number	章节名称 Chapters	课时 Class Hour	知识点 Key Points
7.3	信号博弈 Signal game	2	(1) 行为传递的信息和信号机制 (2) 信号博弈模型和完美贝叶斯均衡 (3) 股权换投资 (4) 劳动市场信号博弈 (1) Information transmitted by behaviors and signal mechanism (2) Signal game model and perfect Bayesian equilibrium (3) Stock right exchanging for investment (4) Signal game in labor market
7.4	不完全信息 工会厂商谈判 Negotiation between labor union and firms under the condition of incomplete information		(1) 不完全信息工会厂商谈判 (1) Negotiation between labor union and firms under the condition of incomplete information

第八章　博弈学习和进化博弈论(Game Learning and Evolutionary Games)

章节序号 Chapter Number	章节名称 Chapters	课时 Class Hour	知识点 Key Points
8.1	有限理性和博弈分析 Limited rationality and game analysis	1	(1) 有限理性问题 (2) 有限理性博弈分析方法 (1) The problem of limited rationality (2) Analysis methods of game with limited rationality

续表

章节序号 Chapter Number	章节名称 Chapters	课时 Class Hour	知识点 Key Points
8.2	博弈学习模型 Game learning model	2	(1) 最优反应动态 (2) 虚拟行动 (3) 博弈学习模型小结 (1) Optimal response dynamics (2) Virtual action (3) Summary of game learning model
8.3	进化博弈论 Evolutionary game theory	2	(1) 生物进化博弈论 (2) 经济学进化博弈论 (1) Game theory of biology evolutionary (2) Evolutionary game theory in economics

大纲制定者：王锋教授(西安交通大学经济与金融学院)、张帆教授(西安交通大学经济与金融学院)

大纲审定：西安交通大学人工智能学院本科专业知识体系建设与课程设置工作组

3.7 "信息论"教学大纲

课程名称：信息论

Course：Information Theory

先修课程：工科数学分析、概率统计与随机过程

Prerequisites：Mathematical Analysis for Engineering，Probability Theory and Stochastic Process

学分：2

Credits：2

3.7.1 课程目的和基本内容(Course Objectives and Basic Content)

本课程是人工智能学院本科生选修课。

This course is an elective course for undergraduates in College of Artificial Intelligence.

课程主要内容是信息论领域基本概念和理论的介绍。第一章到第五章分别讨论熵、随机过程的熵率、数据压缩等基本概念。第六章到第九章分别讨论信道容量、微分熵、高斯信道以及率失真函数等理论。第十章讨论信息论与统计学的关系。本课程通过对基本概念和理论的学习,帮助学生建立关于信息论领域的知识框架。课程采用小组学习模式,并辅之以课堂讨论与测验、课后作业、综述报告等教学手段,训练学生牢固掌握本领域的基本概念和理论,了解信息论与统计学、人工智能领域的关联。

信息论不仅是通信学科的重要组成部分,在统计物理、计算机科学、统计推断、概率和统计等学科都有奠基性的贡献。尤其是,信息论对人工智能领域的发展起到了重要促进作用,比如交叉熵损失函数是深度学习框架中流行的损失函数,最大信息增益(互信息)为构建决策树提供了理论基础,维特比算法广泛应用于自然语言处理和语音处理,编码器-解码器的概念广泛使用于机器翻译的卷积神经网络等模型中。因此,理解和掌握好信息论的基本概念和理论,能够为学生学习后续课程打下坚实的理论基础。

The main contents of this course are to introduce the basic concepts and theories in the field of information theory. Chapters 1 through 5 discuss some concepts such as the entropy, the entropy rate of random processes, the data compression, and so on. Chapter 6 through 9 discuss the theories of channel capacity, the differential entropy, the Gaussian channel, and the rate-distortion function, respectively. Chapter 10 discusses the relationship between the information theory and the statistics. This course helps students build a knowledge framework in the field of information theory through the study of basic concepts and theories. The course adopts a group learning model supplemented by the classroom discussions and tests, assignments, and reports. It prepares students to master the basic concepts and the theories in the field and to understand the relationship between the information theory, the statistics and the artificial intelligence.

Information theory is not only an important part of the communication engineering but also a fundamental contribution to the disciplines of statistical physics, computer science, statistical inference, probability and statistics. In particular, information theory has played an important role in promoting the development of artificial intelligence. For example, the cross-entropy loss function is a popular function in the deep learning framework, and the maximum information gain (mutual information) provides a theoretical basis for constructing decision trees, while Viterbi algorithm is widely used in natural language processing and speech processing, and the concept of encoder-decoder is widely used in the machine translation based convolutional neural networks (RNN). Therefore, understanding and mastering the basic concepts and theories of information theory can lay a solid theoretical foundation for students to study the following courses.

3.7.2　课程基本情况(Course Arrangements)

<table>
<tr><td>课程名称</td><td colspan="9">信息论
Information Theory</td></tr>
<tr><td rowspan="2">开课时间</td><td colspan="2">一年级</td><td colspan="2">二年级</td><td colspan="2">三年级</td><td colspan="2">四年级</td><td rowspan="6">见右侧课程群（数学与统计）</td></tr>
<tr><td>秋</td><td>春</td><td>秋</td><td>春</td><td>秋</td><td>春</td><td>秋</td><td>春</td></tr>
<tr><td>课程定位</td><td colspan="8">本科生数学与统计课程群选修课</td></tr>
<tr><td>学　　分</td><td colspan="8">2学分</td></tr>
<tr><td>总 学 时</td><td colspan="8">32学时
(授课32学时、实验0学时)</td></tr>
<tr><td>授课学时分配</td><td colspan="8">课堂讲授(32学时)</td></tr>
<tr><td>先修课程</td><td colspan="9">工科数学分析、概率统计与随机过程</td></tr>
<tr><td>后续课程</td><td colspan="9"></td></tr>
<tr><td>教学方式</td><td colspan="9">课堂教学、小组讨论、综述报告</td></tr>
<tr><td>考核方式</td><td colspan="9">课程结束笔试成绩占70%,平时成绩占15%,综述报告占10%,考勤占5%</td></tr>
<tr><td>参考教材</td><td colspan="9">Thomas M. Cover,et al.信息论基础.(第二版).阮吉寿,等译.北京:机械工业出版社,2007</td></tr>
<tr><td>参考资料</td><td colspan="9"></td></tr>
<tr><td>其他信息</td><td colspan="9"></td></tr>
</table>

<table>
<tr><td colspan="2">数学与统计</td></tr>
<tr><td rowspan="5">必修
(学分)</td><td>工科数学分析(12)</td></tr>
<tr><td>线性代数与解析几何(4)</td></tr>
<tr><td>计算机科学与人工智能的数学基础(6)</td></tr>
<tr><td>概率统计与随机过程(4)</td></tr>
<tr><td>复变函数与积分变换(3)</td></tr>
<tr><td rowspan="2">选修
(学分)
2选1</td><td>博弈论(2)</td></tr>
<tr><td>信息论(2)</td></tr>
</table>

3.7.3　教学目的和基本要求(Teaching Objectives and Basic Requirements)

(1) 理解熵、相对熵与互信息的基本概念;

(2) 了解随机变量的渐进均分性与渐进均分性定理;

(3) 掌握信源编码定理和信道编码定理;

(4) 理解随机过程的熵率的基本概念；
(5) 了解熵与数据压缩的关联；
(6) 掌握信道容量的基本概念和理论；
(7) 熟悉微分熵的基本概念和理论；
(8) 理解率失真理论；
(9) 了解信息论与统计学、人工智能等学科的关联。

3.7.4 课程大纲和知识点(Syllabus and Key Points)

第一章　绪论(Introduction)

章节序号 Chapter Number	章节名称 Chapters	课时 Class Hour	知识点 Key Points
1.1	绪论与概述 Introduction and overview	2	(1) 信息论与其他学科的关系 (2) 本课程的概览 (1) Relationship between information theory and other disciplines (2) Overview of the course

第二章　熵、相对熵与互信息(Entropy, Relative Entropy, and Mutual Information)

<table>
<tr><th>章节序号
Chapter Number</th><th>章节名称
Chapters</th><th>课时
Class Hour</th><th>知识点
Key Points</th></tr>
<tr><td>2.1</td><td>熵
Entropy</td><td rowspan="2">2</td><td>(1) 熵的定义
(2) 熵的基本性质

(1) Definition of entropy
(2) Basic properties of entropy</td></tr>
<tr><td>2.2</td><td>联合熵与条件熵
Joint entropy and conditional entropy</td><td>(1) 联合熵的定义
(2) 条件熵的定义
(3) 链式法则

(1) Definition of joint entropy
(2) Definition of conditional entropy
(3) Chain rule</td></tr>
</table>

续表

章节序号 Chapter Number	章节名称 Chapters	课时 Class Hour	知识点 Key Points
2.3	相对熵与互信息 Relative entropy and mutual information	2	(1) 相对熵的定义 (2) 互信息的定义 (1) Definition of relative entropy (2) Definition of mutual information
2.4	熵与互信息的关系 Relationship between entropy and mutual information		(1) 熵与互信息的数学关系 (1) Mathematical relationship between entropy and mutual information
2.5	熵、相对熵与互信息的链式法则 Chain rules of entropy, relative entropy, and mutual information	2	(1) 熵的链式法则 (2) 互信息的链式法则 (3) 相对熵的链式法则 (1) Chain rule of entropy (2) Chain rule of relative entropy (3) Chain rule of mutual information
2.6	琴生不等式及其结果 Jensen's inequality and its consequences		(1) 琴生不等式定理 (2) 信息不等式定理 (3) 熵的独立界 (1) Jensen inequality theorem (2) Information inequality theorem (3) Independence bound on entropy
2.7	对数和不等式及其应用 Log-sum inequality and its applications		(1) 相对熵的凸性 (2) 熵的凸性 (1) Convexity of relative entropy (2) Convexity of entropy
2.8	数据处理不等式 Data-processing inequality		(1) 数据处理不等式的证明 (1) Proof of data-processing inequality
2.9	充分统计量 Sufficient statistics		(1) 充分统计量的定义 (1) Definition of sufficient statistics
2.10	费诺不等式 Fano's inequality		(1) 费诺不等式的证明 (1) Proof of Fano's inequality

第三章　渐进均分性(Asymptotic Equipartition Property)

章节序号 Chapter Number	章节名称 Chapters	课时 Class Hour	知识点 Key Points
3.1	渐进均分性定理 Theorem of asymptotic equipartition property (AEP)	2	(1) 渐进均分性定理和证明 (1) Theorem of asymptotic equipartition property (AEP) and its proof
3.2	AEP的推论：数据压缩 Consequences of AEP: data compression		(1) 基于AEP的数据压缩理论 (1) AEP based data compression
3.3	高概率集与典型集 High-probability sets and the typical set		(1) 高概率集的定义及性质 (2) 典型集的定义及性质 (1) Definition and properties of high-probability sets (2) Definition and properties of the typical set

第四章　随机过程的熵率(Entropy Rates of a Stochastic Process)

章节序号 Chapter Number	章节名称 Chapters	课时 Class Hour	知识点 Key Points
4.1	马尔科夫链 Markov chains	2	(1) 马尔科夫链的定义及性质 (1) Definition and properties of Markov chains
4.2	熵率 Entropy rates		(1) 平稳马尔科夫链的熵率的定义及性质 (1) Definition and properties of entropy rates of a stationary Markov chain
4.3	例子：加权图上随机游动的熵率 Example: entropy rate of a random walk in weighted graph		(1) 熵率在加权图上的应用 (1) Application of entropy rate in weighted graph

续表

章节序号 Chapter Number	章节名称 Chapters	课时 Class Hour	知识点 Key Points
4.4	热力学第二定律 Second law of thermodynamics	2	(1) 热力学第二定律 (2) 熵与热力学第二定律的关系 (1) Second law of thermodynamics (2) Relationship between entropy and second law of thermodynamics
4.5	马尔科夫链的函数 Functions of Markov chains		(1) 马尔科夫链的函数的性质 (1) Properties of functions of Markov chains

第五章　数据压缩(Data Compression)

章节序号 Chapter Number	章节名称 Chapters	课时 Class Hour	知识点 Key Points
5.1	有关编码的几个例子 Examples of codes	2	(1) 数据编码过程的基本术语 (1) Basic terminologies of data compression
5.2	Kraft 不等式 Kraft inequality		(1) Kraft 不等式及其性质 (1) Kraft inequality and its properties
5.3	最优码 Optimal codes		(1) 最优码的定义及性质 (1) Definition and properties of optimal codes
5.4	最优码长的界 Bounds on optimal code length		(1) 最优码长的界的性质 (1) Properties of bounds on optimal code length
5.5	唯一可译码的 Kraft 不等式 Kraft inequality for uniquely decodable codes		(1) 唯一可译码的性质 (1) Properties of uniquely decodable codes

续表

章节序号 Chapter Number	章节名称 Chapters	课时 Class Hour	知识点 Key Points
5.6	赫夫曼码 Huffman codes	2	(1) 赫夫曼码的编码过程 (1) Coding process of Huffman codes
5.7	有关赫夫曼码的评论 Some comments on Huffman codes		(1) 信源编码与20问题游戏的等价性 (2) 加权码字的赫夫曼编码 (3) 赫夫曼编码与"切片"问题(字幕码) (4) 赫夫曼码与香农码 (5) 费诺编码 (1) Equivalence of source coding and 20 questions (2) Huffman coding for weighted code words (3) Huffman coding and "slice" questions (Alphabetic codes) (4) Huffman codes and Shannon codes (5) Fano codes
5.8	赫夫曼码的最优性 Optimality of Huffman codes		(1) 赫夫曼码最优性的证明 (1) Proof of optimality of Huffman codes
5.9	Shannon-Fano-Elias 编码 Shannon-Fano-Elias Coding		(1) Shannon-Fano-Elias 编码过程 (1) Shannon-Fano-Elias coding process
5.10	香农码的竞争最优性 Competitive optimality of Shannon code		(1) 香农码的竞争最优性的证明 (1) Proof of competitive optimality of Shannon code
5.11	由均匀硬币投掷生成离散分布 Generation of discrete distributions from fair coins		(1) 生成离散分布的过程 (1) Process of generating discrete distributions

第六章　信道容量(Channel Capacity)

章节序号 Chapter Number	章节名称 Chapters	课时 Class Hour	知识点 Key Points
6.1	信道容量的例子 Examples of channel capacity	2	(1) 无噪声二元信道 (2) 二元对称信道 (3) 二元擦除信道 (1) Noiseless binary channel (2) Binary symmetric channel (3) Binary erasure channel
6.2	对称信道 Symmetric channels		(1) 对称信道的定义 (2) 弱对称信道的定义 (1) Definition of symmetric channel (2) Definition of weak symmetric channel
6.3	信道容量的性质 Properties of channel capacity		(1) 信道容量的性质 (1) Properties of channel capacity
6.4	信道编码定理概述 Preview of channel coding theorem		(1) 信道编码定理概述 (1) Overview of channel coding theorem
6.5	信道容量的一些定义 Some definitions on channel capacity	2	(1) 离散无记忆信道的 n 次扩展 (2) 条件误差概率 (3) 码率的定义 (1) n-th extension of discrete memoryless channel (DMC) (2) Conditional probability of error (3) Definition of rates
6.6	联合典型序列 Jointly typical sequences		(1) 联合典型序列的定义与性质 (1) Definition and properties of jointly typical sequences

续表

章节序号 Chapter Number	章节名称 Chapters	课时 Class Hour	知识点 Key Points
6.7	信道编码定理 Channel coding theorem	2	(1) 信道编码定理描述(香农第二定理) (2) 误差概率分析及计算 (1) Channel coding theorem (Shannon's second theorem) (2) Analysis and calculation of probability of error
6.8	零误差码 Zero-error codes		(1) 零误差码的描述 (1) Description of zero-error codes
6.9	费诺不等式与编码定理的逆定理 Fano's inequality and converse to coding theorem		(1) 费诺不等式 (2) 信道编码定理的逆定理 (1) Fano's inequality (2) Converse to channel coding theorem
6.10	汉明码 Hamming codes		(1) 汉明码的定义及原理 (1) Definition and principle of Hamming code
6.11	反馈容量 Feedback capacity		(1) 带反馈的离散无记忆信号 (2) 反馈容量定理 (1) Discrete memoryless channel with feedback (2) Feedback capacity theorem
6.12	信源信道分离定律 Source-channel separation theorem		(1) 联合信源信道编码 (2) 分离信源信道编码 (3) 信源信道分离定理及逆定理 (1) Joint source and channel coding (2) Separate source and channel coding (3) Source-channel separation theorem and its converse theorem

第七章　微分熵(Differential Entropy)

章节序号 Chapter Number	章节名称 Chapters	课时 Class Hour	知识点 Key Points
7.1	微分熵的一些定义 Some definitions on differential entropy	2	(1) 支撑集的定义 (2) 微分熵的定义 (1) Definition of support set (2) Definition of differential entropy
7.2	连续随机变量的AEP AEP for continuous random variables		(1) 连续随机变量的渐进均分性证明 (1) Proof of AEP for continuous random variables
7.3	微分熵与离散熵的关系 Relationship between differential entropy and discrete entropy		(1) 微分熵与离散熵的关系 (1) Relationship between differential entropy and discrete entropy
7.4	联合微分熵与条件微分熵 Joint and conditional differential entropies	2	(1) 联合微分熵的定义 (2) 条件微分熵的定义 (3) 多元正态分布的熵 (1) Definition of joint conditional entropy (2) Definition of conditional differential entropy (3) Entropy of a multivariate normal distribution
7.5	相对熵与互信息 Relative entropy and mutual information		(1) 两个随机变量的相对熵 (2) 两个随机变量的互信息 (1) Relative entropy of two random variables (2) Mutual information of two random variables
7.6	微分熵、相对熵以及互信息的性质 Properties of differential entropy, relative entropy and mutual information		(1) 相对熵的性质 (2) 微分熵的链式规则 (3) 估计误差与微分熵 (1) Properties of relative entropy (2) Chain rule of differential entropy (3) Estimation error and differential entropy

第八章　高斯信道(Gaussian Channel)

章节序号 Chapter Number	章节名称 Chapters	课时 Class Hour	知识点 Key Points
8.1	高斯信道的定义 Definitions of Gaussian channel	2	(1) 高斯信道的信息容量 (1) Capacity of Gaussian channel
8.2	高斯信道编码定理的逆定理 Converse to coding theorem for Gaussian channels		(1) 高斯信道编码定理的逆定理及证明 (1) Converse to coding theorem for Gaussian channels and its proof
8.3	带宽有限信道 Bandlimited channels		(1) 奈奎斯特表示定理及证明 (1) Proof of Nyquist's theorem
8.4	并联高斯信道 Parallel Gaussian channels		(1) 并联高斯信道的特点 (1) Characteristics of parallel Gaussian channel
8.5	高斯彩色噪声信道 Channel with colored Gaussian noise		(1) 高斯彩色噪声信道的特点 (1) Characteristics of channel with colored Gaussian noise
8.6	带反馈的高斯信道 Gaussian channels with feedback		(1) 带反馈的高斯信道的特点及性质 (1) Characteristics and properties of Gaussian channels with feedback

第九章　率失真理论(Rate-Distortion Theorem)

章节序号 Chapter Number	章节名称 Chapters	课时 Class Hour	知识点 Key Points
9.1	量化 Quantization	2	(1) 劳埃德量化算法 (1) Lloyd quantization algorithm

续表

章节序号 Chapter Number	章节名称 Chapters	课时 Class Hour	知识点 Key Points
9.2	率失真的一些定义 Some definitions on rate-distortion (R-D)	2	(1) 失真函数的定义 (2) 率失真函数的定义 (3) 率失真定理的描述 (1) Definition of distortion function (2) Definition of R-D function (3) Description of R-D theorem
9.3	率失真函数的计算 Calculation of R-D function		(1) 二元信源的率失真函数 (2) 高斯信源的率失真函数 (3) 独立高斯随机变量的同步 (1) R-D function of binary source (2) R-D function of Gaussian source (3) Synchronization of independent Gaussian random variable
9.4	率失真定理的逆定理 Converse to R-D theorem	2	(1) 率失真函数的凸性 (2) 率失真定理的逆定理 (1) Convexity of R-D function (2) Converse to R-D theorem
9.5	率失真函数的可达性 Achievability of R-D function		(1) 失真典型集 (2) 率失真函数的可达性的证明 (1) Distortion typical set (2) Proof of achievability of R-D function

第十章　信息论与统计学(Information Theory and Statistics)

章节序号 Chapter Number	章节名称 Chapters	课时 Class Hour	知识点 Key Points
10.1	型方法 Method of types	2	(1) 型方法及性质 (2) Types method and its properties
10.2	大数定律 Law of large numbers		(1) 大数定律的证明 (1) Proof of law of large numbers

续表

章节序号 Chapter Number	章节名称 Chapters	课时 Class Hour	知识点 Key Points
10.3	通用信源编码 Universal source coding	2	(1) 通用信源编码的定义及性质 (1) Definition and properties of universal source coding
10.4	大偏差理论 Large deviation theory	2	(1) 大偏差理论的特点 (2) 萨诺夫定理 (1) Characteristics of large deviation theory (2) Sanov theorem
10.5	条件极限定理 Conditional limit theorem		(1) 毕达哥拉斯定理 (2) 条件极限定理及证明 (1) "Pythagorean" theorem (2) Conditional limit theorem and its proof
10.6	假设检验 Hypothesis		(1) 奈曼-皮尔逊引理 (1) Neyman-Pearson theorem
10.7	切尔诺夫-斯坦引理 Chernoff-Stein Lemma		(1) 相对熵的渐进均分性 (2) 切尔诺夫-斯坦引理 (1) AEP for relative entropy (2) Chernoff-Stein Lemma
11.8	切尔诺夫信息		(1) 切尔诺夫信息的定义 (1) Definition of Chernoff information
11.9	费希尔信息与克莱姆-罗不等式 Fisher information and Cramer-Rao inequality		(1) 费希尔信息 (2) 克莱姆-罗不等式 (1) Fisher information (2) Cramer-Rao inequality

大纲指导者：辛景民教授（西安交通大学人工智能学院）

大纲制定者：杨勐副教授（西安交通大学人工智能学院）、辛景民教授（西安交通大学人工智能学院）

大纲审定：西安交通大学人工智能学院本科专业知识体系建设与课程设置工作组

第4章

科学与工程课程群

4.1 “大学物理(含实验)”教学大纲

课程名称：大学物理(含实验)

Course：Physics and Physics Experiments

先修课程：工科数学分析

Prerequisites：Mathematical Analysis for Engineering

学分：10

Credits：10

4.1.1 课程目的和基本内容(Course Objectives and Basic Content)

大学物理(含实验)是人工智能学院本科生基础必修课。课程由两个部分组成，第一部分是大学物理(Physics)，第二部分是大学物理实验(Physics Experiments)。

“Physics and Physics Experiment” is a basic compulsory course for undergraduates in College of Artificial Intelligence. It consists of two parts：1. Physics，2. Physics Experiments.

第一部分是大学物理。物理学是研究物质的基本结构、相互作用和物质最基础最普遍运动形式(机械运动、热运动、电磁运动、微观粒子运动等)及其相互转化规律的学科。物理学的研究对象具有极大普遍性，它的基本理论渗透在自然科学的一切领域、应用于生产技术的各个部门，它是自然科学许多领域和工程技术发展的基础。以物理学基础知识为内容的大学物理课程，它所包括的经典物理、近代物理和物理学在科学技术上应用的初步知识等都是一个高级工程技术人员必备的。因此，大学物理课是我校理工科各专业学生的一门重要必修基础课。

开设大学物理课程的目的，一方面在于为学生较系统地打好必要的物理基础；另一方面使学生初步学习科学的思想方法和研究问题的方法，这对开阔思路、激发探索和创新精神、增强适应能力、提高人才素质等，都会起到重要作用。学好物理，不仅对学生在校的学习十分重要，而且对学生毕业后的工作和进一步学习新理论、新技术、不断更新知识等，都将发挥深远影响。

Part 1 is Physics, which introduces the basic structure, interactions, and the most fundamental and common forms of motion (mechanical motion, thermal motion, electromagnetic motion, microscopic particle motion, etc.) and their mutual transformation laws. The research object of physics is extremely universal. Its basic theory is infiltrated in all fields of natural science and applied to various departments of production technology. It is the basis for the development of many fields of natural science and engineering technology. The course of physics for university students, including the classical physics, the initial knowledge of modern physics and physics applied in science and technology, is a must for advanced engineering and technical personnel. Therefore, the physics class is an important compulsory basic course for all majors in science and engineering.

The purpose of the physics course is to lay a necessary physical foundation for students; on the other hand, to enable students to initially learn scientific methods of thinking and researching. It also play an important role to broaden ideas, stimulate exploration, innovation and enhancing various adaptability. Learning physics lessons is not only important for students' study at school, but also has a profound impact on students' work after graduation and further study of new theories, new technologies, and constantly updated knowledge.

第二部分是大学物理实验。大学物理实验是对理工科大学生进行科学实验基础训练的一门独立必修课程，包括力学、热学、电磁学、光学、原子物理等方面的基础实验内容，是一门实践性课程，是学生进入大学后接受系统实验方法和实验技能训练的开端。通过本课程的学习使学生了解科学实验的主要过程与基本方法，它旨在培养学生科学素质、动手能力和创新能力等，为学生后续课程学习和科研工作奠定必要的基础，本课程以基本物理量的测量方法，基本物理现象的观察和研究，常用测量仪器的结构和使用方法为主要内容进行教学，对学生的基本实验能力、分析能力、表达能力和综合性运用能力进行严格的培养。

Part 2 is the Physics Experiments, which is an independent compulsory course for the basic training for science and engineering students, including basic experimental content in mechanics, thermals, electromagnetics, optics, atomic physics, etc. It is a practical course for students to enter the University for receiving the beginning of systematic experimental methods and experimental skills training. Through the study of this course, students will understand the main processes and basic methods of scientific experiments. It aims to cultivate students' scientific quality, practical ability and innovative ability, and lay the necessary foundation for students' follow-up course study and scientific research. The basic physical quantity of this course is the measurement method, the observation and research of the basic physical phenomena. The structure and method of the measuring instruments are the main contents for teaching, which can improve the basic experimental ability, analytical ability, expression ability and comprehensive application ability for students.

4.1.2 课程基本情况(Course Arrangements)

<table>
<tr><td>课程名称</td><td colspan="9">大学物理(含实验)
Physics and Physics Experiments</td></tr>
<tr><td rowspan="2">开课时间</td><td colspan="2">一年级</td><td colspan="2">二年级</td><td colspan="2">三年级</td><td colspan="2">四年级</td><td rowspan="6"><table><tr><td colspan="2"></td></tr><tr><td rowspan="4">必修
(学分)</td><td>大学物理(含实验)(10)</td></tr><tr><td>电子技术与系统(5)</td></tr><tr><td>数字信号处理(3)</td></tr><tr><td>现代控制工程(3)</td></tr><tr><td>选修</td><td>/</td></tr></table></td></tr>
<tr><td>秋</td><td>春</td><td>秋</td><td>春</td><td>秋</td><td>春</td><td>秋</td><td>春</td></tr>
<tr><td>课程定位</td><td colspan="8">本科生科学与工程课程群必修课</td></tr>
<tr><td>学　　分</td><td colspan="8">10学分</td></tr>
<tr><td>总 学 时</td><td colspan="8">192学时
(授课128学时、实验64学时)</td></tr>
<tr><td>授课学时分配</td><td colspan="8">课堂讲授(128学时)</td></tr>
<tr><td>先修课程</td><td colspan="9">工科数学分析</td></tr>
<tr><td>后续课程</td><td colspan="9"></td></tr>
<tr><td>教学方式</td><td colspan="9">第一部分　大学物理：课堂教学、演示实验
第二部分　大学物理实验：教师讲解指导，学生独立完成实验</td></tr>
<tr><td>考核方式</td><td colspan="9">第一部分　大学物理：课程结束笔试成绩占50%，平时成绩占10%，第一次过程化考试占20%，第二次过程化考试占20%
第二部分　大学物理实验：每次实验课满分为20分，其中课内10分(包括预习、操作、数据及其他)；实验报告10分(包括内容及格式、数据处理及结果、图表及曲线、分析及讨论和其他)。课程结束后，进行期末实验技能测试，测试成绩占总成绩的20%～40%</td></tr>
</table>

续表

参考教材	1. 吴百诗. 大学物理. 北京：科学出版社，2007 2. 王红理，俞晓红，肖国宏. 大学物理实验. 西安：西安交通大学出版社，2018
参考资料	1. 吴锡珑. 大学物理教程. 北京：高等教育出版社，2002 2. 程守洙. 普通物理学. 北京：高等教育出版社，2006 3. 张三慧. 大学物理学. 北京：清华大学出版社，2008
其他信息	

4.1.3 教学目的和基本要求(Teaching Objectives and Basic Requirements)

第一部分 大学物理(Physics)

(1) 理解大学物理课中的基本理论、基本知识及初步应用，系统认识物理学所研究的各种物质运动形式以及它们之间的联系；

(2) 掌握运用守恒定律分析问题的思想和方法，能分析简单系统在平面内运动的力学问题；能熟练地分析、计算理想气体各等值和绝热过程中的功、热量、内能的改变量及热机循环效率，了解卡诺定理，了解致冷系数的定义；

(3) 了解气体分子热运动的图像，掌握理想气体的压强公式和温度公式，能从宏观和统计意义两个方面理解压强、温度、内能等概念，理解系统宏观性质是微观运动的统计表现，了解从建立模型、进行统计平均、建立宏观量和微观量的联系到阐明宏观量微观本质的思想和方法；

(4) 理解热力学第二定律的统计意义，理解无序性和熵的概念，了解熵的玻尔兹曼表达式及其物理意义；

(5) 掌握电势与电场强度的积分关系，了解电场强度与电势的微分关系，能计算一些简单问题中的电场强度和电势，掌握用高斯定理计算电场强度的条件和方法；

(6) 理解稳恒磁场的规律：磁场高斯定理和安培环路定理，掌握用安培环路定理计算磁感应强度的条件和方法，能计算电偶极子在均匀电场中、简单几何形状载流导体和载流平面线圈在磁场中所受力和力矩，能分析和计算电荷在正交的均匀电磁场中的受力和运动，理解霍尔效应；

(7) 掌握谐振动的基本特征，能建立简单振动系统的谐振动微分方程，能根据给定的初始条件定出一维谐振动的运动方程，并理解其物理意义，理解谐振动的能量转换过程和振动能量与振幅的关系；

(8) 理解产生机械波的条件，掌握根据已知质点的谐振动方程建立平面简谐波的波函数的方法，掌握波函数的物理意义，理解波形曲线，理解波的能量传播特征及能流、能流密度等概念；

(9) 掌握从复杂的现象中抽象出带有物理本质的内容和建立物理模型的能力，掌握运用理想模型和适当的数学工具定性分析研究和定量计算问题的能力，理解物理演示实验，提供动手实践能力。

第二部分　大学物理实验(Physics Experiments)

(1) 通过本课程的学习，使学生接受系统实验方法和实验技能训练，锻炼学生的实验动手能力，提高科学素质，并培养严谨的治学态度、活跃的创新意识和理论联系实际的能力，为后续课程学习和科研工作奠定必要的基础；

(2) 要求学生熟悉实验课程的完整环节，掌握基本物理量测量方法与手段，现代常用实验仪器的原理、调节和使用，掌握实验误差和不确定度计算的基本知识，具有正确处理实验数据的能力，能够撰写合格的实验报告，独立、自主地进行基础、综合与设计性实验。

4.1.4　课程大纲和知识点(Syllabus and Key Points)

第一章　力学(Mechanics)

章节序号 Chapter Number	章节名称 Chapters	课时 Class Hour	知识点 Key Points
1.1	质点运动学 Particle kinematics	12	(1) 质点、刚体等模型和参照系、惯性系等概念 (2) 位置矢量、位移、速度、加速度等物理量 (3) 牛顿运动定律及其适用条件，用牛顿第二定律的投影式处理力学问题，力学量的单位和量纲 (1) Models such as mass and rigid bodies, reference systems, and inertial systems. (2) Physical quantities such as position vector, displacement, velocity, acceleration, etc. (3) Newton's law of motion and its applicable conditions, using the projection law of Newton's second law to deal with mechanical problems, the unit and dimension of mechanical quantities

续表

章节序号 Chapter Number	章节名称 Chapters	课时 Class Hour	知识点 Key Points
1.2	质点动力学 Particle dynamics	12	(1) 功的概念，熟练地计算变力的功，计算力矩的功，保守力作功的特点及势能的概念，计算势能和势能差，熟练计算重力势能、弹性势能和万有引力势能 (2) 质点系的动能定理和动量定理，用它们分析解决质点在平面内运动时的简单力学问题，了解质心和质心运动定理，空间均匀性与动量守恒律的关系 (3) 机械能守恒定律、动量守恒定律及它们的适用条件 (1) The concept of work, skillfully calculate the work of variable force, calculate the work of torque, the characteristics of conservative work and the concept of potential energy, calculate the potential energy and potential energy difference, and skillfully calculate the gravitational potential energy, elastic potential energy and universal gravitational potential energy (2) The kinetic energy theorem and the momentum theorem of the particle system are used to analyze the simple mechanical problems of the particle motion in the plane and to understand the centroid and centroid motion theorem. The relationship between spatial uniformity and momentum conservation law (3) The law of conservation of mechanical energy, the law of conservation of momentum and their applicable conditions

续表

章节序号 Chapter Number	章节名称 Chapters	课时 Class Hour	知识点 Key Points
1.3	刚体的运动 Rigid body movement	10	(1) 转动惯量概念，能用积分方法计算几何形状简单、质量分布均匀的物体对轴的转动惯量，刚体绕定轴的转动定律 (2) 会计算定轴转动刚体的动能，能运用定轴转动刚体的动能定理分析、计算简单力学问题 (3) 动量矩(角动量)概念，通过质点在平面内运动和刚体绕定轴转动情况，动量矩守恒定律及其适用条件，能应用该定律分析、计算简单力学问题，了解进动产生的原因和进动方向 (4) 牛顿力学的相对性原理，理解两个相互作平动的坐标系间适用的速度和加速度变换定理，能分析与平动有关的相对运动问题 (1) The concept of moment of inertia, the integral method can be used to calculate the moment of inertia of an object with a simple geometry and a uniform mass distribution. The law of rotation of a rigid body around a fixed axis. (2) Calculate the kinetic energy of the rigid body of the fixed axis; Use the kinetic energy theorem of the fixed axis to rotate the rigid body, calculate the simple mechanics problem (3) The concept of momentum moment (angular momentum); the law of conservation of momentum and its applicable conditions by moving the particle in the plane and the rotation of the rigid body. Analyze and calculate the simple mechanics problem and understand the cause of precession and precession direction (4) The relativity principle of Newtonian mechanics. The applicable velocity and acceleration transformation theorem, and analyze the relative motion problems related to translation

第二章　气体动理论及热力学（Gas Dynamics Theory and Thermodynamics）

章节序号 Chapter Number	章节名称 Chapters	课时 Class Hour	知识点 Key Points
2.1	热力学 Thermodynamics	10	(1) 功和热量的概念，准静态过程，热力学第一定律 (2) 可逆过程与不可逆过程，热力学第二定律的两种表述 (1) The concept of work and heat; The quasi-static process (2) The reversible process and the irreversible process; The two expressions of the second law of thermodynamics
2.2	气体动理论 Gas dynamics theory		(1) 玻尔兹曼能量分布定律，麦克斯韦速率分布定律、速率分布函数及速率分布曲线的物理意义，气体分子热运动的算术平均速率、方均根速率和最概然速率的求法和意义，重力场中粒子按高度的分布规律 (2) 理解气体分子平均能量按自由度均分定理 (3) 阿伏伽德罗常数、玻尔兹曼常数的数值和单位，常温常压下气体分子数密度、算术平均速率、平均自由程及分子有效直径等的数量级 (1) The law of Boltzmann's energy distribution; the physical meaning of Maxwell's rate distribution law, rate distribution function and rate distribution curve; The arithmetic mean rate, the root mean square rate and the most probable rate of the thermal motion of gas molecules, The gravity. The distribution law of particles in the field according to height (2) The average energy of gas molecules according to the degree of freedom equivalence theorem (3) The values and units of the Avogadro constant and the Boltzmann constant; The order of magnitude of gas molecular number density, arithmetic mean rate, mean free path and molecular effective diameter at normal temperature and pressure

第三章　电磁学（Electromagnetism）

章节序号 Chapter Number	章节名称 Chapters	课时 Class Hour	知识点 Key Points
3.1	静电场 Electrostatic field	12	（1）静电场电场强度和电势的概念以及场的叠加原理 （2）静电场的规律：高斯定理和环路定理 （3）静电平衡条件及导体处于静电平衡时的基本特征 （1）The concept of the electric field strength and potential of the electrostatic field and the superposition principle of the field （2）The law of electrostatic field：Gauss theorem and loop theorem （3）The electrostatic balance conditions and the basic characteristics of the conductor in electrostatic equilibrium
3.2	稳恒电流的磁场 Steady current magnetic field	12	（1）磁感应强度的概念及毕奥-萨伐尔定律 （2）安培定律和洛仑兹力公式，理解电偶极矩和磁矩的概念 （3）介质的极化、磁化现象及其微观解释，介质中的高斯定理和安培环路定理 （1）The concept of magnetic induction and Biot-Savart's law （2）The Ampere's law and Lorentz force formula （3）The polarization，magnetization and microscopic interpretation of the medium，The Gauss theorem and Ampere's theorem in the medium
3.3	电磁感应 Electromagnetic induction		（1）电动势的概念，法拉第电磁感应定律，动生电动势和感生电动势的概念和规律 （2）电容、自感系数和互感系数的定义及其物理意义 （1）The concept of electromotive force，the law of Faraday's electromagnetic induction，the concepts and laws of the electromotive force and the induced electromotive force （2）The definition of capacitance，self-inductance coefficient and mutual inductance and its physical meaning

续表

章节序号 Chapter Number	章节名称 Chapters	课时 Class Hour	知识点 Key Points
3.4	电磁场理论的基本概念 Basic concept of electromagnetic field theory	12	(1) 电磁场的物质性，电能密度、磁能密度的概念 (2) 有旋电场和位移电流，会计算对称分布场中有旋电场的场强和位移电流，麦克斯韦积分方程组的物理意义 (1) The material properties of electromagnetic fields, the concept of electrical energy density and magnetic energy density (2) The rotating electric field and displacement current, the field strength and displacement current of the rotating electric field in the symmetric distribution field are calculated, and the physical meaning of Maxwell's integral equations

第四章 振动和机械波（Vibration and Mechanical Waves）

章节序号 Chapter Number	章节名称 Chapters	课时 Class Hour	知识点 Key Points
4.1	机械振动 Mechanical vibration	12	(1) 谐振动和简谐波的各物理量 (2) 旋转矢量法 (3) 两个同方向同频率谐振动的合成规律以及合振动振幅取极大和极小值的条件。两个同方向不同频率谐振动的合成规律 (1) The physical meanings of the physical quantities (2) The rotation vector method (3) The synthesis law of two harmonic vibrations in the same direction and the conditions of the maximum and minimum values of the combined vibration amplitude. The synthesis of two different frequencies of harmonic vibration in the same direction

续表

章节序号 Chapter Number	章节名称 Chapters	课时 Class Hour	知识点 Key Points
4.2	机械波 Mechanical wave	12	（1）惠更斯原理和波的叠加原理，波的相干条件 （2）驻波的概念及其形成条件，驻波和行波的区别，驻波的相位分布特点 （3）机械的多普勒效应 （1）The Huygens' principle and wave superposition principle （2）The concept of standing wave and its forming conditions，the difference between standing wave and traveling wave. The phase distribution characteristics of standing wave （3）The Doppler effect of machinery

第五章　波动光学（Wave Optics）

章节序号 Chapter Number	章节名称 Chapters	课时 Class Hour	知识点 Key Points
5.1	光的干涉 Interference of light	12	（1）普通光源的发光机理，获得相干光的方法 （2）光程概念以及光程差和相位差的关系，半波损失问题，迈克逊干涉仪的原理 （1）The luminescence mechanism of ordinary light sources and the method of obtaining coherent light （2）The optical path concept and the relationship between optical path difference and phase difference. The half wave loss problem through Loe mirror experiment. The principles of the Michelson interferometer
5.2	光的衍射 Diffraction of light		（1）惠更斯-菲涅耳原理，单缝衍射条纹的亮度分布规律 （2）圆孔的夫琅禾费衍射 （3）光栅衍射公式 （1）Huygens-Fresnel's principle，the diffraction fringes of single slits，law of brightness distribution. （2）Fraunofe diffraction with circular hole （3）The grating diffraction formula

续表

章节序号 Chapter Number	章节名称 Chapters	课时 Class Hour	知识点 Key Points
5.3	光的偏振 Polarization of light	4	(1) 自然光和线偏振光，偏振光的获得方法和检验方法，马吕斯定律和布儒斯特定律 (2) 双折射现象及偏振光的干涉 (1) Natural light and linearly polarized light, the methods and test methods for obtaining polarized light, Marius's law and Brewster's law (2) The phenomenon of birefringence and interference of polarized light

第六章　近代物理（Modern Physics）

章节序号 Chapter Number	章节名称 Chapters	课时 Class Hour	知识点 Key Points
6.1	狭义相对论力学基础 Special relativistic mechanics	10	(1) 爱因斯坦狭义相对论的两个基本假设，洛仑兹坐标变换 (2) 狭义相对论同时性的概念、长度收缩概念和时间膨胀概念，牛顿力学时空观和狭义相对论时空观以及二者的差异 (3) 理论狭义相对论中质量和速度的关系、质量和能量的关系 (1) The two basic assumptions of Einstein's special theory of relativity and the Lorentz coordinate transformation (2) The concept of simultaneity of relativity, the concept of length contraction and the concept of time expansion, and the space-time view of Newtonian mechanics and the space-time view of special relativity and the difference (3) The relationship between mass and velocity, the relationship between mass and energy in the theory of special relativity

续表

章节序号 Chapter Number	章节名称 Chapters	课时 Class Hour	知识点 Key Points
6.2	量子物理基础 Quantum physics foundation	10	(1) 普朗克的能量子假设,光电效应和康普顿效应的实验规律以及爱因斯坦的光子理论对这两个效应的解释,光的波粒二象性 (1) Planck's energy hypothesis, the experimental laws of the photoelectric effect and the Compton effect, and explain the two effects of Einstein's photon theory, the wave-particle duality of light
6.3	固体、激光、核物理与粒子物理简介 Introduction to solid, laser, nuclear physics and particle physics	10	(1) 氢原子光谱的实验规律,玻尔氢原子理论,玻尔氢原子理论的意义和局限性 (2) 德布罗意物质波假设和电子衍射实验,实物粒子的二象性,描述物质波动性物理量和粒子性物理量之间的关系 (3) 波函数及其统计解释,一维坐标动量不确定关系 (4) 能量量子化、角动量量子化及空间量子化,斯特恩——盖拉赫实验及微观粒子的自旋,描述原子中电子运动状态的四个量子数,泡利不相容原理和原子的电子壳层结构 (5) 一维定态薛定谔方程以及在一维无限深势井情况下薛定谔方程的解 (6) 固体能带的形成,本征半导体、n型半导体和p型半导体 (7) 激光的形成、特性及其主要应用 (8) 原子核的构造和性质,核力与结合能,基本粒子的组成和特性等 (1) The experimental laws of hydrogen atom spectroscopy, the theory of Bohr hydrogen atom, and the significance and limitations of Bohr hydrogen atom theory

续表

章节序号 Chapter Number	章节名称 Chapters	课时 Class Hour	知识点 Key Points
6.3	固体、激光、核物理与粒子物理简介 Introduction to solid, laser, nuclear physics and particle physics	10	(2) The Deborah material wave hypothesis and electron diffraction experiments, the duality of physical particles, and the relationship between the physical quantities of physical fluctuations and the physical quantities of particles. (3) The wave function and its statistical interpretation, and the uncertainty relationship of one-dimensional coordinate momentum (4) Energy quantization, angular momentum quantization, and spatial quantization, understanding Stern-Galach experiments and the spins of microscopic particles, the four quantum numbers describing the state of electron motion in an atom, and the Pauli incompatibility principle and atomic electronic shell structure (5) The one-dimensional stationary Schrödinger equation and the solution of the Schrödinger equation in the case of one-dimensional infinite deep wells. (6) The formation of solid energy bands, the intrinsic semiconductors, n-type semiconductors, and p-type semiconductors (7) The formation, characteristics and main applications of lasers (8) The structure and properties of the nucleus and understand the nuclear forces and binding energies. The composition and characteristics of elementary particles, etc.

4.1.5　实验环节：大学物理实验(Physics Experiments)

序号 Num.	实验内容 Experiment Content	课时 Class Hour	知识点 Key Points
1	误差与不确定度理论及物理实验基本知识、力学与热学实验 Error and uncertainty theory, and basic knowledge of physics experiments, mechanics and thermal experiments	16	(1) 实验导论 (2) 力学基本测量系列实验 (3) 力学振动与波系列实验 (4) 热学流体系列实验 (5) 热学温度场系列实验 (1) Introduction of the experiment (2) Mechanical basic measurement series experiments (3) Mechanical vibration and wave series experiments (4) Thermal and fluid series experiments (5) Thermal temperature field series experiments
2	电磁学实验 Electromagnetic experiment	16	(1) 电磁学示波器系列实验 (2) 电磁学元器件特性系列实验 (3) 电磁学电桥系列实验 (4) 电磁学电磁场系列实验 (1) Electromagnetic and oscilloscope series experiments (2) Electromagnetic component characteristics series experiments (3) Electromagnetic bridge series experiments (4) Electromagnetic electromagnetic field series experiments
3	声学及光学实验 Acoustics and optical experiments	16	(1) 声学超声系列实验 (2) 光学调节系列实验 (3) 光学综合性系列实验 (4) 光学分光计系列实验 (1) Acoustic and ultrasound series experiments (2) Optical adjustment series experiments (3) Optical comprehensive series experiments (4) Optical spectrometer series experiments

续表

序号 Num.	实验内容 Experiment Content	课时 Class Hour	知识点 Key Points
4	近代与综合实验 Modern and comprehensive experiments	16	(1) 综合性光电系列实验 (2) 综合性功能材料系列实验 (3) 综合性位移传感器系列实验 (4) 虚拟仿真实验系列实验 (1) Comprehensive photoelectric series experiments (2) Comprehensive functional material series experiments (3) Comprehensive displacement sensor series experiments (4) Virtual simulation series experiments

大纲制定者：西安交通大学理学院大学物理部、大学物理教学实验中心(国家级实验教学示范中心)

大纲修订者：刘龙军副教授(西安交通大学人工智能学院)、杨勐副教授(西安交通大学人工智能学院)

大纲审定：西安交通大学人工智能学院本科专业知识体系建设与课程设置工作组

4.2 "电子技术与系统"教学大纲

课程名称：电子技术与系统

Course：Electronic Technology and System

先修课程：工科数学分析、大学物理

Prerequisites：Mathematical Analysis for Engineering，Physics

学分：5

Credits：5

4.2.1 课程目的和基本内容(Course Objectives and Basic Content)

本课程是人工智能学院本科生必修课。课程由两个部分组成，第一部分是电子器件与模拟电路(Electronic Devices and Analog Circuits)，第二部分是数字系统结构与设计(Structure and Design of Digital System)。

This course is a compulsory course for undergraduates in College of Artificial Intelligence. It consists of two parts: Electronic Devices and Analog Circuits, Structure and Design of Digital System.

第一部分旨在通过对常见电子器件和模拟电路设计方法的学习,帮助学生建立关于模拟器件与电路的知识框架。具体内容包括电路基础、晶体管、运算放大器与负反馈、模数与数模转换器等。课程采用课堂讲授、仿真设计、讨论和实物实验等教学手段,训练学生用基本理论和方法分析解决实际问题的能力,初步掌握模拟电路设计的基本知识和技能。此外,课程通过一个完整的心电测量实验,帮助学生了解模拟信号的获取和处理过程,为今后的工作打下良好的基础。

Part 1 aims to introduce common electronic devices and basic analog circuit design methods, to help the students construct the knowledge framework of analog devices and circuits. Contents include circuit basics, transistor, operational amplifier and feedback, analog-to-digital and digital-to-analog converters. The teaching methods includes class teaching, simulation experiment, discussion and practical experiments, to develop the ability to analyze and address practical problems with basic theories and methods, and make the students to master the basic knowledge and skills on analog circuit design. In addition, this course also includes a complete ECG signal measure experiment to help students get familiar with the analog signal sampling and processing flow, and lay a solid foundation for their future work.

第二部分旨在通过对数字系统基本理论、设计方法和应用技术的学习,使学生掌握现代数字系统设计与验证过程中涉及的基本原理、方法、编程语言与工具。具体内容包括数制系统与计算机编码方式、布尔代数与组合逻辑、组合逻辑电路、时序逻辑电路、数字系统的寄存器传输级设计、基本处理器结构等。同时,本课程还将讲授Verilog硬件描述语言,并使用该语言描述组合逻辑、时序逻辑电路,完成数字系统设计。课程强调基础,通过对数字系统抽象和硬件描述语言掌握,使学生能够解决复杂数字系统和与实际硬件系统相关的问题。此外,课程还安排三项课外实验,通过自主实验学习培养同学的学习兴趣与实践创新能力。

Part 2 aims to introduce the basic theories, design methods and application techniques of digital system, to make the students master the theories, methods, programming language and tools in design and verification of modern digital systems. Contents include digital number systems and data encoding in computer, Boolean algebra and combinational logic, combinational logic circuit, sequential logic circuit, register-transfer level design of digital systems, basic processor organization. This course also introduces Verilog hardware description language, and make students design combinational and sequential logic circuits with Verilog. Emphasis is on the fundamentals: the levels of abstraction and hardware description language methods that allow students to cope with hugely complex systems, and connections to practical hardware implementation problems. In addition, this course also arranges three off-class experiments, to develop the interests and practical skills on real digital system design through self-directed experiments.

4.2.2 课程基本情况(Course Arrangements)

<table>
<tr><td>课程名称</td><td colspan="9">电子技术与系统
Electronic Technology and System</td></tr>
<tr><td rowspan="2">开课时间</td><td colspan="2">一年级</td><td colspan="2">二年级</td><td colspan="2">三年级</td><td colspan="2">四年级</td><td rowspan="6"><table><tr><td colspan="2">科学与工程</td></tr><tr><td rowspan="4">必修
(学分)</td><td>大学物理(含实验)(10)</td></tr><tr><td>电子技术与系统(5)</td></tr><tr><td>数字信号处理(3)</td></tr><tr><td>现代控制工程(3)</td></tr><tr><td>选修</td><td>/</td></tr></table></td></tr>
<tr><td>秋</td><td>春</td><td>秋</td><td>春</td><td>秋</td><td>春</td><td>秋</td><td>春</td></tr>
<tr><td>课程定位</td><td colspan="8">本科生科学与工程课程群必修课</td></tr>
<tr><td>学　分</td><td colspan="8">5 学分</td></tr>
<tr><td>总 学 时</td><td colspan="8">88 学时
(授课 72 学时、实验 16 学时)</td></tr>
<tr><td>授课学时分配</td><td colspan="8">课堂讲授(72 学时)</td></tr>
<tr><td>先修课程</td><td colspan="9">工科数学分析、大学物理</td></tr>
<tr><td>后续课程</td><td colspan="9">数字信号处理、计算机体系结构</td></tr>
<tr><td>教学方式</td><td colspan="9">课堂讲授、大作业与实验、小组讨论</td></tr>
<tr><td>考核方式</td><td colspan="9">闭卷考试成绩占 70%,实验成绩占 25 %,考勤占 5%</td></tr>
<tr><td>参考教材</td><td colspan="9">1. 杨建国. 电子器件与模拟电路(轻印教材),2017
2. David Money Harris. 数字设计和计算机体系结构. 陈俊颖,译. 北京:机械工业出版社,2007</td></tr>
<tr><td>参考资料</td><td colspan="9">1. John F. Wakerly. Digital Design Principles and Practices. New York: Pearson Education,2017
2. Samir Palnitkar. Verilog HDL 数字设计与综合. 夏宇闻,胡燕祥,刁岚松,等译. 北京:电子工业出版社,2009</td></tr>
<tr><td>其他信息</td><td colspan="9"></td></tr>
</table>

4.2.3 教学目的和基本要求(Teaching Objectives and Basic Requirements)

第一部分 电子器件与模拟电路(Electronic Devices and Analog Circuits)

（1）掌握电路基本元件和电路分析方法、BJT 和 FET 晶体管的放大原理及其仿真软件的使用；

（2）了解晶体管的开关原理；

（3）掌握运算放大器的简化模型；

（4）掌握以运放为核心的负反馈原理，掌握用虚短虚断法分析运放电路的基本方法；

（5）了解差动放大原理以及共模抑制比概念；

（6）了解滤波原理，掌握一阶和二阶滤波器的分析方法和设计实践，了解运放电路的带宽和其他性能指标；

（7）理解采样定理，了解模数转换和数模转换基本原理及其应用场景；

（8）通过一个心电测量实例，了解一个完整的模拟电路系统。

第二部分　数字电路与系统（Structure and Design of Digital System）

（1）了解数字系统设计的基本概念和过程；

（2）理解数制的表示、运算，掌握计算机的编码方式；

（3）掌握布尔代数与组合逻辑的基本概念与分析优化方法；

（4）理解基本组合逻辑、算数组合元件与状态机的结构；

（5）掌握时序逻辑元件的基本结构与设计方法；

（6）掌握 Verilog 硬件描述语言并用该语言进行数字系统设计；

（7）掌握指令集与微体系结构；

（8）掌握流水线、高速缓存等计算机体系结构设计的基本方法。

4.2.4　课程大纲和知识点（Syllabus and Key Points）

第一部分　电子器件与模拟电路（Electronic Devices and Analog Circuits）

第一章　电路基础（Foundation of Circuits）

章节序号 Chapter Number	章节名称 Chapters	课时 Class Hour	知识点 Key Points
1.1	电路基础知识-元件 Basic elements	0.5	（1）电阻、电容、电感、二极管、伏安特性、线性与非线性 （1）Resistors, capacitors, inductors, diodes, voltammetric characteristics, linearity and nonlinearity

续表

章节序号 Chapter Number	章节名称 Chapters	课时 Class Hour	知识点 Key Points
1.2	电路基础知识-定理 Basic theorems	0.5	(1) 叠加原理、戴维南和诺顿定理 (1) Superposition principle, thevenin and Norton's theorems
1.3	电路基础知识-方法 Basic methods	3	(1) 时域、频域分析方法 (1) Analysis methods of time domain and frequency domain

第二章　晶体管(Transistors)

章节序号 Chapter Number	章节名称 Chapters	课时 Class Hour	知识点 Key Points
2.1	晶体管原理 Principles of transistors	2	(1) BJT 和 MOSFET 的伏安特性、受控机理 (1) Voltammetric characteristics and mechanism of BJT and MOSFET
2.2	晶体管的基本应用 Basic applications of transistors	1.5	(1) 共射极放大电路 (2) 共集电极放大电路 (3) 开关 (4) 与非门 (1) Common emitter amplifying circuit (2) Common collector amplifying circuit (3) Switch (4) NAND gate
2.3	仿真软件介绍 Introduction to simulation software	0.5	(1) 对一个单级晶体管放大电路的仿真 (1) Simulation of a single-stage transistor amplifying circuit

第三章　运放和负反馈(Operational Amplifier and Feedback)

章节序号 Chapter Number	章节名称 Chapters	课时 Class Hour	知识点 Key Points
3.1	运算放大器和负反馈原理 Operational amplifier (OPA) and feedback theory	2	(1) 运算放大器的理想模型 (2) 负反馈方框图 (3) 反馈系数 (4) 负反馈对电路性能的影响 (1) Ideal model of OPA (2) Negative feedback block diagram (3) Feedback coefficient (4) The influence of negative feedback on circuit performance
3.2	运算放大器的基本应用 Basic applications of OPA	1	(1) 比例器 (2) 加法器 (3) 跟随器 (1) Inverting and noninverting amplifier (2) Adder (3) Follower
3.3	差动放大和共模抑制 Differential amplifier and CMR	1	(1) 减法器 (2) 共模和差模 (3) 共模抑制比 (1) Subtractor (2) Common mode and differential mode (3) Common mode rejection ratio
3.4	运算放大器及其电路的性能指标 Performance specifications of OPA and their circuits	1	(1) 失调电压 (2) 偏置电流 (3) 至轨特性 (4) 压摆率 (1) Offset voltage (2) Bias current (3) Rail-to-rail characteristics (4) Slew rate

续表

章节序号 Chapter Number	章节名称 Chapters	课时 Class Hour	知识点 Key Points
3.5	运算放大器电路的频率特性 Frequency characteristics of OPA circuits	1	(1) GBW 模型 (2) 幅频和相频特性 (3) 闭环频率特性 (1) GBW model (2) Amplitude-frequency characteristic (3) Closed loop frequency characteristics
3.6	运算放大器组成的滤波器 Filter composed of OPA	2	(1) 一阶低通和高通 (2) 二阶 SK 和 MFB 低通 (1) First-order low-pass and high-pass (2) Second-order SK and MFB low-pass

第四章　模数和数模转换器(Analog to Digital and Digital to Analog Converter)

章节序号 Chapter Number	章节名称 Chapters	课时 Class Hour	知识点 Key Points
4.1	数据采集和数据恢复 Data collection and data recovery	0.5	(1) 数据采集和奈奎斯特定理 (1) Data acquisition and Nyquist theorem
4.2	模数转换器 Analog to digital convertor (ADC)	1.5	(1) 闪速模数转换器 (2) 逐次逼近模数转换器 (3) 流水线模数转换器 (4) Σ-Δ 型模数转换器 (1) FLASH ADC (2) SAR ADC (3) Pipeline ADC (4) Sigma-delta ADC
4.3	数模转换器 Digital to analog converter (DAC)	2	(1) 数模转换器 (1) Digital to analog convertor

第五章 ECG前端电路分析(ECG Front-end Circuit Analysis)

章节序号 Chapter Number	章节名称 Chapters	课时 Class Hour	知识点 Key Points
5.1	ECG 前端分析 ECG front-end analysis	4	(1) 右腿驱动电路 (2) 仪表放大器 (3) 贝塞尔滤波器 (4) 模数转换器 (5) 基准和供电 (1) Driven-Right-Leg (DRL) circuit (2) Instrumentation amplifier (3) Bessel filter (4) ADC (5) Reference and power supply

第二部分 数字系统结构与设计部分(Structure and Design of Digital System)

绪论 (Introduction)

章节序号 Chapter Number	章节名称 Chapters	课时 Class Hour	知识点 Key Points
0.1	绪论 Introduction	2	(1) 数字系统抽象 (2) 数值系统 (3) 逻辑门 (4) CMOS 晶体管 (5) 数字系统的功耗 (1) Digital system abstraction (2) Number systems (3) Logic gates (4) CMOS transistors (5) Power consumption of digital system

第一章 组合逻辑设计(Combinational Logic Design)

章节序号 Chapter Number	章节名称 Chapters	课时 Class Hour	知识点 Key Points
1.1	布尔等式与布尔代数 Boolean equation and Boolean algebra	2	(1) 基本术语 (2) 与或表达式 (3) 或与表达式 (4) 一元定理 (5) 多元定理 (6) 真值表设计 (7) 表达式简化方法 (1) Basic terminology (2) Sum-of-products form (3) Product-of-sums form (4) Theorems of one variable (5) Theorems of several variables (6) Truth table design (7) Simplifying equations
1.2	逻辑门设计与多级组合逻辑 Logic gate design and multi-level combinatorial logic	2	(1) 多级组合逻辑设计方法 (1) Design methods of multilevel combinational logic
1.3	卡诺图 Karnaugh maps	2	(1) 利用卡诺图进行逻辑简化 (1) Logic minimization with Karnaugh maps
1.4	组合逻辑模块与时序 Combinational building blocks and timing		(1) 乘法器模块 (2) 译码器模块 (3) 组合逻辑中的传播延迟 (4) 组合逻辑中的时序毛刺问题 (1) Multiplexers (2) Decoders (3) Propagation and contamination delay (4) Glitches

第二章　时序逻辑设计（Sequential Logic Design）

章节序号 Chapter Number	章节名称 Chapters	课时 Class Hour	知识点 Key Points
2.1	锁存器与触发器 Latches and flip-flops	4	（1）SR 锁存器 （2）D 锁存器 （3）D 触发器 （4）寄存器 （5）带使能触发器 （6）带复位触发器 （7）晶体管级锁存器和触发器设计 （1）SR latch （2）D latch （3）D flip-flop （4）Register （5）Enabledflip-flop （6）Resettable flip-flop （7）Transistor-level latch and flip-flop designs
2.2	同步逻辑设计 Synchronous logic design		（1）同步时序逻辑电路 （2）同步与异步电路 （1）Synchronous sequential circuits （2）Synchronous and asynchronous circuits
2.3	有限状态机 Finite state machine（FSM）	2	（1）FSM 设计举例 （2）状态编码设计 （3）摩尔与米利状态机设计 （4）从原理图推导有限状态机 （1）FSM design example （2）State encodings （3）Moore and Mealy FSM （4）Deriving a FSM from a schematic

续表

章节序号 Chapter Number	章节名称 Chapters	课时 Class Hour	知识点 Key Points
2.4	时序逻辑的时序 Timing of sequential logic	2	(1) 建立时间约束 (2) 保持时间约束 (3) 时钟抖动 (4) 亚稳态 (5) 同步器 (1) Setup time constraint (2) Hold time constraint (3) Clock skew (4) Metastability (5) Synchronizers

第三章　Verilog 硬件描述语言（Verilog Hardware Description Language）

章节序号 Chapter Number	章节名称 Chapters	课时 Class Hour	知识点 Key Points
3.1	语法介绍及结构化模块 Introduction and structured module	2	(1) Verilog 语言起源 (2) Verilog 仿真与综合方法 (3) 模块化设计方法 (1) Verilog language origins (2) Verilog simulation and synthesis (3) Modules design
3.2	组合逻辑的 Verilog 实现 Verilog implementation of combinatorial logic	2	(1) 按位运算设计，注释与空格，条件赋值，内部变量表示，优先级策略，数值表示及延迟问题 (1) Bitwise operators, comments and white space, conditional assignment, internal variables, precedence, numbers and delays

续表

章节序号 Chapter Number	章节名称 Chapters	课时 Class Hour	知识点 Key Points
3.3	时序逻辑的 Verilog 实现 Verilog implementation of sequential logic	4	(1) 时序逻辑中的寄存器、可复位寄存器、带使能寄存器、多级寄存器、锁存器的设计与实现 (1) Design and implementation of registers, resettable registers, enabled registers, multiple registers and latches for sequential logic
3.4	状态机的 Verilog 实现及 Verilog 模块设计 Verilog implementation of FSM and verilog module design		(1) 状态机、数据类型、参数化模块、测试用例的设计与实现 (1) Design and implementation of FSM, data types, parameterized modules and test benches

第四章　数字系统模块(Digital System Module)

章节序号 Chapter Number	章节名称 Chapters	课时 Class Hour	知识点 Key Points
4.1	算术电路 Arithmetic circuit	3	(1) 加法器、减法器、比较器、算术逻辑单元的设计 (2) 移位器、乘法器及除法器的设计 (1) Design of addition, subtraction, comparators, ALU (2) Design of shifters and rotators, multiplication, division
4.2	数值系统 Numerical system	1	(1) 定点数系统与浮点数系统简介 (1) Introduction to fixed-point number systems and floating-point number systems

续表

章节序号 Chapter Number	章节名称 Chapters	课时 Class Hour	知识点 Key Points
4.3	存储阵列 Storage array	2	(1) 动态随机存储器 (2) 静态随机存储器 (3) 寄存器文件 (4) 只读存储器 (5) 逻辑的存储阵列实现 (1) DRAM (2) SRAM (3) Register file (4) ROM (5) Logic using memory array
4.4	逻辑阵列 Logic array		(1) 可编程逻辑阵列 (2) 现场可编程门阵列 (3) 阵列实现 (1) Programmable logic array (PLA) (2) Field programmable gate array (FPGA) (3) Array implementation

第五章　架构(Architecture)

章节序号 Chapter Number	章节名称 Chapters	课时 Class Hour	知识点 Key Points
5.1	汇编语言 Assembly language	2	(1) 汇编语言的寄存器、内存和常量 (2) 寄存器指令 (3) 立即数指令 (4) 跳转指令 (5) 中断指令 (6) 逻辑指令 (7) 移位指令 (8) 条件指令 (9) 循环指令

续表

章节序号 Chapter Number	章节名称 Chapters	课时 Class Hour	知识点 Key Points
5.1	汇编语言 Assembly language	2	(1) Operands：registers，memory，and constants for assembly language (2) R-type instruction (3) I-type instruction (4) J-type instruction (5) Interrupt instruction (6) Logical instruction (7) Shift instruction (8) Conditional instruction (9) Loop instruction
5.2	寻址方式 Addressing mode		(1) 寄存器寻址 (2) 立即数寻址 (3) 基地址寻址 (4) 相对寻址 (1) Register-only addressing (2) Immediate addressing (3) Base addressing (4) PC-relative addressing
5.3	编译、汇编与加载 Compile，assemble，and load	2	(1) 编译、汇编与程序加载流程介绍 (1) Introduction to compiling，assembling，and loading
5.4	X86架构介绍 Introduction to X86 architecture		(1) X86架构的寄存器，操作数，状态标志寄存器，指令类型，指令编码等 (1) Registers，operands，status flags，instructions and instruction encoding of X86 architecture

第六章　微体系结构(Microarchitecture)

章节序号 Chapter Number	章节名称 Chapters	课时 Class Hour	知识点 Key Points
6.1	性能分析 Performance analysis	4	(1) 计算程序执行时间 (2) 计算单位指令时钟周期数 (1) Calculating execution time of a program (2) Calculating cycle-per-instruction (CPI)
6.2	单周期处理器与多周期处理器 Single-cycle processor and multi-cycle processor		(1) 单周期或多周期的数据通道 (2) 单周期或多周期的控制 (3) 单周期或多周期的处理器性能分析 (1) Single/multi-cycle datapath (2) Single/multi-cycle control (3) Performance analysis of single/multi-cycle processor
6.3	流水线处理器 Pipelined processor	2	(1) 流水线数据通道 (2) 流水线冲突 (3) 流水线处理器性能分析 (1) Pipelined datapath (2) Hazards (3) Performance analysis of pipelined processor
6.4	X86 微体系结构介绍 Introduction to X86 microarchitecture	2	(1) X86 微体系结构 (1) X86 microarchitecture

第七章　存储与输入输出系统 (Memory and I/O System)

章节序号 Chapter Number	章节名称 Chapters	课时 Class Hour	知识点 Key Points
7.1	存储系统性能分析 Performance analysis of memory system	1	(1) 计算存储的未命中率、命中率和平均存储时间 (2) 改善存取时间的策略 (1) Calculating miss rate, hit rate and average memory access time (2) Methods to improve access time

续表

章节序号 Chapter Number	章节名称 Chapters	课时 Class Hour	知识点 Key Points
7.2	高速缓存架构 Cache architecture	2	(1) 存储的层次化设计 (2) 高速缓存的数据映射方式 (3) 高速缓存的替换策略 (4) 多级高速缓存设计 (1) Hierarchical design of memory system (2) Data mapping methods for cache (3) Data replacement strategies for cache (4) Multiple-level cache design
7.3	输入输出系统介绍 Introduction to I/O system	2	(1) 数字 I/O (2) 模拟 I/O (3) 串口 I/O (4) 无线蓝牙通信 (5) 计算机 I/O 接口 (1) Digital I/O (2) Analog I/O (3) Serial I/O (4) Bluetooth wireless communication (5) PC I/O System
7.4	X86 存储与 I/O 系统介绍 Introduction to X86 memory and I/O system	1	(1) X86 缓存系统 (2) X86 可编程 I/O (1) X86 cache systems (2) X86 programmable I/O

4.2.5　实验环节(Experiments)

序号 Num.	实验内容 Experiment Content	课时 Class Hour	知识点 Key Points
1	50Hz 陷波器仿真及实物设计实验 Simulation and implementation of 50Hz band-stop filter	8	(1) 陷波器 (1) Band-stop filter

续表

序号 Num.	实验内容 Experiment Content	课时 Class Hour	知识点 Key Points
2	心电波采集与波形显示 ECG signal sampling and display	8	(1) 心电波 (1) ECG signal
3	算术加法器与乘法器的 Verilog 设计与仿真 Verilog design and simulation of arithmetic multiplier and divider	0 (课外)	(1) 算术加法器与乘法器 (1) Arithmetic multiplier and divider
4	基于计时的交通信号灯控制及其 Verilog 设计与验证 Timing-based traffic light control and its Verilog design & verification	0 (课外)	(1) 交通信号灯控制 (1) Timing-based traffic light control
5	基于 SimpleScalar 与 Cacti 的高速缓存性能与功耗仿真 Cache performance and power simulation based on Simplescalar and Cacti	0 (课外)	(1) 高速缓存 (1) Cache

大纲指导者：郑南宁教授(西安交通大学人工智能学院)

大纲制定者：孙宏滨教授(西安交通大学人工智能学院)、杨建国教授(西安交通大学电气工程学院)、梅魁志教授(西安交通大学人工智能学院)、葛晨阳副教授(西安交通大学人工智能学院)、刘龙军副教授(西安交通大学人工智能学院)

大纲审定：西安交通大学人工智能学院本科专业知识体系建设与课程设置工作组

4.3 "数字信号处理"教学大纲

课程名称：数字信号处理

Course: Digital Signal Processing

先修课程：工科数学分析、概率统计与随机过程、复变函数与积分变换、电子技术与系统

Prerequisites: Mathematical Analysis for Engineering, Probability Theory and Stochastic Process, Complex Analysis and Integral Transformation, Electronic Technology and System

学分：3

Credits: 3

4.3.1　课程目的和基本内容(Course Objectives and Basic Content)

本课程是人工智能学院本科生必修课。

This course is a compulsory course for undergraduates in College of Artificial Intelligence.

课程以变换分析为主线,对采样信号表示、频谱分析、离散傅里叶变换和数字滤波器的基本理论与设计方法展开讨论,同时介绍实时滤波以及离散随机信号分析的基本方法。第一章到第五章分别讨论信号的傅里叶分析与采样信号、离散时间序列与系统的基本分析方法、Z 变换、离散傅里叶变换和快速傅里叶变换算法,这部分内容的重点是数字信号的产生及其在时域和频域的表示方法以及离散时间系统的基本性质和分析方法。第六章到第九章主要讨论数字滤波器的基本原理、设计方法和实时滤波,其中专门介绍利用 ROM 查表法的实时滤波方法。第十章讨论离散时间随机信号分析的基本方法。

课程通过对基本理论、设计方法和应用技术的学习,帮助学生建立关于数字信号处理基本原理和应用设计方面的知识框架。课程采用小组学习模式,并辅之以研究性实验、课堂测验、小组讨论及综述报告等教学手段,训练学生用基本理论和方法分析解决实际问题的能力,掌握数字信号处理应用设计所必须的基本知识和技能。课程通过语音信号的采集处理及识别系统设计实验使学生巩固和加深数字信号处理的理论知识,通过实践进一步加强学生独立分析问题、解决问题的能力,培养综合设计及创新能力,为今后的工作打下良好的基础。

随着计算机和超大规模集成电路技术的发展,数字信号处理不仅在信息技术领域扮演着十分重要的角色,而且其基本原理和方法几乎应用在所有的物理系统和社会计算中,成为一种重要的数值分析、处理与计算的工具。因此,理解和掌握好数字信号处理的基本概念、基本原理和方法,在遇到实际问题时,能激发学生去寻找新的理论和技术,也能使学生利用一种熟悉的工具进入到一个生疏的研究领域。

The course focuses on transform analysis, and discusses the basic theories and the design methods of sampling signal representation, spectrum analysis, discrete Fourier transform and digital filter. Moreover, it introduces the basic methods of real-time filtering and discrete random signal analysis. Chapter 1 to 5 discuss the Fourier analysis and sampling signals, the basic analysis methods of discrete time series and systems, the Z transform, the discrete Fourier transform and the fast Fourier transform algorithms, respectively. The focus of this part is on the generation of signals and their representation in the time and frequency domains, as well as the basic properties and the analysis methods of discrete time systems. Chapter 6 to 9 mainly discuss the basic principles and the design methods of digital filters, and real-time filtering. The real-time filtering method using the ROM look-up table is specifically introduced. Chapter 10 discusses the basic methods of discrete-time random signal analysis.

The course helps students build a knowledge framework for the basic principles of digital signal processing and application design through the study of basic theories, design methods, and applied techniques. The course adopts group study method, supplemented by experiments, in-class tests, discussions and reports, in order to train students the ability to solve practical problems with basic theories and methods and master the basic knowledge and skills for digital signal processing application design. The course includes several experiments on speech signal collection and recognition system design in order to consolidate students' theoretical knowledge of digital signal processing, further strengthen their ability to analyze and solve problems independently, and develop their comprehensive abilities on system design and innovations.

With the development of computer and VLSI technologies, digital signal processing not only plays a very important role in the field of information technology, but its basic principles and methods are applied to almost all physical systems and social computing, becoming an important tool for numerical analysis, processing, and calculation. Therefore, understanding the basic concepts, principles and methods of digital signal processing can stimulate students to find new theories and techniques when they encounter practical problems. Moreover, it also helps students to enter a strange research area with familiar tools.

4.3.2 课程基本情况(Course Arrangements)

<table>
<tr><td>课程名称</td><td colspan="9">数字信号处理
Digital Signal Processing</td></tr>
<tr><td rowspan="2">开课时间</td><td colspan="2">一年级</td><td colspan="2">二年级</td><td colspan="2">三年级</td><td colspan="2">四年级</td><td rowspan="7">
<table>
<tr><td colspan="2">科学与工程</td></tr>
<tr><td rowspan="4">必修
(学分)</td><td>大学物理(含实验)(10)</td></tr>
<tr><td>电子技术与系统(5)</td></tr>
<tr><td>数字信号处理(3)</td></tr>
<tr><td>现代控制工程(3)</td></tr>
<tr><td>选修</td><td>/</td></tr>
</table>
</td></tr>
<tr><td>秋</td><td>春</td><td>秋</td><td>春</td><td>秋</td><td>春</td><td>秋</td><td>春</td></tr>
<tr><td>课程定位</td><td colspan="8">本科生科学与工程课程群必修课</td></tr>
<tr><td>学　分</td><td colspan="8">3 学分</td></tr>
<tr><td>总 学 时</td><td colspan="8">56 学时
(授课 48 学时、实验 8 学时)</td></tr>
<tr><td>授课学时分配</td><td colspan="8">课堂讲授(46 学时),
大作业讨论(2 学时)</td></tr>
<tr><td>先修课程</td><td colspan="9">工科数学分析、概率统计与随机过程、复变函数与积分变换、电子技术与系统</td></tr>
<tr><td>后续课程</td><td colspan="9">人工智能芯片设计导论</td></tr>
</table>

续表

教学方式	课堂教学、大作业与实验、小组讨论、综述报告
考核方式	课程结束笔试成绩占60%，平时成绩占15%，实验成绩占10%，综述报告占10%，考勤占5%
参考教材	郑南宁. 数字信号处理简明教程. 第2版. 西安：西安交通大学出版社，2019
参考资料	郑南宁，张元林，杨勐，等. 数字信号处理实验指导书，2018
其他信息	

4.3.3　教学目的和基本要求（Teaching Objectives and Basic Requirements）

（1）理解离散时间信号与系统的基本概念，掌握其分析的基本工具和方法，了解数字信号处理的基本应用；

（2）熟悉离散傅里叶变换的原理及其算法；

（3）理解时域和频域采样定理；

（4）理解快速傅里叶变换的原理，掌握其算法的实现；

（5）熟悉数字滤波器的基本结构，掌握FIR和IIR数字滤波器的常用设计方法；

（6）了解数字信号处理中的实时滤波方法及其有限字长效应；

（7）了解离散随机信号的基本分析方法；

（8）熟练使用C语言和Matlab实现数字信号处理算法。

4.3.4　课程大纲和知识点（Syllabus and Key Points）

绪论　（Introduction）

章节序号 Chapter Number	章节名称 Chapters	课时 Class Hour	知识点 Key Points
0.1	绪论 Introduction	2	（1）信号与系统的基本术语 （2）数字信号处理的一般原理 （3）数字信号处理的变换分析方法 （1）Basic terminologies of signals and systems （2）General principles of digital signal processing （3）Transform analysis in digital signal processing

第一章 傅里叶分析与采样信号(Fourier Analysis and Sampling Signals)

章节序号 Chapter Number	章节名称 Chapters	课时 Class Hour	知识点 Key Points
1.1	连续时间周期信号的傅里叶级数表示 Fourier series representation of continuous-time periodical signals	2	(1) 三角函数型傅里叶级数表示 (2) 指数型傅里叶级数表示 (3) 傅里叶级数的波形分解 (1) Triangular Fourier series (FS) (2) Exponential FS (3) Waveform decomposition of FS
1.2	非周期信号的连续时间傅里叶变换表示 Continuous-time Fourier transform representation of aperiodic signals		(1) 非周期信号的连续时间傅里叶变换表示的推导 (2) 傅里叶变换存在的条件:狄利克雷条件 (1) Derivation of continuous-time Fourier transform(CTFT) representation of aperiodic signals (2) Conditions for the Fourier transform: Dirichlet conditions
1.3	连续时间傅里叶变换的性质 Properties of continuous-time Fourier transform	2	(1) 连续时间傅里叶变换的性质:线性、对偶性、时间尺度变化、频率尺度变化、时间移位、频率移位、奇偶性、微分、积分等 (1) Properties of continuous-time Fourier transform (CTFT): linearity, duality, time-scaling, frequency-scaling, time-shift, frequency-shift, parity, differentiation, Integration, and so on
1.4	卷积与相关 Convolution and correlation		(1) 卷积积分、卷积定理和频域卷积定理 (2) 相关和相关定理 (1) Convolution integration, convolution theorem, and convolution theorem in the frequency domain (2) Correlation and correlation theorem

续表

章节序号 Chapter Number	章节名称 Chapters	课时 Class Hour	知识点 Key Points
1.5	连续时间信号的采样 Sampling of continuous-time signals	2	(1) 采样过程与采样函数 (2) 离散时间傅里叶变换的推导 (1) Sampling and sampling function (2) Derivation of discrete-time Fourier transform (DTFT)
1.6	用信号样本表示连续时间信号：采样定理 Representing continuous-time signals with samples: sampling theorem		(1) 采样定理 (1) Sampling theorem
1.7	利用内插由样本重建信号 Reconstructing signals from samples using interpolation		(1) 如何由样本重建信号 (1) How to reconstruct a continuous-time signal from samples
1.8	A/D转换的量化误差分析 Quantization error analysis of A/D conversion		(1) 采样信号的量化过程 (2) 量化误差的计算 (1) Quantization process of sampled signals (2) Calculation of quantization error

第二章 离散时间序列与系统(Discrete Time Sequences and Systems)

章节序号 Chapter Number	章节名称 Chapters	课时 Class Hour	知识点 Key Points
2.1	离散时间信号：序列 Discrete time signal: sequence	2	(1) 基本序列及序列的基本运算 (2) 序列的稳定性和因果性 (1) Elementary sequences and basic operations of sequences (2) The stability and causality of sequences

续表

章节序号 Chapter Number	章节名称 Chapters	课时 Class Hour	知识点 Key Points
2.2	序列的离散时间傅里叶变换表示 Discrete time Fourier transform representation of a sequence	2	(1) 序列的离散时间傅里叶变换表示的推导 (1) Derivation of the DTFT of sequences
2.3	离散时间傅里叶变换的性质 Properties of discrete time Fourier transform	2	(1) 离散时间傅里叶变换的性质：周期性、对称性、线性、时间移位、频率移位、共轭、反转、卷积、相乘、频域微分、帕塞瓦定理等 (1) Properties of DTFT: periodicity, symmetry, linearity, time-shift, frequency-shift, conjugate symmetry, time-reversal, convolution, multiplication, differentiation in the frequency domain, Parseval's theorem, and so on
2.4	离散时间系统 Discrete time system	2	(1) 离散线性时不变系统的因果性和稳定性 (2) 离散时间系统的差分方程表示 (1) The causality and stability of discrete linear time-invariant (LTI) system (2) Describing the LTI system with difference equation
2.5	离散时间系统的频率响应 Frequency response of discrete time systems		(1) 复指数序列的频率响应 (2) 任意序列的频域响应 (3) 由差分方程求频率响应函数 (1) Frequency response of complex exponential sequence (2) Frequency response of general sequence (3) Calculating the frequency response from difference equation

第三章　Z变换(Z Transform)

章节序号 Chapter Number	章节名称 Chapters	课时 Class Hour	知识点 Key Points
3.1	Z变换的定义及收敛域 Definition of Z transform and its convergence domain	2	(1) Z变换的定义和收敛域 (2) Z变换与DTFT的关系 (1) Definition of Z transform and its convergence domain (2) Relationship between Z transform and DTFT
3.2	Z反变换 Inverse Z transform	2	(1) Z反变换的计算方法：围线积分法、部分分式展开法、幂级数展开法 (1) Calculation of inverse Z transform: contour integration, partial fractionation, power series expansion
3.3	Z变换的性质 Properties of Z transform		(1) Z变换的性质：线性、移位、Z域微分、指数加权、初值定理、终值定理、卷积定理、复卷积定理、帕塞瓦定理等 (1) Properties of Z transform: linearity, time-shift, differentiation in the Z-transform domain, exponential weighting, initial value theorem, final value theorem, convolution theorem, complex convolution theorem, Parseval's theorem, and so on
3.4	Z变换域中离散时间系统的描述 Description of discrete time systems in the Z-transform domain	2	(1) 由线性常系数微分方程导出系统函数 (2) 系统函数的频域分析 (1) Deriving system functions from linear constant coefficient difference equations (2) Analyzing the system function in the frequency domain
3.5	单边Z变换 Unilateral Z transform		(1) 单边Z变换的定义和性质 (1) The definition and properties of the unilateral Z-transform

续表

章节序号 Chapter Number	章节名称 Chapters	课时 Class Hour	知识点 Key Points
3.6	用单边Z变换求解线性差分方程 Solving linear difference equations with unilateral Z transform	2	(1) 零输入响应和零状态响应 (1) Zero input response and zero state response

第四章　离散傅里叶变换(Discrete Fourier Transform)

章节序号 Chapter Number	章节名称 Chapters	课时 Class Hour	知识点 Key Points
4.1	离散傅里叶级数 Discrete Fourier series	2	(1) 离散傅里叶级数的性质：线性、移位、对偶性、对称性、周期卷积等 (1) Properties of discrete Fourier series (DFS): linearity, time-shift property, duality, symmetry, periodic convolution, and so on
4.2	离散傅里叶变换 Discrete Fourier transform	2	(1) 离散傅里叶变换的定义 (2) 离散傅里叶变换的性质：线性、对偶性、共轭对称性、反转、循环移位、循环卷积等 (3) 利用循环卷积计算线性卷积 (4) Z域频率采样 (1) Definition of discrete Fourier transform (DFT) (2) Properties of DFT: linearity, duality, conjugate symmetry, time-reversal, cyclic shift, cyclic convolution, and so on (3) Computing cyclic convolution by cyclic convolution (4) Sampling in the Z-transform domain

续表

章节序号 Chapter Number	章节名称 Chapters	课时 Class Hour	知识点 Key Points
4.3	离散傅里叶变换应用中的问题与参数选择 Problems and parameter selection in discrete Fourier transform applications	2	(1) DFT 中的频谱混叠、频谱泄漏、栅栏效应 (2) 离散傅里叶变换的物理分辨率、频率分辨率与计算长度 (1) The spectrum aliasing, spectrum leakage, picket fence effect of DFT (2) Physical resolution and frequency resolution of DFT

第五章　快速傅里叶变换(Fast Fourier Transform)

章节序号 Chapter Number	章节名称 Chapters	课时 Class Hour	知识点 Key Points
5.1	FFT 算法的基本原理 The basic principle of the FFT algorithm	2	(1) FFT 的基本原理 (1) Basic principle of fast Fourier transform (FFT)
5.2	按时间抽取的 FFT 算法 Decimation-in-time FFT algorithm		(1) 按时间抽取 FFT 算法 (2) FFT 中的蝶形运算和码位倒序 (1) The decimation-in-time FFT algorithm (2) The basic butterfly operation and bit-reversed order in FFT
5.3	按频域抽取的 FFT 算法 Decimation-in-frequency FFT algorithm	2	(1) 按频域抽取 FFT 算法 (1) The decimation-in-frequency FFT algorithm
5.4	任意基数的 FFT 算法 Radix-X FFT		(1) 任意基数的 FFT 算法 (2) 混合基 FFT 算法 (1) Radix-X FFT algorithm (2) Split-radix FFT algorithm

续表

章节序号 Chapter Number	章节名称 Chapters	课时 Class Hour	知识点 Key Points
5.5	IDFT 的快速运算方法 The fast algorithm of IDFT	2	(1) 快速 IDFT 算法 (1) Inverse FFT algorithm
5.6	实数序列的 FFT 运算方法 Computation of the FFT of real sequences		(1) 同时运算两个实序列的 FFT (2) 用 N 点变换计算 2N 点实序列的 FFT (1) Computation of the FFT of two real sequences (2) Computation of the FFT of a 2N-point sequence
5.7	FFT 的软件实现 Implementation of FFT		(1) FFT 权函数的计算 (1) Determination of the weight term in FFT
5.8	Chirp-Z 变换 Chirp-Z transform		(1) Chirp-Z 变换的定义 (2) Chirp-Z 的算法实现 (1) Definition of the Chirp-Z transform (2) Implementation of the Chirp-Z transform
5.9	FFT 算法中有限寄存器长度量化效应分析 Analysis of quantization effect of finite register length in FFT		(1) 直接法计算 DFT 的舍入量化误差 (2) 定点 FFT 运算的量化误差 (3) 浮点 FFT 运算的量化误差 (4) FFT 运算的系数量化误差 (1) Direct method to calculate the rounding quantization error of DFT (2) Quantization error of fixed-point FFT operation (3) Quantization error of floating point FFT operation (4) Coefficient quantization error of FFT operation

第六章　数字滤波器的基本原理与特性(Basic Principles and Characteristics of Digital Filters)

章节序号 Chapter Number	章节名称 Chapters	课时 Class Hour	知识点 Key Points
6.1	数字滤波器的基本原理 Basic principles of digital filters	2	(1) 数字滤波器的基本指标、基本方程、分类、系统函数、冲激响应 (1) Basic characteristics, equation, types, system function, and impulse response of digital filters
6.2	数字滤波器的基本特性 Basic characteristics of digital filters		(1) FIR 滤波器的基本特性 (2) IIR 的基本特性 (3) FIR 和 IIR 滤波器的比较 (1) Basic characteristics of FIR filter (2) Basic characteristics of IIR filter (3) Difference between FIR and IIR filters

第七章　FIR 数字滤波器设计(FIR Digital Filter Design)

章节序号 Chapter Number	章节名称 Chapters	课时 Class Hour	知识点 Key Points
7.1	傅里叶级数展开法 Fourier series expansion	2	(1) 傅里叶级数展开法 (2) 吉布斯现象 (1) Fourier series expansion method (2) Gibbs phenomenon
7.2	窗函数设计法 Design of FIR using windows		(1) 窗函数设计法 (1) Design of FIR using windows
7.3	FIR 滤波器的计算机辅助设计 FIR design by computers		(1) 频率采样法 (2) 切比雪夫逼近设计法 (1) Frequency-sampling (2) Chebyshev approximation method

续表

章节序号 Chapter Number	章节名称 Chapters	课时 Class Hour	知识点 Key Points
7.4	FIR 滤波器的实现结构 Structures of FIR filter	2	(1) FIR 滤波器的实现结构：直接型、级联型、FFT 变换型、频率采样型 (1) Structures of FIR filter: direct structure, series-connected structure, FFT transform structure, frequency sampling structure
7.5	非递归型 FIR 滤波器量化误差分析 Quantization error analysis of non-recursive FIR filter		(1) 系数量化误差 (2) 运算量化误差 (1) Quantization errors of coefficients (2) Quantization errors of operations

第八章 IIR 数字滤波器设计(IIR Digital Filter Design)

章节序号 Chapter Number	章节名称 Chapters	课时 Class Hour	知识点 Key Points
8.1	S-Z 变换设计法 S-Z transformations	2	(1) 冲激响应不变法 (2) 双线性变换法 (3) 匹配 Z 变换法 (1) IIR design method by impulse invariance (2) IIR design method by the bilinear transformation (3) The matched-Z transformation
8.2	频率变换设计法 Frequency transformations method		(1) 频率变换设计法 (1) Frequency transformations method
附录 B	模拟滤波器 Analog filters	2	(1) 巴特沃斯滤波器 (2) 切比雪夫滤波器 (1) Butterworth filters (2) Chebyshev filters

续表

章节序号 Chapter Number	章节名称 Chapters	课时 Class Hour	知识点 Key Points
8.3	IIR数字滤波器的计算机辅助设计 Computer aided design of IIR filter	2	(1) 最小平方逆滤波设计法 (2) 频率最小均方误差设计法 (3) 时域设计法 (1) FIR least-squares inverse filters method (2) Design method of IIR in the frequency domain (3) Design of IIR in the time domain
8.4	IIR数字滤波器的实现结构 Structure of IIR filter		(1) IIR数字滤波器的实现结构：直接型、级联型、并联型、梯形结构 (1) Structures of IIR filter: direct structure, series-connected structure, parallel structure, and trapezoidal structure
8.5	递归型IIR滤波器量化误差分析 Quantization error analysis of recursive IIR filter		(1) 系数量化误差 (2) 定点运算量化误差 (3) 浮点运算量化误差 (1) Coefficient quantization error (2) Fixed point quantization error (3) Floating point quantization error

第九章　实时滤波(Real-time Filtering)

章节序号 Chapter Number	章节名称 Chapters	课时 Class Hour	知识点 Key Points
9.1	ROM查表式乘法 Multiply operation with ROM table	2	(1) ROM查表式乘法 (1) Multiply operation method with ROM table
9.2	滤波器的定点运算实现 Fixed-point operations of digital filters		(1) 滤波器的定点运算实现过程 (1) The process of fixed-point operations of digital filters

续表

章节序号 Chapter Number	章节名称 Chapters	课时 Class Hour	知识点 Key Points
9.3	IIR 滤波器的查表法实现 IIR filter design by look-up table	2	(1) 一阶 IIR 滤波器的查表法实现 (2) 二阶 IIR 滤波器的查表法实现 (3) 压缩比例因子的选择 (1) First-order IIR filter design by look-up table (2) Second-order IIR filter design by look-up table (3) Scaling factor selection
9.4	噪声滤除 Noise removal		(1) 加性噪声滤除 (2) 乘性噪声滤除 (3) 同态系统 (1) Additive noise removal (2) Multiplicative noise removal (3) Homomorphic systems

第十章 离散随机信号的统计分析基础(Statistical Analysis Basis of Discrete Random Signals)

章节序号 Chapter Number	章节名称 Chapters	课时 Class Hour	知识点 Key Points
10.1	随机过程的定义 Definition of random process	2	(1) 随机过程的定义 (1) Definition of random process
10.2	离散随机过程的时域统计描述 Statistical description of discrete random processes in the time domain		(1) 离散随机过程的概率分布函数和概率密度函数 (2) 平稳随机过程的定义 (3) 概率分布特性的特征量 (4) 相关序列与协方差序列的性质 (5) 各态历经性与时间平均 (1) Probability distribution function and probability density function of discrete random processes (2) Definition of stationary stochastic process (3) Characteristic quantities of probability distribution (4) The properties of correlation sequences and covariance sequences (5) Ergodicity and time average

续表

章节序号 Chapter Number	章节名称 Chapters	课时 Class Hour	知识点 Key Points
10.3	离散随机过程的频域统计描述 Statistical description of discrete random processes in the frequency domain	2	(1) 功率谱密度 (2) 互功率谱密度 (1) Power spectrum density (PSD) (2) Cross-power spectrum density
10.4	离散线性系统对随机信号的响应 Response of random signals in discrete linear systems		(1) 系统的稳态响应 (2) LTI 系统的输入输出互相关定理 (3) 互功率谱与系统频率响应的关系 (1) Steady state response of the system (2) Input-output cross-correlation theorem (3) Relationship between cross power spectrum and frequency response

4.3.5 实验环节(Experiments)

序号 Num.	实验内容 Experiment Content	课时 Class Hour	知识点 Key Points
1	基于时域分析技术语音识别 Speech recognition based on time-domain analysis	2	(1) 语音信号的格式与采集方法 (2) 语音信号的预处理方法 (3) 语音信号的分帧与加窗处理 (4) 基于双门限法的端点检测 (5) 基于时域分析的孤立字语音识别方法 (1) Format and acquisition methods of speech signals (2) Preprocessing methods of speech signals (3) Speech signals framing and windowing (4) Endpoint detection based on double threshold method (5) Isolated word recognition based on time domain analysis

续表

序号 Num.	实验内容 Experiment Content	课时 Class Hour	知识点 Key Points
2	语音信号的频域特征分析 Characteristics analysis of speech signals in the frequency domain	2	(1) 短时傅里叶变换的原理 (2) 梅尔频率倒谱系数的提取 (1) Principle of short time Fourier transform (2) Calculation of Mel frequency cepstrum coefficients (MFCC)
3	基于动态时间规整(DTW)的孤立字语音识别 Isolated word recognition based on dynamic time warping (DTW)	2	(1) 模板匹配法 (2) 动态时间规整技术 (3) 基于动态时间规整的阿拉伯数字识别 (1) Template matching method (2) Dynamic time warping (DTW) (3) Arabic numerals recognition based on DTW
4	独立于内容的说话人识别 Content-independent speaker recognition	2	(1) 独立于内容的说话人识别方法 (1) Principle of content independent speaker recognition

大纲指导者：郑南宁教授(西安交通大学人工智能学院)

大纲制定者：郑南宁教授(西安交通大学人工智能学院)、张元林副教授(西安交通大学人工智能学院)、杨勐副教授(西安交通大学人工智能学院)

大纲审定：西安交通大学人工智能学院本科专业知识体系建设与课程设置工作组

4.4 “现代控制工程”教学大纲

课程名称：现代控制工程

Course：Modern Control Engineering

先修课程：工科数学分析、线性代数与解析几何、大学物理、复变函数与积分变换、电子技术与系统

Prerequisites: Mathematical Analysis for Engineering, Linear Algebra and Analytic Geometry, Physics, Complex Analysis and Integral Transformation, Electronic Technology and System

学分：3

Credits: 3

4.4.1 课程目的和基本内容(Course Objectives and Basic Content)

本课程是人工智能学院本科生必修课。

This course is a compulsory course for undergraduates in College of Artificial Intelligence.

课程主要以反馈控制系统分析设计为主线，对系统传递函数与状态空间描述、时域频域特性以及反馈控制器展开讨论，同时介绍数字控制系统的分析与设计方法以及非线性控制系统的分析与设计思想。第一章结合典型的物理系统介绍了控制系统的各种数学模型。第二章到第六章主要讨论控制系统基于时域、根轨迹、频率响应和状态空间的分析与设计方法，这部分内容是本课程的核心。第七章介绍了应用数字计算机实现反馈控制系统设计的基本方法。第八章讨论了线性化技术、描述函数等非线性系统的分析方法。

课程以课堂讲解和讨论为主要教学形式，并辅之以研究性实验等教学手段，使学生深入理解自动控制的基本原理，熟练掌握反馈控制系统的分析与设计方法，训练学生运用基本理论和方法分析解决实际问题的能力。课程通过若干真实控制系统的设计与仿真实验，培养学生从实际问题中提炼控制问题并实现自动控制的思维能力，加强学生独立分析问题、解决问题的能力，为今后的学习和工作打下良好的基础。

The course focuses on the analysis and design of feedback control system, discusses the transfer function and state-space description of system, characteristics in time and frequency domain, and feedback controller, and introduces the analysis and design methods of the digital control system and the analysis method of the nonlinear control system. Chapter 1 introduces various mathematical models of control systems in combination with typical physical systems. Chapters 2-6 discuss the analysis and design methods of control systems based on time response, root locus, frequency response and state-variable feedback. This part is the core of this course. Chapter 7 introduces the basic methods needed to design feedback control for implementation in a digital computer. Chapter 8 discusses analysis methods for nonlinear systems such as linearization techniques and describing function.

The course adopts classroom teaching and discussion, supplemented by experiments, in order to facilitate the students to understand the basic principles of automatic control, master the analysis and design methods of feedback control systems, and to develop the ability to apply basic theories and methods to solve practical problems. The course includes several experiments about the design and simulation of practical control systems, in order to facilitate the students to establish the thinking ability of establishing control model from physical system and realizing control system, and strengthens students' ability to analyze and solve problems independently, lay a good foundation for their future study and work.

4.4.2 课程基本情况(Course Arrangements)

课程名称	现代控制工程 Modern Control Engineering							
开课时间	一年级		二年级		三年级		四年级	
	秋	春	秋	春	秋	春	秋	春
课程定位	本科生科学与工程课程群必修课							
学　　分	3 学分							
总 学 时	56 学时 (授课 48 学时、实验 8 学时)							
授课学时分配	课堂讲授(44 学时), 大作业讨论(4 学时)							
先修课程	工科数学分析、线性代数与解析几何、大学物理、复变函数与积分变换、电子技术与系统							
后续课程	机器人学							
教学方式	课堂教学、大作业与实验、小组讨论							
考核方式	课程结束笔试成绩占 70%,平时成绩占 15%,实验成绩占 10%,考勤占 5%							
参考教材	Gene F Franklin, J David Powell, Abbas Emami-Naeini. 动态系统的反馈控制(第 7 版). 刘建昌,于霞,马丹,译. 北京:机械工业出版社,2016							
参考资料	1. 张爱民. 自动控制原理(第 2 版). 北京:清华大学出版社,2019 2. Katsuhiko Ogata. 现代控制工程(第 5 版). 卢伯英,佟明安,译. 北京:电子工业出版社,2017							
其他信息								

科学与工程	
必修(学分)	大学物理(含实验)(10)
	电子技术与系统(5)
	数字信号处理(3)
	现代控制工程(3)
选修	/

4.4.3 教学目的和基本要求(Teaching Objectives and Basic Requirements)

(1) 掌握自动控制的基本思想和概念以及自动控制系统的基本组成和分类,建立系统化思维方式;

(2) 掌握动力学系统描述的基本方法,运用恰当的方法建立其数学模型(包括微分方程、传递函数、频率特性以及状态空间等数学模型);

(3) 掌握稳定性、瞬态性能和稳态性能等控制系统性能指标的理论和物理含义,熟练运用时域法、根轨迹法和频域法分析反馈控制系统的稳定性、瞬态性能和稳态性能以及改善这些性能的思路;

(4) 掌握状态空间与传递函数的关系、线性定常系统的线性变换、线性定常系统状态方程的解;掌握系统的能控性和能观性的分析方法;

(5) 初步掌握数字控制系统的基本分析与设计方法;

(6) 初步掌握非线性控制系统的基本分析方法;

(7) 初步掌握及运用控制系统仿真工具。

4.4.4 课程大纲和知识点(Syllabus and Key Points)

绪论 (Introduction)

章节序号 Chapter Number	章节名称 Chapters	课时 Class Hour	知识点 Key Points
0.1	绪论 Introduction	2	(1) 反馈的概念 (2) 控制系统的典型结构 (3) 控制系统的基本要求 (4) 控制工程发展简史 (1) Concept of feedback (2) Typical structure of control systems (3) Basic requirements on control systems (4) A brief history of control engineering

第一章　动态模型(Dynamic Models)

章节序号 Chapter Number	章节名称 Chapters	课时 Class Hour	知识点 Key Points
1.1	机械系统动力学 Dynamics of mechanical systems	2	(1) 物理系统的微分方程 (2) 传递函数 (3) 动态响应 (4) 线性化 (1) Differential equation of physical systems (2) Transfer function (3) Dynamic response (4) Linearization
1.2	电路模型 Models of electric circuits		
1.3	机电系统模型 Models of electromechanical systems		

第二章　动态响应(Dynamic Response)

章节序号 Chapter Number	章节名称 Chapters	课时 Class Hour	知识点 Key Points
2.1	拉普拉斯变换回顾 Review of Laplace transforms	1	(1) 传递函数和频率响应 (2) 拉普拉斯变换的性质 (3) 利用拉普拉斯变换求解微分方程 (4) 极点与零点 (5) 传递函数的标准形式 (1) Transfer functions and frequency response (2) Properties of Laplace transforms (3) Using Laplace transforms to solve differential equations (4) Poles and zeros (5) Standard forms of the transfer function

续表

章节序号 Chapter Number	章节名称 Chapters	课时 Class Hour	知识点 Key Points
2.2	系统模型框图 System modeling diagrams	2	（1）方框图 （2）方框图的化简方法 （3）信号流图 （4）梅森增益公式 （1）The block diagrams （2）Block diagram reduction （3）The signal flow graph （4）Mason's rule
2.3	极点位置的作用 Effect of pole locations	2	（1）极点位置与系统动态响应的关系 （2）阻尼比与无阻尼自然频率 （3）一阶系统的瞬态响应 （4）二阶系统的瞬态响应 （1）The relationship between the pole locations and the dynamic response of the system （2）The damping ration and the undamped natural frequency （3）Transient response of first-order systems （4）Transient response of second-order systems
2.4	时域指标 Time-domain specifications	1	（1）上升时间 （2）超调和峰值时间 （3）过渡过程时间 （1）Rise time （2）Overshoot and peak time （3）Settling time
2.5	零点和附加极点的作用 Effects of zeros and additional poles	1	（1）零极点分布对动态响应的影响 （2）主导极点及偶极子 （1）Effects of pole-zero patterns on dynamic response （2）Predominant pole and dipole

续表

章节序号 Chapter Number	章节名称 Chapters	课时 Class Hour	知识点 Key Points
2.6	稳定性 Stability	1	(1) BIBO 稳定性 (2) LTI 系统的稳定性 (3) 劳斯稳定判据 (1) Bounded input-bounded output stability (2) Stability of LTI systems (3) Routh's stability criterion

第三章 反馈系统初步分析(A First Analysis of Feedback)

章节序号 Chapter Number	章节名称 Chapters	课时 Class Hour	知识点 Key Points
3.1	控制的基本方程 The basic equations of control	1	(1) 开环传递函数 (2) 闭环传递函数 (3) 控制目标：稳定、跟踪、调节、灵敏 (1) Open-loop transfer function (2) Closed-loop transfer function (3) Basic objectives: stability, tracking, regulation and sensitivity
3.2	多项式输入的稳态误差控制：系统的型 Control of steady-state error to polynomial inputs: system type	1	(1) 稳态误差的定义及计算方法 (2) 系统的型 (1) Definition and calculation method of steady-state error (2) System type
3.3	PID 控制 PID control	1	(1) PID 控制 (2) PID 控制器的齐格勒-尼克尔斯整定 (1) PID Control (2) Ziegler-Nichols tuning of the PID controller

第四章　根轨迹设计方法(The Root-Locus Design Method)

章节序号 Chapter Number	章节名称 Chapters	课时 Class Hour	知识点 Key Points
4.1	基本反馈控制系统的根轨迹 Root locus of a basic feedback system	1	(1) 根轨迹方程 (2) 幅值条件和相角条件 (1) Equation of root locus (2) Magnitude and angle conditions
4.2	确定根轨迹的规则 Guidelines for determining a root locus	3	(1) 常规根轨迹作图规则 (2) 系统性能与零极点在 s 平面的位置之间的关系 (1) General rules for constructing root loci (2) Correlation between system performance and location of poles and zeros in s-plane
4.3	根轨迹示例 Selected illustrative root loci		
4.4	动态补偿设计 Design using dynamic compensation	2	(1) 超前补偿的设计 (2) 滞后补偿的设计 (3) 超前滞后补偿的设计 (1) Design using lead compensation (2) Design using lag compensation (3) Design using notch compensation
4.5	应用根轨迹设计示例 A design example using the root locus		
4.6	根轨迹法的扩展 Extensions of the root-locus method	1	(1) 0 度根轨迹的绘制 (2) 串级系统的根轨迹 (1) Rules for plotting a negative root locus (2) Root locus in succession

第五章　频率响应设计法(The Frequency-Response Design Method)

章节序号 Chapter Number	章节名称 Chapters	课时 Class Hour	知识点 Key Points
5.1	频率响应 Frequency response	2	(1) 频率响应的基本概念 (2) 伯德图 (3) 极坐标图 (1) Basic concept of frequency response (2) Bode plot (3) Polar plot

续表

章节序号 Chapter Number	章节名称 Chapters	课时 Class Hour	知识点 Key Points
5.2	临界稳定 Neutral stability	4	(1) 临界稳定 (2) 幅角原理 (3) 奈奎斯特稳定性判据 (4) 稳定裕度 (1) Neutral stability (2) Argument principle (3) Nyquist stability criterion (4) Stability margins
5.3	奈奎斯特稳定判据 The Nyquist stability criterion		
5.4	稳定裕度 Stability margin		
5.5	伯德图的幅相关系 Bode's gain-phase relationship	2	(1) 最小相位系统 (2) 开环频率响应、闭环频率响应与时域性能之间的关系 (1) Minimum-phase system (2) Relationships among open-loop frequency response, closed-loop frequency response, and performance in time domain
5.6	闭环频率响应 Closed-loop frequency response		
5.7	补偿 Compensation	2	(1) 超前补偿 (2) 滞后补偿 (3) PID 补偿 (1) Lead compensation (2) Lag compensation (3) PID compensation

第六章　状态空间设计(State-Space Design)

章节序号 Chapter Number	章节名称 Chapters	课时 Class Hour	知识点 Key Points
6.1	状态空间的优点 Advantages of state-space	2	(1) 状态空间模型 (2) 传递函数与状态空间模型的关系 (1) State-space model (2) Relationship between transfer function and state-space model
6.2	系统状态空间描述 System description in state-space		

续表

<table>
<tr><th>章节序号
Chapter Number</th><th>章节名称
Chapters</th><th>课时
Class Hour</th><th>知识点
Key Points</th></tr>
<tr><td>6.3</td><td>方框图与状态空间
Block diagrams and state-space</td><td rowspan="2">4</td><td rowspan="2">(1) 方框图及标准形
(2) 从状态方程求解动态响应
(3) 能控性与能观性

(1) Block diagrams and canonical form
(2) Dynamic response from the state equations
(3) Controllability and observability</td></tr>
<tr><td>6.4</td><td>状态方程的分析
Analysis of the state equations</td></tr>
<tr><td>6.5</td><td>状态反馈控制器设计
Control-law design for full-state feedback</td><td>2</td><td>(1) 状态反馈与输出反馈
(2) 状态反馈与闭环系统极点配置

(1) State feedback and output feedback
(2) State feedback and poles location of closed-loop system</td></tr>
</table>

第七章 数字控制(Digital Control)

<table>
<tr><th>章节序号
Chapter Number</th><th>章节名称
Chapters</th><th>课时
Class Hour</th><th>知识点
Key Points</th></tr>
<tr><td>7.1</td><td>数字化
Digitization</td><td rowspan="2">2</td><td rowspan="2">(1) 数字控制系统
(2) Z变换与Z反变换(单边)
(3) S平面与Z平面的关系

(1) Digital control system
(2) Z-transform and Z-transform inversion
(3) Relationship between S and Z</td></tr>
<tr><td>7.2</td><td>离散系统的动态分析
Dynamic analysis of discrete systems</td></tr>
<tr><td>7.3</td><td>通过离散化等效进行设计
Design using discrete equivalents</td><td>2</td><td>(1) 零阶保持器法
(2) 零极点匹配法

(1) Zero-Order Hold (ZOH) method
(2) Matched Pole-Zero (MPZ) method</td></tr>
</table>

第八章　非线性系统(Nonlinear Systems)

章节序号 Chapter Number	章节名称 Chapters	课时 Class Hour	知识点 Key Points
8.1	引言与动机：为什么研究非线性系统 Introduction and motivation: why study nonlinear systems	2	(1) 小信号线性化 (2) 非线性反馈线性化 (3) 使用根轨迹进行等价增益分析 (1) Linearization by small-signal analysis (2) Linearization by nonlinear feedback (3) Equivalent gain analysis using root locus
8.2	线性化分析 Analysis by linearization		
8.3	利用根轨迹进行等价增益分析 Equivalent gain analysis using the root locus		
8.4	利用频率响应进行等效增益分析：描述函数法 Equivalent gain analysis using frequency response: describing functions	2	(1) 描述函数 (2) 利用描述函数进行稳定性分析 (1) Describing functions (2) Stability analysis using describing functions

4.4.5　实验环节(Experiments)

序号 Num.	实验内容 Experiment Content	课时 Class Hour	知识点 Key Points
1	液位控制系统的设计与仿真 Design and simulation of the tank water control system	2	(1) 单回路控制系统 (2) 基于根轨迹的分析与校正方法 (3) 扰动对系统性能的影响 (1) Single loop control system (2) Control system analysis and design based on root locus (3) The influence of disturbance to the performance of control system

续表

序号 Num.	实验内容 Experiment Content	课时 Class Hour	知识点 Key Points
2	硬盘读/写磁头组件控制设计与仿真 Control of the read/write head assembly of a hard disk	2	(1) 位置控制 (2) 伯德图与带宽 (3) 最优控制器 (1) Position control (2) Bode plot and bandwidth (3) Optimal controller
3	热处理过程温度控制系统的设计与仿真 Design and simulation of the temperature control system in the heat treatment process	2	(1) 状态空间模型 (2) 误差空间法 (3) 线性二次高斯法 (4) Simulink 的使用 (1) State-space model (2) Error-space approach (3) Linear quadratic Gaussian (4) The use of Simulink.
4	汽车自适应巡航(ACC)和车道保持(LK)系统的设计与仿真 Design and simulation of vehicle adaptive cruise control (ACC) and lane-keeping (LK) system	2	(1) 车辆横向与纵向控制建模 (2) 环境传感器 (3) PID 控制器 (1) Modelling the lateral and longitudinal control of an autonomous vehicle (2) Environment sensors (3) PID controller design

大纲指导者：杜行俭副教授(西安交通大学自动化科学与工程学院)、徐林海高级工程师(西安交通大学人工智能学院)

大纲制定者：张雪涛副教授(西安交通大学人工智能学院)、徐林海高级工程师(西安交通大学人工智能学院)

大纲审定：西安交通大学人工智能学院本科专业知识体系建设与课程设置工作组

第5章

计算机科学与技术课程群

5.1 “计算机程序设计”教学大纲

课程名称：计算机程序设计

Course：Computer Programming

先修课程：无

Prerequisites：None

学分：2

Credits：2

5.1.1 课程目的和基本内容(Course Objectives and Basic Content)

本课程是人工智能学院本科生基础必修课。

This course is a basic compulsory course for undergraduates in College of Artificial Intelligence.

课程以计算机程序设计为主线，结合C/C++语言，对程序设计的基本理论、面向过程和面向对象程序设计方法展开讨论，同时介绍排序等基本算法。第一章到第三章讨论C++程序设计的数据结构，包括整型、浮点、字符、数组、指针、结构体等。第四、五章主要讨论C++的控制结构，包括顺序、分支和循环结构。第六、七章讨论函数的声明、定义、调用、重载以及模板。第八章简要介绍内存模型与名称空间。第九、十章讨论C++面向对象编程的基本概念、思想和方法，包括类和对象的定义、类的构造函数和析构函数以及类运算符的重载。

课程通过对基本理论、编程方法的学习，帮助学生建立计算机程序设计方面的知识框架。课程采用小组学习模式，并辅之以研究性实验、课堂测验、小组讨论及综述报告等教学手段，训练学生用基本理论和方法分析解决实际问题的能力，掌握计算机程序设计所必须的基本知识和技能。课程通过信息管理系统的设计实验使学生巩固和加深数字信号处理的理论知识，通过实践进一步加强学生独立分析问题、解决问题的能力，培养综合设计及创新能力，为今后的工作打下良好的基础。

The course focuses on computer program design. Based on C/C++ programming language, it discusses the basic theories and the design methods of programming design, Procedure-Oriented and Object-Oriented programming methods, along with the Sort and other basic algorithms. Chapters 1 to 3 discuss the data structures of C++ programming, including Integer, Float, Character type, Array, Pointer and Structure. Chapters 4 to 5 mainly discuss the basic control structures of C++, including sequence, branch and loop. Chapters 6 to 7 discuss the declaration, definition, invoke, overload and template of Functions. Chapters 9 to 10 discuss the basic concepts, ideas and methods of Object Oriented Programming including the concept of Class, Object, Constructor, Destructor as well as Operators overloading.

This course helps students build a solid knowledge for the basic principles, methods of programming. The course adopts group study method, supplemented by experiments, in-class tests, discussions and reports to train students the ability of solving practical problems with basic theories and methods and master the basic knowledge and skills for computer programming. The course includes several experiments on information management system design in order to consolidate students' theoretical knowledge of computer programming, further strengthen their ability to analyze and solve problems independently, and develop their comprehensive abilities on system design and innovations.

5.1.2 课程基本情况(Course Arrangements)

<table>
<tr><td>课程名称</td><td colspan="8">计算机程序设计
Computer Programming</td></tr>
<tr><td rowspan="2">开课时间</td><td colspan="2">一年级</td><td colspan="2">二年级</td><td colspan="2">三年级</td><td colspan="2">四年级</td></tr>
<tr><td>秋</td><td>春</td><td>秋</td><td>春</td><td>秋</td><td>春</td><td>秋</td><td>春</td></tr>
<tr><td>课程定位</td><td colspan="8">本科生计算机科学与技术课程群必修课</td></tr>
<tr><td>学　分</td><td colspan="8">2学分</td></tr>
<tr><td>总学时</td><td colspan="8">40学时
(授课32学时、实验8学时)</td></tr>
<tr><td>授课学时分配</td><td colspan="8">课堂讲授(32学时)</td></tr>
</table>

<table>
<tr><td colspan="2">计算机科学与技术</td></tr>
<tr><td rowspan="4">必修
(学分)</td><td>计算机程序设计(2)</td></tr>
<tr><td>数据结构与算法(3)</td></tr>
<tr><td>计算机体系结构(3)</td></tr>
<tr><td>理论计算机科学的重要思想(1)</td></tr>
<tr><td rowspan="2">选修
(学分)
2选1</td><td>3D计算机图形学(2)</td></tr>
<tr><td>智能感知与移动计算(2)</td></tr>
</table>

续表

先修课程	无
后续课程	数据结构与算法
教学方式	课堂教学、编程实验
考核方式	课程结束机试成绩占60%，实验成绩占35%，考勤占5%
参考教材	Stephen Prata. C++ Primer Plus.（第六版）. 北京：人民邮电出版社，2015
参考资料	1. Stephan Prata. C++ Primer Plus.（第6版）. 张海龙，译. 北京：人民邮电出版社，2012 2. Stanley Lippman. C++ Primer.（第五版）. 北京：电子工业出版社，2013
其他信息	

5.1.3 教学目的和基本要求（Teaching Objectives and Basic Requirements）

（1）熟悉基本数据结构，能够基于基本数据结构定义和使用变量；

（2）系统掌握结构化程序设计方法的特点，初步建立程序设计的概念。熟练掌握程序的三种基本结构，深刻理解顺序、选择、循环三种逻辑在程序设计中的作用；

（3）建立数据顺序存储的概念，深刻理解数据顺序存储的意义、作用，掌握数组的定义和使用，掌握数组编程技巧；

（4）了解函数的声明、定义和函数调用；

（5）掌握指针的概念和使用，认识指针的作用和意义，弄清指针与数组的关系，了解使用指针指向数组在程序设计所带来的方便；

（6）了解结构体的定义、引用和结构体数组的定义和引用；

（7）理解面向对象的基本概念，掌握类和对象的定义和使用；

（8）熟悉构造函数、析构函数和 this 指针的基本原理和使用方法；

（9）掌握类中运算符重载的原理和方法，理解函数和类模板的概念。

5.1.4 课程大纲和知识点（Syllabus and Key Points）

绪论 （Introduction）

章节序号 Chapter Number	章节名称 Chapters	课时 Class Hour	知识点 Key Points
0.1	绪论 Introduction	1	（1）计算机编程语言的发展 （2）面向过程和面向对象编程的比较 （3）C++程序开发工具

续表

章节序号 Chapter Number	章节名称 Chapters	课时 Class Hour	知识点 Key Points
0.1	绪论 Introduction	1	(1) The development of computer programming language (2) The comparison of Procedure-Oriented and OO programming (3) The tools for C++ programming

第一章　C++初步(C++ Initials)

章节序号 Chapter Number	章节名称 Chapters	课时 Class Hour	知识点 Key Points
1.1	C++基本知识 C++ initials	2	(1) 程序运行的起点-main函数 (2) C++注释和源代码的格式化 (3) C++预处理器和iostream文件 (4) 头文件和名字空间 (5) Cout进行输出 (1) The main function (2) C++ comments and source code formatting (3) The preprocessor and the iostream file (4) Header file and name space (5) Output with Cout
1.2	C++语句 C++ statements		(1) 声明语句和变量 (2) 赋值语句 (3) Cin进行输入 (4) Cin和Cout-初次使用类 (1) Declaration statements and variable's (2) Assignment statements (3) Using Cin (4) Cin and Cout: a touch of class

续表

章节序号 Chapter Number	章节名称 Chapters	课时 Class Hour	知识点 Key Points
1.3	函数 Functions	2	(1) 带返回值的函数 (2) 函数变体 (3) 用户定义函数 (4) 用户定义有返回值的函数 (1) A function with a return value (2) Function variations (3) User-defined functions (4) Using a user-defined function that has a return value

第二章　处理数据(Dealing with Data)

章节序号 Chapter Number	章节名称 Chapters	课时 Class Hour	知识点 Key Points
2.1	简单变量 Simple variables	2	(1) 变量名 (2) 整型 (3) 整型 short、int、long 和 long long (4) 无符号类型 (5) 选择整型类型 (6) 常量类型 (7) char 类型 (8) bool 类型 (9) const 限定符 (1) Names for variables (2) Integer types (3) The short, int, long, and long long integer types (4) Unsigned types (5) Choosing an integer type (6) Integer literals (7) The char type (8) The bool type (9) The const qualifier

续表

章节序号 Chapter Number	章节名称 Chapters	课时 Class Hour	知识点 Key Points
2.2	浮点数 Floating-point numbers	2	(1) 浮点数 (2) 浮点类型 (3) 浮点常量 (1) Floating number (2) Floating-point types (3) Floating-point constants
2.3	C++算术运算符 C++ arithmetic operators		(1) 运算符的优先级和结合性 (2) 除法运算符 (3) 取模 (4) 类型转换 (1) Order of operation: operator precedence and associativity (2) Division diversions (3) The modulus operator (4) Type conversions

第三章　复合类型(Compound Types)

章节序号 Chapter Number	章节名称 Chapters	课时 Class Hour	知识点 Key Points
3.1	数组 Introducing arrays	2	(1) 数组介绍 (2) 数组初始化规则 (1) Introduction of array (2) Initialization rules for arrays

续表

章节序号 Chapter Number	章节名称 Chapters	课时 Class Hour	知识点 Key Points
3.2	字符串 Strings	2	(1) 拼接字符串常量 (2) 数组中使用字符串 (3) 字符串输入 (4) 每次读取一行字符串输入 (5) 混合输入字符串和数字 (1) Concatenating string literals (2) Using strings in an array (3) Adventures in string input (4) Reading string input a line at a time (5) Mixing string and numeric input
3.3	string 类 Introducing the string class		(1) string 类 (2) 赋值、拼接和附加以及其他操作 (3) string 类 I/O (1) String class (2) Assignment,concatenation,and appending (3) I/O of string
3.4	结构简介 Introducing structures	2	(1) 在程序中使用结构 (2) 结构属性 (3) 结构数组 (1) Using a structure in a program (2) Properties of structure (3) Arrays of structures
3.5	指针和自由存储空间 Pointers and the free store		(1) 声明和初始化指针 (2) 指针和数字 (3) 使用 new (4) 使用 delete (1) Declaring and initializing pointers (2) Pointers and numbers (3) Allocating memory using new (4) Freeing memory with delete

续表

章节序号 Chapter Number	章节名称 Chapters	课时 Class Hour	知识点 Key Points
3.6	指针、数组和指针算术 Pointers,arrays,and pointer arithmetic	2	(1) 指针小结 (2) 指针和字符串 (3) 使用 new 创建动态结构 (4) 自动存储、静态存储和动态存储 (1) Summarizing pointer points (2) Pointers and strings (3) Using new to create dynamic structures (4) Automatic storage,static storage,and dynamic storage

第四章　循环和关系表达式(Loops and Relational Expressions)

章节序号 Chapter Number	章节名称 Chapters	课时 Class Hour	知识点 Key Points
4.1	for 语句 Introducing for loops	2	(1) for 循环的组成部分 (2) 修改步长 (3) 使用 for 访问字符串 (4) ＋＋和－－ (5) 复合赋值运算符 (6) 复合语句 (7) 关系表达式 (8) 赋值、比较 (9) C-风格字符串的比较 (10) 比较 string 类字符串 (11) 冒泡排序 (1) Parts of a for loop (2) Changing the step size (3) Inside strings with the for loop (4) ＋＋ and －－ (5) Combination assignment operators (6) Compound statements,or blocks (7) Relational expressions (8) Assignment and comparison (9) Comparing C-style strings (10) Comparing string class strings (11) Bubble sort algorithm

续表

章节序号 Chapter Number	章节名称 Chapters	课时 Class Hour	知识点 Key Points
4.2	while 循环和 do while 循环 The while loop and do while loop	2	(1) for 与 while (2) 编写延时循环 (3) do while 循环 (4) 循环和文本输入 (5) 嵌套循环和二维数组 (1) The for and while (2) Building a time-delay loop (3) The loop of do while (4) Loops and text input (5) Nested loops and tow-dimensional arrays

第五章　分支语句和逻辑运算符(Branching Statements and Logical Operations)

章节序号 Chapter Number	章节名称 Chapters	课时 Class Hour	知识点 Key Points
5.1	if 语句 The if statement	2	(1) if else 语句 (2) 格式化 if else 语句 (3) if else if else 语句 (1) The if else statement (2) Formatting if else statements (3) The if else if else construction
5.2	逻辑表达式 Logical expressions		(1) 逻辑 OR 运算符 ‖ (2) 逻辑 AND 运算符 && (3) 用 && 来设置取值范围 (4) 逻辑 NOT 运算符 ! (5) 逻辑运算符细节 (6) 字符函数库 cctype (7) ?: 运算符 (8) switch 语句 (9) break 和 continue 语句 (1) The logical OR operator ‖ (2) The logical AND operator && (3) Setting up ranges with &&

续表

章节序号 Chapter Number	章节名称 Chapters	课时 Class Hour	知识点 Key Points
5.2	逻辑表达式 Logical expressions	2	(4) The logical NOT operator ! (5) Logical operator facts (6) The cctype library of character Functions (7) The ? : operator (8) The switch statement (9) The break and continue statements

第六章　函数—C++的编程模块(Functions: C++'s Programming Modules)

章节序号 Chapter Number	章节名称 Chapters	课时 Class Hour	知识点 Key Points
6.1	函数的基本知识 Function review	2	(1) 定义函数 (2) 函数原型和函数调用 (1) Defining a function (2) Prototyping and calling a function
6.2	函数参数和按值传递 Function arguments and passing by value		(1) 多个参数 (2) 接受两个参数的函数 (1) Multiple arguments (2) Another two-argument function
6.3	函数和数组 Functions and arrays	2	(1) 函数如何使用指针来处理数组 (2) 数组作为参数 (3) 数组函数实例 (4) 使用数组区间的函数 (5) 指针和 const (6) 函数和二维数组 (1) How pointers enable array-processing functions (2) The implications of using arrays as arguments (3) More array function examples (4) Functions using array ranges (5) Pointers and const (6) Functions and two-dimensional arrays

续表

章节序号 Chapter Number	章节名称 Chapters	课时 Class Hour	知识点 Key Points
6.4	函数和C-风格字符串 Functions and C-Style strings	2	(1) C-风格字符串作为参数 (2) 返回C-风格字符串 (1) Functions with C-style string arguments (2) Functions that return C-style strings
6.5	函数和结构、string和array对象 Functions and structures, string and array objects		(1) 传递和返回结构 (2) 传递结构的地址 (3) 函数和string对象 (4) 函数和array对象 (1) Passing and returning structures (2) Passing structure addresses (3) Functions and string class objects (4) Functions and array objects
6.6	递归 Recursion	1	(1) 单一递归调用 (2) 多重递归调用 (1) Recursion and a single recursive call (2) Recursion with multiple recursive calls

第七章　函数探幽(Adventures in Functions)

章节序号 Chapter Number	章节名称 Chapters	课时 Class Hour	知识点 Key Points
7.1	C++内联函数 C++ inline functions	2	(1) 内联函数使用 (1) Using inline functions

续表

章节序号 Chapter Number	章节名称 Chapters	课时 Class Hour	知识点 Key Points
7.2	引用变量 Reference variables	2	(1) 创建引用变量 (2) 将引用作为函数参数 (3) 引用的属性 (4) 引用和结构 (5) 引用和类 (6) 对象、继承和引用 (7) 何时使用引用 (1) Creating a reference variable (2) Reference as function parameters (3) Reference properties and oddities (4) Using reference with a structure (5) Using reference with a class object (6) Objects, inheritance and reference (7) When to use reference arguments
7.3	函数重载 Function overloading		(1) 函数重载 (2) 何时使用函数重载 (1) An overloading example (2) When to use function overloading
7.4	函数模板 Function templates		(1) 重载的模板 (2) 模板的局限性 (3) 显式具体化 (4) 实例化和具体化 (1) Overloaded templates (2) Template limitations (3) Explicit specializations (4) Instantiations and specializations

第八章　内存模型和名称空间(Memory Models and Namespace)

章节序号 Chapter Number	章节名称 Chapters	课时 Class Hour	知识点 Key Points
8.1	单独编译 Separate compilation	2	(1) 单独编译 (1) Separate compilation
8.2	存储持续性、作用域和连接性 Storage duration, scope, and linkage		(1) 作用域和链接 (2) 自动存储持续性 (3) 静态持续变量 (4) 静态持续性、外部链接性 (5) 静态持续性、内部链接性 (6) 静态存储持续性、无链接性 (7) 说明符和限定符 (8) 函数和链接性 (9) 语言链接性 (10) 存储方案和动态分配 (1) Scope and linkage (2) Automatic storage duration (3) Static duration variables (4) Static duration, external linkage (5) Static duration, internal linkage (6) Static storage duration, no linkage (7) Specifiers and qualifiers (8) Functions and linkage (9) Language linking (10) Storage schemes and dynamic allocation
8.3	名称空间 Name space	2	(1) 传统的 C++ 名字空间 (2) 新的名字空间特性 (3) 实例 (1) Traditional C++ namespace (2) New namespace features (3) A namespace example

第九章　对象和类(Objects and Class)

章节序号 Chapter Number	章节名称 Chapters	课时 Class Hour	知识点 Key Points
9.1	过程性编程和OO编程 Procedural and OO Programming	2	(1) 过程性编程和OO编程 (1) Procedural and OO Programming
9.2	抽象和类 Abstraction and Classes		(1) 类型 (2) C++中的类 (3) 实现类成员函数 (4) 使用类 (5) 修改实现 (1) What is a type? (2) Classes in C++ (3) Implementing class member functions (4) Using classes (5) Changing the implementation
9.3	类的构造函数和析构函数 Class constructors and destructors	2	(1) 声明和定义构造函数 (2) 使用构造函数 (3) 默认构造函数 (4) 析构函数 (5) 改进stock类 (6) 构造函数和析构函数小结 (1) Declaring and defining constructors (2) Using constructors (3) Default constructors (4) Destructors (5) Improving the stock class (6) Conclusion of constructors and destructors functions
9.4	this指针 Knowing your object: the this pointer		(1) this指针的概念 (2) this指针的使用场景 (1) The definition of this pointer (2) The using scenarios for This pointer

第十章　使用类(Working with Classes)

章节序号 Chapter Number	章节名称 Chapters	课时 Class Hour	知识点 Key Points
10.1	运算符重载 Operator overloading	2	(1) 运算符重载 (1) Operator overloading
10.2	运算符重载实例 Developing an operator overloading example		(1) 加法运算符 (2) 重载限制 (3) 重载其他运算符 (1) Adding an addition operator (2) Overloading restrictions (3) More overload operators

5.1.5　实验环节(Experiments)

序号 Num.	实验内容 Experiment Content	课时 Class Hour	知识点 Key Points
1	循环、分支、函数、指针编程训练 Loop, branch, function, pointer programming training	4	(1) while 循环与 do while 循环结构 (2) if else 语句 (3) 构造函数、析构函数、函数定义及调用 (4) 指针地址传送、指针内容获取 (1) The recursive construct of while and do while (2) if else statements (3) The definition of Function, Constructors, destructors and the calling of Function (4) The address and content transfer for Pointers operations

续表

序号 Num.	实验内容 Experiment Content	课时 Class Hour	知识点 Key Points
2	完整学籍管理程序训练 Student status management program training	4	(1) 学籍信息系统需求分析 (2) 学籍信息系统概要设计 (3) 学籍信息系统详细设计 (4) 文件打开、关闭、读取、存储 (1) Requirement analysis of the information system (2) Outline design of the information system (3) Detailed design of the information system (4) The operations of Open, Close, Read and Write for file systems

大纲制定者：唐亚哲副教授(西安交通大学计算机科学与技术学院)、李昊讲师(西安交通大学计算机科学与技术学院)、刘龙军副教授(西安交通大学人工智能学院)

大纲审定：西安交通大学人工智能学院本科专业知识体系建设与课程设置工作组

5.2 "数据结构与算法"课程大纲

课程名称：数据结构与算法

Course: Data Structure and Algorithm

先修课程：计算机程序设计

Prerequisites: Computer Programming

学分：3

Credits: 3

5.2.1 课程目的和基本内容(Course Objectives and Basic Content)

本课程是人工智能学院本科生必修课。

This course is a compulsory course for undergraduates in College of Artificial Intelligence.

本课程培养学生的数据抽象能力，学会分析研究计算机加工的数据结构的特性，以便为应用涉及的数据选择适当的逻辑结构、存储结构及实现应用的相应算法，初步掌握分析算法的时间和空间复杂度的技术，以及算法设计方法。本课程的内容注重数据结构基础知识、算法设计的核心思想。第一、二、三章主要介绍了本课程基本概念、算法评估的时空复杂的方法、线性表及受限的线性表基本数据结构及操作。第四章扩展线性表为自学内容。第五、六章主要讨论高级的数据结构如树结构与图结构的概念及操作。第七、八章主要以查找和排序为基本例子介绍了算法设计的概念、方法及步骤等。

通过本课程的学习，使学生了解和掌握数据结构和算法的基本思想，学习分析、设计和实现解决实际问题的策略；使学生了解和基本掌握典型的数据结构类型及其应用；结合实际问题分析，加深对所学知识的理解，并为后续课程和未来的工程实践打下良好的基础。

随着计算机编程语言的发展与丰富，数据结构与算法设计在计算机编程中扮演着重要的角色，掌握好数据结构与算法设计对编程及软件设计等起着非常重要的作用。因此，掌握好本课程的基本概念、基本原理和方法，对学生今后用计算机程序解决实际问题将更加容易。

This course trains students' ability of data abstraction and analyzing the characteristics of data structure processed by computer, so as to select appropriate logical structure, storage structure and corresponding algorithm for data in practical applications. The course also enable students master the analysis methods of time and space complexity, as well as the design method of computer basic algorithms. This course focuses on the basic knowledge of data structure and the core idea of algorithm design. Chapters 1-3 mainly introduce the basic concepts of the course, the time and space complex analysis methods, the basic data structure and operation for the linear table and the restricted linear table. Chapters 5-6 discuss the concepts and operations of advanced data structures such as tree structures and graph structures. Chapters 7-8 mainly introduce the concept, methods and steps for algorithm design based on the basic examples of search and sorting.

Through the study of this course, students can understand and master the basic ideas and common knowledge of data structure and algorithms, learn to analyze, design and solve practical problems. The course enables students to understand and master the typical data structure and their applications, to understand practical programing problem based on the knowledge of this course, and lay a good foundation for follow-up courses and future engineering practice.

With the development and enrichment of computer programming languages, data structure and algorithm design play an important role in computer programming. Mastering data structure and algorithm design are very important for programming and software design. Therefore, mastering the basic concepts, basic principles and methods of this course will make it easier for students to solve practical problems of computer programs in the future.

5.2.2 课程基本情况(Course Arrangements)

课程名称	数据结构与算法 Data Structure and Algorithm							
开课时间	一年级		二年级		三年级		四年级	
	秋	春	秋	春	秋	春	秋	春
课程定位	本科生计算机科学与技术课程群必修课							
学　　分	3学分							
总 学 时	56学时 (授课48学时、实验8学时)							
授课学时分配	课堂讲授(48学时)							
先修课程	计算机程序设计							
后续课程	人工智能的现代方法、计算机视觉与模式识别							
教学方式	课堂教学							
考核方式	闭卷考试成绩占70%,平时成绩占30%							
参考教材	赵仲孟. 数据结构与算法. 北京:高等教育出版社,2016							
参考资料	Clifford A. Shaffer. 数据结构与算法分析. New York: Dover Publications,2013							
其他信息								

计算机科学与技术	
必修 (学分)	计算机程序设计(2)
	数据结构与算法(3)
	计算机体系结构(3)
	理论计算机科学的重要思想(1)
选修 (学分) 2选1	3D计算机图形学(2)
	智能感知与移动计算(2)

5.2.3 教学目的和基本要求(Teaching Objectives and Basic Requirements)

(1) 具备分析掌握基本数据结构及其算法的能力;

(2) 具备学习分析、设计和实现解决实际问题的能力;

(3) 掌握基本数据结构概念,理解线性表的结构及操作,包括顺序表、链表、栈、队列的增、删、改、查等;

(4) 掌握高级数据结构类型的结构及操作,理解树与图的建立与遍历等;

(5) 理解排序与查找算法,了解其他基本的算法,如贪婪算法、分治算法、回溯算法、动态规划等;

(6) 具备上机编程解决一般应用问题的能力。

5.2.4 课程大纲和知识点(Syllabus and Key Points)

第一章 绪论(Introduction)

章节序号 Chapter Number	章节名称 Chapters	课时 Class Hour	知识点 Key Points
1.1	数据结构的基本概念 Basic concept of data structure	2	(1) 数据、数据元素、数据对象、数据结构定义、数据的存储方式 (1) Data, data elements, data objects, data structure, data storage
1.2	抽象数据类型 Abstract data type (ADT)		(1) ADT 的表示和实现 (1) Representation and implementation of ADT
1.3	问题、算法和程序介绍 Introduction of problems, algorithms and program		(1) 问题、算法和程序的定义,算法的特性 (1) Problem, algorithm and program, characteristics of the algorithm
1.4	算法分析概述 Algorithm analysis overview		(1) 渐近算法分析,渐近时间复杂度,算法增长率 (1) Asymptotic algorithm analysis, asymptotic time complexity, algorithm growth rate
1.5	时间复杂度 Time complexity	2	(1) 时间复杂度分析规则 (1) Time complexity analysis rules
1.6	渐近分析 Asymptotic analysis		(1) 上限表示法,下限表示法,Θ 表示法,化简法则 (1) Upper limit representation, lower limit representation, Θ representation, simplification rule
1.7	空间复杂度 Space complexity		(1) 空间复杂度分析方法 (1) Analysis method for spatial complexity

第二章　线性表(Linear Table)

章节序号 Chapter Number	章节名称 Chapters	课时 Class Hour	知识点 Key Points
2.1	线性表的定义 A linear table	2	(1) 线性表的定义 (1) A linear table
2.2	线性表的顺序存储结构 Sequential storage structure of linear tables		(1) 顺序存储结构,顺序存储结构的实现 (1) Sequential storage structure, and implementation of sequential storage structure
2.3	线性表的链式存储结构 Linked storage structure of linear table	2	(1) 单链表,双向链表,循环链表 (1) Single linked list, doubly linked list, circularly linked list
2.4	线性表的应用举例 Application examples for linear table	2	(1) 一元多项式的表示,商品链更新 (1) Representation of unary polynomial, commodity chain update

第三章　受限线性表——栈、队列及串(Restricted Linear Tables-Stacks, Queues, and Strings)

章节序号 Chapter Number	章节名称 Chapters	课时 Class Hour	知识点 Key Points
3.1	操作受限线性表——栈 Operational restricted linear table——stack	2	(1) 栈的定义,栈的抽象数据类型定义 (1) Stack, abstract data type
3.2	栈的存储结构 Storage structure of stack		(1) 顺序栈,链栈 (1) The sequence stack and chain stack
3.3	栈的应用 Applications of stack	2	(1) 括号匹配检验,栈与递归 (1) Bracket matching test, stack and recursion
3.4	操作受限线性表——队列 Operational restricted linear table-queue		(1) 队列的定义,队列的抽象数据类型定义 (1) Queue, abstract data type definition of queue

续表

章节序号 Chapter Number	章节名称 Chapters	课时 Class Hour	知识点 Key Points
3.5	队列的存储结构及实现 Storage structure and implementation of queue	2	(1) 顺序队列的概念及实现，队列的链式存储结构及实现 (1) The concept and implementation of the sequence queue and chain queue
3.6	队列的应用 Applications of queue		(1) 杨辉三角形，火车车厢重排 (1) Yang Hui triangle, train compartment rearrangement

第四章　扩展线性表—数组与广义表（Extended Linear Tables-Arrays and Generalized Tables）

章节序号 Chapter Number	章节名称 Chapters	课时 Class Hour	知识点 Key Points
4.1	数组与广义表 Arrays and generalized tables	0 自学	(1) 数组与广义表的概念与操作 (1) The concept and operations of Arrays and Generalized Table

第五章　树和二叉树（Trees and Binary Trees）

章节序号 Chapter Number	章节名称 Chapters	课时 Class Hour	知识点 Key Points
5.1	树的概念 The concept of trees	2	(1) 树的概念，相关的基本术语 (1) The concept of tree and basic terminologies
5.2	二叉树 Binary trees		(1) 二叉树的概念，二叉树的主要性质，二叉树的存储结构 (1) The concept of a binary tree, the main property of a binary tree and the storage structure of a binary tree

续表

<table>
<tr><th>章节序号
Chapter Number</th><th>章节名称
Chapters</th><th>课时
Class Hour</th><th>知识点
Key Points</th></tr>
<tr><td>5.3</td><td>二叉树的遍历
Traversal of binary tree</td><td>2</td><td>(1) 二叉树的先序遍历,二叉树的中序遍历,二叉树的后序遍历
(1) Preorder traversal of binary trees, in-order traversal of binary trees, the post-order traversal of the binary tree</td></tr>
<tr><td>5.4</td><td>二叉树的应用1:哈夫曼树
Application of binary tree 1: Huffman tree</td><td rowspan="2">2</td><td>(1) 哈夫曼树的构造,哈夫曼编码
(1) Huffman tree construction, Huffman coding</td></tr>
<tr><td>5.5</td><td>二叉树的应用2:二叉查找树
Binary tree application 2: binary search tree</td><td>(1) 二叉查找树的概念,二叉查找树的查找,二叉查找树的插入,二叉查找树的删除
(1) The concept of binary search tree, search of binary search tree, insertion of binary search tree, deletion of binary search tree</td></tr>
<tr><td>5.6</td><td>二叉树的应用3:平衡二叉查找树
Binary tree application 3: balanced binary search tree</td><td>2</td><td>(1) 平衡二叉树的定义,平衡化旋转,平衡二叉查找树的插入,平衡二叉查找树的删除
(1) The concept of balanced binary tree, balance rotation, the insertion operation in a balance binary search tree, and the deletion operation of a balanced binary search tree</td></tr>
<tr><td>5.7</td><td>二叉树的应用4:堆与优先队列
Binary tree application 4: heap and priority queue</td><td rowspan="2">2</td><td>(1) 堆与优先队列的概念及实现,堆的插入和堆顶删除
(1) Heap and priority queue concept and implementation, heap insertion and heap top deletion</td></tr>
<tr><td>5.8</td><td>树与森林
Tree and forest</td><td>(1) 树的存储结构,树、森林与二叉树的转换,树与森林的遍历
(1) Tree storage structure, tree, forest and binary tree transformation, tree and forest traversal</td></tr>
</table>

第六章 图（Graphics）

章节序号 Chapter Number	章节名称 Chapters	课时 Class Hour	知识点 Key Points
6.1	图的概念 The concept of graphics	2	(1) 图的定点、边，无向图，有向图，带权图，无环图，连通图 (1) Fixed point，edge，undirected graph，directed graph，weighted graph，acyclic graph，connected graph
6.2	图的存储结构 2 Storage structure of graphics		(1) 邻接矩阵存储方法，邻接表存储方法 (1) Adjacency matrix storage method，adjacency table storage method
6.3	图的遍历 Traversal of graphs	2	(1) 深度优先搜索，广度优先搜索 (1) Depth-first search，breadth-first search
6.4	图的应用 1：拓扑排序 Application of graphs 1：topological sorting		(1) 图谱排序的概念，拓扑排序算法 (1) The concept of map ordering，topological sorting algorithm
6.5	图的应用 2：关键路径 Application of graphs 2：critical Path	2	(1) AOE 网，关键路径算法 (1) AOE network，critical path algorithm
6.6	图的应用 3：最短路径 Application of graphs 3：shortest path		(1) 单源点最短路径问题，任意对顶点之间的最短路径 (1) Single source point shortest path problem，the shortest path between any pair of vertices
6.7	图的应用 4：图的最小生成树 Application of graphs 4：minimum spanning tree	2	(1) 普里姆算法，克鲁斯卡尔算法 (1) Prim algorithm，Kruskal algorithm

第七章　排序算法(Sorting Algorithm)

章节序号 Chapter Number	章节名称 Chapters	课时 Class Hour	知识点 Key Points
7.1	排序的基本概念 Basic concept of sorting	2	(1) 排序的含义,排序算法的稳定性含义,排序算法的两个因素 (1) The meaning of sorting, the meaning of the stability of the sorting algorithm, two factors of the sorting algorithm
7.2	简单排序 Simple sort		(1) 简单插入排序,冒泡排序,简单选择排序 (1) Simple insert sorting, bubble sorting, simple sorting
7.3.1-7.3.2	高级排序:希尔排序,快速排序 Advanced sorting: Hill sorting, quick sorting	2	(1) 希尔排序,快速排序 (1) Hill sorting, quick sorting
7.3.3-7.3.5	高级排序:归并排序,锦标赛排序,堆排序 Advanced sorting: merge sort, tournament sort, heap sort	2	(1) 归并排序,树形选择排序1:锦标赛排序,树形选择排序2:堆排序 (1) Merging and sorting, tree selection sorting 1: tournament sorting, tree selection sorting 2: heap sorting
7.4	关键字比较排序下界问题 Keyword comparison sorting lower bound problem	2	(1) 关键字比较排序下界分析 (1) Keyword comparison sorting lower bound analysis
7.5	非关键字比较的排序 Non-keyword comparison sorting		(1) 基数排序,多关键字排序 (1) Cardinal sorting, multi-keyword sorting
7.6	各种排序算法的比较 Comparison of various sorting algorithms		(1) 各种排序算法的事件复杂度,存储和稳定性分析比较 (1) Comparison of event complexity, storage and stability analysis of various sorting algorithms

第八章　查找算法(Search Algorithm)

章节序号 Chapter Number	章节名称 Chapters	课时 Class Hour	知识点 Key Points
8.1	查找的基本概念 Basic concept of search algorithm	2	(1) 查找操作的概念,查找表 (1) The concept of search operation,lookup table
8.2	静态查找表 Static lookup table		(1) 顺序表的查找,折半查找 (1) Lookup of the sequence table
8.3	哈希列表 Hash list	2	(1) 哈希函数的常用构建方法,解决冲突的方法,哈希表的实现,哈希表的分析 (1) Common construction methods for hash functions, methods for resolving conflicts, implementation of hash tables, analysis of hash tables
8.4,8.5.1	线性索引,树形索引:2-3 树 Linear index,tree index: 2-3 trees	2	(1) 线性索引的概念,分块索引的定义和实现,2-3 树 (1) The concept of linear index, the definition and implementation of block index,2-3 tree
8.5.2-8.5.3	树形索引:B 树,B+树 Tree index: B tree,B+ tree	2	(1) B 树,B+树 (1) B tree,B+ tree

第九章　其他算法设计(Other algorithms design)

章节序号 Chapter Number	章节名称 Chapters	课时 Class Hour	知识点 Key Points
9.1	其他算法设计 Other algorithms design	0 (自学)	(1) 贪婪算法 (2) 分治算法 (3) 回溯算法 (4) 动态规划 (5) 随机化算法 (1) Greedy algorithms (2) Divide and conquer algorithms (3) Backtracking algorithm (4) Dynamic algorithms (5) Randomization algorithms

5.2.5 实验环节(Experiments)

序号 Num.	实验内容 Experiment Content	课时 Class Hour	知识点 Key Points
1	线性表操作实验 Experiments of linear table	2	(1) 顺序表、链表、栈、队列的增、删、改、查操作 (1) Add, delete, change, and search operations of sequence table, linked list, stack, and queue
2	二叉树结构实验 Experiments of Tree structure	2	(1) 树的实现和遍历操作 (1) Implementation and traversal operations of binary tree
3	图结构实验 Experiments of graph structure	2	(1) 图的实现和遍历操作 (1) Implementation and traversal operations of graph
4	排序算法实验 Experiments of sorting algorithm	2	(1) 简单插入排序、冒泡排序、简单选择排序、希尔排序、快速排序、归并排序 (1) Algorithms of insertion sort, bubble sort, selection sort, shell sort, quick sort and merge sort

大纲制定者：朱晓燕副教授(西安交通大学计算机科学与技术学院)、刘龙军副教授(西安交通大学人工智能学院)

大纲审定：西安交通大学人工智能学院本科专业知识体系建设与课程设置工作组

5.3 "计算机体系结构"课程大纲

课程名称：计算机体系结构

Course: Computer Architecture

先修课程：数据结构与算法、电子技术与系统

Prerequisites: Data Structure and Algorithm, Electronic Technology and System

学分：3

Credits: 3

5.3.1 课程目的和基本内容(Course Objectives and Basic Content)

本课程是人工智能学院本科生必修课。

This course is a compulsory course for undergraduates in College of Artificial Intelligence.

本课程系统地介绍了计算机系统的设计基础、指令集系统结构、流水线和指令集并行技术、层次化存储系统与存储设备、向量处理器，单指令多数据以及GPU等数据并行技术、线程并行技术、大型计算机以及面向领域应用的计算架构——特别是面向以深度学习为代表的人工智能计算应用的加速器设计。

本课程向学生提供了当前计算平台的最新信息，使他们能够洞悉体系结构，特别是在摩尔定律接近尾声时，面向领域应用的软硬件结合的系统结构设计方法。

The course systematically introduces the design basis of computer system including, instruction set architecture, pipeline technique, instruction-level parallelism, memory hierarchy design, data-level parallelism in Vector, SIMD and GPU architectures, thread-level parallelism, warehouse-scale computers and domain-specific architecture—especially for accelerator designs that aimed for artificial intelligence applications, like deep neural network.

This course provides students with up-to-date information on current computing platforms, giving them insight into the architecture. Especially when the Moore's Law is nearing the end, the system structure design method needs combining software and hardware efforts for domain-oriented applications.

5.3.2 课程基本情况(Course Arrangements)

<table>
<tr><td>课程名称</td><td colspan="8">计算机体系结构
Computer Architecture</td></tr>
<tr><td rowspan="2">开课时间</td><td colspan="2">一年级</td><td colspan="2">二年级</td><td colspan="2">三年级</td><td colspan="2">四年级</td></tr>
<tr><td>秋</td><td>春</td><td>秋</td><td>春</td><td>秋</td><td>春</td><td>秋</td><td>春</td></tr>
<tr><td>课程定位</td><td colspan="8">本科生计算机科学与技术课程群必修课</td></tr>
<tr><td>学　　分</td><td colspan="8">3 学分</td></tr>
<tr><td>总 学 时</td><td colspan="8">48 学时
(授课 48 学时、实验 0 学时)</td></tr>
<tr><td>授课学时分配</td><td colspan="8">课堂讲授(46 学时),
大作业讨论(2 学时)</td></tr>
</table>

<table>
<tr><th colspan="2">计算机科学与技术</th></tr>
<tr><td rowspan="4">必修
(学分)</td><td>计算机程序设计(2)</td></tr>
<tr><td>数据结构与算法(3)</td></tr>
<tr><td>计算机体系结构(3)</td></tr>
<tr><td>理论计算机科学的重要思想(1)</td></tr>
<tr><td rowspan="2">选修
(学分)
2 选 1</td><td>3D 计算机图形学(2)</td></tr>
<tr><td>智能感知与移动计算(2)</td></tr>
</table>

续表

先修课程	数据结构与算法、电子技术与系统
后续课程	人工智能芯片设计导论
教学方式	课堂教学、大作业与实验、小组讨论、综述报告
考核方式	课程结束笔试成绩占80%，平时成绩占10%，考勤占10%
参考教材	John Hennessy，David Patterson. 计算机体系结构：量化研究方法.（第6版）. 贾洪峰，译. 北京：机械工业出版社，2019
参考资料	John Hennessy，David Patterson. 计算机组成与设计（第5版）. 王党辉，康继昌，安建峰，译. 北京：机械工业出版社，2019
其他信息	

5.3.3 教学目的和基本要求（Teaching Objectives and Basic Requirements）

（1）了解计算机体系结构的挑战和发展趋势；

（2）熟悉计算机体系结构的量化分析方法并有效地指导系统设计；

（3）掌握指令集系统结构；

（4）掌握流水线和指令集并行技术；

（5）掌握层次化存储系统与存储设备；

（6）了解向量处理器，单指令多数据以及GPU等数据并行技术；

（7）熟悉线程并行技术；

（8）熟悉面向领域应用的计算架构——特别是面向以深度学习为代表的人工智能计算应用的加速器设计。

5.3.4 课程大纲和知识点（Syllabus and Key Points）

第一章　量化设计与分析基础（Fundamentals of Quantitative Design and Analysis）

章节序号 Chapter Number	章节名称 Chapters	课时 Class Hour	知识点 Key Points
1.1	计算机的分类 Classes of computers	2	（1）物联网和嵌入式计算机、个人移动终端、桌面计算、服务器、集群/仓库级计算机、并行度与并行体系结构的分类 （1）Internet of things/embedded computers, personal mobile device, desktop computing, servers, clusters/warehouse-scale computers, classes of parallelism and parallel architectures

续表

章节序号 Chapter Number	章节名称 Chapters	课时 Class Hour	知识点 Key Points
1.2	计算机体系结构定义 Defining computer architecture	2	(1) 指令集体系结构：近距离审视真正的计算机体系结构 (2) 设计满足目标和功能需求的组成和硬件 (1) Instruction set architecture: the myopic view of computer architecture (2) Designing the organization and hardware to meet goals and functional requirements
1.3	技术趋势 Trends in technology		(1) 带宽胜过延迟、晶体管性能与物理连线的发展 (1) Bandwidth over Latency, scaling of transistor performance and wires
1.4	集成电路中的功率和能耗趋势 Trends in power and energy in integrated circuits		(1) 微处理器内部的能耗和功率 (1) Energy and power within a microprocessor
1.5	成本趋势 Trends in cost	2	(1) 时间、产量和量产的影响、集成电路的成本、成本与价格、制造成本与运行成本 (1) The impact of time, volume, and commoditization, cost versus price, cost of manufacturing versus cost of operation
1.6	计算机可靠性 Dependability		(1) 计算机可靠性 (1) Dependability
1.7	性能的测量、报告和汇总 Measuring, reporting, and summarizing performance		(1) 基准测试、报告性能测试结果、性能结果汇总 (1) Benchmarks, reporting performance results, summarizing performance results

续表

章节序号 Chapter Number	章节名称 Chapters	课时 Class Hour	知识点 Key Points
1.8	计算机设计的量化原理 Quantitative principles of computer design	2	(1) 充分利用并行、局域性原理、重点关注常见情形、阿姆达尔定律、处理器性能公式 (1) Take advantage of parallelism, principle of locality, focus on the common case, Amdahl's law, the processor performance equation
1.9	融会贯通：性能、价格和功耗 Putting it All together: performance, price, and power		(1) 性能、价格和功耗的关系 (1) Performance, price, and power

第二章　层次化存储设计(Memory Hierarchy Design)

章节序号 Chapter Number	章节名称 Chapters	课时 Class Hour	知识点 Key Points
2.1	缓存基本概念 Introduction	2	基本概念 Introduction
2.2	存储器技术和优化方法 Memory technology and optimizations		(1) SRAM 技术、DRAM 技术 (2) 提高 DRAM 芯片内部的存储器性能 (3) 降低 SDRAM 中的功耗、闪存、提高存储器系统的可靠性 (1) SRAM、DRAM (2) Improving memory performance inside a DRAM chip (3) Reducing power consumption in SDRAMs, graphics data RAMs, flash memory, enhancing dependability in memory systems

续表

章节序号 Chapter Number	章节名称 Chapters	课时 Class Hour	知识点 Key Points
2.3	缓存性能的10种高级优化方法 Ten advanced optimizations of cache performance	4	(1) 小而简单的第一级缓存，用以缩短命中时间、降低功率 (2) 采用路预测以缩短命中时间 (3) 实现缓存访问的流水化，以提高缓存带宽 (4) 采用无阻塞缓存，以提高缓存带宽 (5) 关键字优先和提前重启动以降低缺失代价 (6) 合并写缓冲区以降低缺失代价 (7) 采用编译器优化以降低缺失率 (8) 对指令和数据进行硬件预取，以降低缺失代价或缺失率 (9) 用编译器控制预取，以降低缺失代价或缺失率 (10) 采用HBM技术增加存储层次 (1) Small and simple first-level caches to reduce hit time and power (2) Way prediction to reduce hit Time (3) Pipelined access and multi-banked caches to increase bandwidth (4) Nonblocking caches to increase cache bandwidth (5) Critical word first and early restart to reduce miss penalty (6) Merging write buffer to reduce miss penalty (7) Compiler optimizations to reduce miss rate (8) Hardware prefetching of instructions and data to reduce miss penalty or miss rate (9) Compiler-controlled prefetching to reduce miss penalty or miss rate (10) Using HBM to extend the memory hierarchy

续表

章节序号 Chapter Number	章节名称 Chapters	课时 Class Hour	知识点 Key Points
2.4	虚拟存储器和虚拟机 Virtual memory and virtual machines	4	(1) 通过虚拟存储器提供保护，对虚拟机监视器的要求，虚拟机(缺少)的指令集体系结构支持 (2) 虚拟机对虚拟存储器和I/O的影响 (3) VMM实例：Xen虚拟机 (1) Protection via virtual memory, protection via virtual machines, requirements of a virtual machine monitor, instruction set architecture support for virtual machines (2) Impact of virtual machines on virtual memory and I/O (3) The Xen virtual machine
2.5	存储器层次结构的设计 The design of memory hierarchies	2	(1) 保护和指令集体系结构，缓存数据的一致性 (1) Protection, virtualization, and instruction set architecture
2.6	融会贯通：ARM Cortex-A5和Intel Core i7-6700中的存储器层次结构 Memory hierarchies in the ARM Cortex-A53 and Intel Core i7 6700		(1) ARM Cortex-A5和Intel Core i7-6700中的存储器层次结构 (1) Memory hierarchies in the ARM Cortex-A5 and Intel Core i7-6700
2.7	存储器小结与展望 Concluding remarks: looking ahead		存储器小结与展望 Summary

第三章　指令级并行及其开发(Instruction-Level Parallelism and Its Exploitation)

章节序号 Chapter Number	章节名称 Chapters	课时 Class Hour	知识点 Key Points
3.1	指令级并行：概念与挑战 Instruction-level parallelism: concepts and challenges	2	(1) 数据相关与冒险 (2) 数据相关，控制相关 (1) Data dependences and hazards (2) Data dependences, control dependences
3.2	揭示ILP的基本编译器技术 Basic compiler techniques for exposing ILP		(1) 基本流水线调度和循环展开 (1) Basic pipeline scheduling and loop unrolling
3.3	用高级分支预测降低分支成本 Reducing branch costs with advanced branch prediction		(1) 相关分支预测器，竞争预测器：局部预测器与全局预测器的自适应联合，标记混合预测器 (2) Intel Core i7 分支预测器 (1) Correlating branch predictors, tournament predictors: adaptively combining local and global predictors, tagged hybrid predictors (2) Intel Core i7 branch predictor
3.4	用动态调度克服数据冒险 Overcoming data hazards with dynamic scheduling	2	(1) 动态调度、使用托马苏洛算法进行动态调度 (1) Dynamic scheduling and using Tomasulo's algorithm for dynamic scheduling
3.5	动态调度：示例和算法 Dynamic scheduling: examples and the algorithm		(1) 动态调度：示例和算法 (1) Dynamic scheduling: examples and the algorithm
3.6	基于硬件的推测 Hardware-based speculation		(1) 基于硬件的推测 (1) Hardware-based speculation
3.7	以多发射和静态调度来开发ILP Exploiting ILP using multiple issue and static scheduling		(1) 以多发射和静态调度来开发ILP (1) Exploiting ILP using multiple issue and static scheduling

续表

章节序号 Chapter Number	章节名称 Chapters	课时 Class Hour	知识点 Key Points
3.8	以动态调度、多发射和推测来开发 ILP Exploiting ILP using dynamic scheduling, multiple issue, and speculation	2	(1) 以动态调度、多发射和推测来开发 ILP (1) Exploiting ILP using dynamic scheduling, multiple issue, and speculation
3.9	用于指令传送和推测的高级技术 Advanced techniques for instruction delivery and speculation		(1) 提高指令提取带宽、推测：实现问题与扩展 (1) Advanced techniques for instruction delivery and speculation
3.10	ILP 方法与存储器系统 Cross-cutting issues		(1) 可实现处理器上 ILP 的局限性、硬件推测与软件推测 (1) Hardware versus software speculation
3.11	多线程：开发线程级并行提高单处理器吞吐 Multithreading: exploiting thread-level parallelism to improve uniprocessor throughput	2	(1) 同步多线程技术对超标量处理器的作用 (1) Effectiveness of simultaneous multithreading on superscalar processors
3.12	融会贯通：Intel Core i7 和 ARM Cortex-A53 Putting it All together: the Intel Core i7 6700 and ARM Cortex-A53		(1) Intel Core i7 和 ARM Cortex-A53 (1) The Intel Core i7 6700 and ARM Cortex-A53
3.13	指令级并行小结 Concluding remarks		指令级并行小结 Summary

第四章 数据级并行——向量、SIMD 和 GPU 体系结构(Data-Level Parallelism in Vector,SIMD,and GPU Architectures)

章节序号 Chapter Number	章节名称 Chapters	课时 Class Hour	知识点 Key Points
4.1	数据级并行简介 Introduction of data-level parallelism	2	(1) 数据级并行 (1) Data-level parallelism
4.2	向量处理器体系结构 Vector architecture		(1) 向量处理器如何工作、向量执行时间、多赛道 (2) 每个时钟周期超过一个元素、向量长度寄存器、向量屏蔽寄存器、内存组、处理向量体系结构中的多维数组、在向量体系结构中处理稀疏矩阵 (3) 向量体系结构编程 (1) Vector execution time,multiple lanes (2) Beyond one element per clock cycle,vector-length registers: handling loops,supplying bandwidth for vector load/store units,handling multidimensional arrays in vector architectures (3) Vector architectures programming
4.3	单指令多数据指令(SIMD)对于多媒体的扩展 SIMD instruction set extensions for multimedia	2	(1) 多媒体 SIMD 体系结构编程 (2) Roofline 可视性能模型 (1) Programming multimedia SIMD architecture (2) The roofline visual performance model

续表

章节序号 Chapter Number	章节名称 Chapters	课时 Class Hour	知识点 Key Points
4.4	图形处理器(GPU) Graphics processing units	2	(1) GPU编程 (2) NVIDIA GPU计算结构 (3) NVIDA GPU指令集体系结构 (4) GPU中的条件分支 (5) GPU存储器结构 (6) 帕斯卡GPU体系结构中的创新 (7) 向量体系结构与GPU的相似与不同 (8) 多媒体SIMD计算机与GPU之间的相似与不同 (1) Programming the GPU (2) NVIDIA GPU computational structures (3) NVIDA GPU instruction set architecture (4) Conditional branching in GPU (5) NVIDIA GPU memory structures (6) Innovations in the Pascal GPU architecture (7) Similarities and differences between vector architectures and GPU (8) Similarities and differences between multimedia SIMD computers and GPU
4.5	检测和增强循环内并行度 Detecting and enhancing loop-level parallelism	2	(1) 查找相关性、消除相关性计算 (1) Finding dependences, eliminating dependent computations
4.6	交叉影响 Cross-cutting issues		(1) 能耗与DLP (2) 慢而宽与快而窄、分组存储器和图形存储器、步幅访问和TLB缺失 (1) Energy and DLP (2) Slow and wide versus fast and narrow, banked memory and graphics memory, strided accesses and TLB misses
4.7	嵌入式和服务器GPU Putting it All together: embedded versus server GPU and tesla versus Core i7		(1) 移动与服务器GPU、Tesla与Intel Core i7 (1) Embedded versus Server GPU and Tesla Versus Intel Core i7
4.8	小结与展望 Concluding remarks		小结与展望 Summary

第五章　线程级并行(Thread-Level Parallelism)

章节序号 Chapter Number	章节名称 Chapters	课时 Class Hour	知识点 Key Points
5.1	线程级并行简介 Introduction of thread-level parallelism	2	(1) 多处理器体系结构、并行处理的挑战 (1) Multiprocessor architecture: issues and approach, challenges of parallel processing
5.2	集中式共享存储器体系结构 Centralized shared-memory architectures		(1) 多处理器缓存一致性 (2) 一致性的基本实现方案 (3) 监听一致性协议 (4) 基本一致性协议的扩展 (5) 对称共享存储器多处理器与监听协议的局限性 (6) 多处理器和监听协议 (7) 监听缓存一致性的实施 (1) Multiprocessor cache coherence (2) Basic schemes for enforcing coherence (3) Snooping coherence protocols (4) Extensions to the basic coherence protocol (5) Limitations in symmetric shared-memory (6) Multiprocessors and snooping protocols (7) Implementing snooping cache coherence
5.3	对称共享存储器多处理器的性能 Performance of symmetric shared-memory multiprocessors	2	(1) 工作负载的性能测量 (2) 多重编程和操作系统工作负载 (3) 多重编程和操作系统工作负载的性能 (1) A multiprogramming (2) OS workload (3) Performance of the multiprogramming and OS workload
5.4	分布式共享存储器和目录式一致性 Distributed shared-memory and directory-based coherence		(1) 目录式缓存一致性协议：基础知识和举例 (1) Directory-based cache coherence protocols: the basics

续表

章节序号 Chapter Number	章节名称 Chapters	课时 Class Hour	知识点 Key Points
5.5	同步 Synchronization	2	(1) 基本硬件原语、使用一致性实现锁 (1) Basic hardware primitives, implementing locks using coherence
5.6	存储器一致性简介 Models of memory consistency		(1) 程序员的观点、宽松连贯性模型 (1) The programmer's view, relaxed consistency models: the basics and release consistency
5.7	交叉问题 Cross-cutting issues	2	(1) 编译器优化与连贯性模型 (2) 利用推测来隐藏严格连贯性模型中的延迟 (3) 多重处理和多线程的性能增益 (1) Compiler optimization and the consistency model (2) Using speculation to hide latency in strict consistency models (3) Performance gains from multiprocessing and multithreading
5.8	多核处理器及其性能 Multicore processors and their performance		(1) 多核处理器及其性能 (1) Performance of multicore-based Multiprocessors on a multiprogrammed workload
5.9	小结与展望 Concluding remarks		小结与展望 Summary

第六章　仓库级计算机(Warehouse-Scale Computers, WSC)

章节序号 Chapter Number	章节名称 Chapters	课时 Class Hour	知识点 Key Points
6.1	仓库级计算机的编程模型与工作负载 Programming models and workloads for warehouse-scale computers	2	(1) 仓库级计算机的编程模型与工作负载 (1) Programming models and workloads for warehouse-scale computers

续表

章节序号 Chapter Number	章节名称 Chapters	课时 Class Hour	知识点 Key Points
6.2	仓库级计算机的计算机体系结构 Computer architecture of warehouse-Scale computers	2	(1) 存储、阵列交换机、存储器层次结构 (1) Storage, WSC memory hierarchy
6.3	仓库级计算机的物理基础设施与成本 The efficiency and cost of warehouse-scale computers		(1) 仓库级计算机的物理基础设施与成本 (1) Cost of a WSC
6.4	云计算公用计算 Cloud computing: the return of utility computing		(1) 云计算公用计算 (1) Cloud computing: the return of utility computing
6.5	交叉问题 Cross-cutting issues		(1) WSC 网络的瓶颈 (1) Preventing the WSC network from being a bottleneck
6.6	Google 仓库级计算机 A Google warehouse-scale computer		(1) Google 仓库级计算机的功耗分布、冷却与供电、服务器、联网、监控与修复 (1) Power distribution, cooling, racks, networking, servers in a Google WSC
6.7	小结与展望 Concluding remarks		小结与展望 Summary

第七章　面向领域应用的计算机体系结构(Domain-Specific Architectures)

章节序号 Chapter Number	章节名称 Chapters	课时 Class Hour	知识点 Key Points
7.1	简介 Introduction of domain-specific architectures	2	(1) 面向领域应用的计算机简介 (1) Introduction of domain-specific architectures

续表

章节序号 Chapter Number	章节名称 Chapters	课时 Class Hour	知识点 Key Points
7.2	深度神经网络 计算介绍 Deep neural networks	2	(1) DNN神经元 (2) 训练与推理 (3) 多层感知器 (4) 卷积神经网络 (5) 递归神经网络 (6) 批量,量化 (1) The neurons of DNNs (2) Training versus inference (3) Multilayer perceptron (4) Convolutional neural network (5) Recurrent neural network (6) Batches,quantization
7.3	Google TPU	2	(1) TPU体系结构、指令集、微体系机构、实现、软件和改进方法 (1) TPU architecture, TPU instruction set architecture, TPU microarchitecture, TPU implementation, TPU software, improving the TPU
7.4	微软 Catapult		(1) 微软 Catapult,灵活的数据中心加速,结构、软件、卷积神经网络运行、搜索加速 (1) Microsoft Catapult, a flexible data center accelerator, catapult implementation and architecture, catapult software, CNNs on catapult,search acceleration on catapult
7.5	Intel Crest		(1) 用于加速训练的 Intel Crest 数据中心加速器 (1) Intel Crest, a data center accelerator for training

续表

章节序号 Chapter Number	章节名称 Chapters	课时 Class Hour	知识点 Key Points
7.6	个人移动计算图像处理 A personal mobile device image processing unit	2	(1) 个人移动计算图像处理器和指令集 (1) Personal mobile device image processing unit, pixel visual core instruction set architecture
7.7	GPU、CPU、DNN 加速器比较 CPUs versus GPUs versus DNN accelerators		(1) GPU、CPU、DNN 加速器比较：性能、执行时间、吞吐量、能效比等 (1) CPU versus GPU versus DNN accelerators: performance, execution time, throughput, and performance/watt
7.8	小结和展望 Concluding remarks		小结和展望 Summary

大纲指导者：郑南宁教授(西安交通大学人工智能学院)

大纲制定者：任鹏举副教授(西安交通大学人工智能学院)、孙宏滨教授(西安交通大学人工智能学院)、刘龙军副教授(西安交通大学人工智能学院)

大纲审定：西安交通大学人工智能学院本科专业知识体系建设与课程设置工作组

5.4 "理论计算机科学的重要思想"课程大纲

课程名称：理论计算机科学的重要思想

Course: Great Ideas in Theoretical Computer Science

先修课程：无

Prerequisites: None

学分：1

Credits: 1

5.4.1 课程目的和基本内容(Course Objectives and Basic Content)

本课程是人工智能学院本科生必修课。

This course is a compulsory course for undergraduates in College of Artificial Intelligence.

课程以理论计算机科学的核心思想为主线，对确定型算法、随机化算法、可计算性理论、密码学、博弈论、数论、数值线性代数等展开讨论，着重介绍其中使用的严格的数学论证方法。除绪论之外，第一章到第七章在以上每个领域分别选择一个具体课题进行讨论，包括图灵机停机问题、卡拉楚巴算法、拉斯维加斯算法与蒙特卡洛算法、零知识证明、纳什均衡、连分数与无理数的逼近、条件数与病态矩阵等等。

本课程通过对基本理论和解题方法的学习，帮助学生建立关于理论计算机科学的初步印象。课程采用师生互动的课堂讲授模式，鼓励学生积极参与到论证和推导之中，予以学生充分的问题解决(problem solving)训练，力求在课程完成后学生能够初步掌握理论计算机科学的思维模式和工作方法。通过解题训练，进一步加强学生的问题求解能力、综合理解能力和书面表达能力，培养严谨科学的作风，为今后从学习走向研究打下扎实的基础。

随着人类进入信息时代，理论计算机科学不仅继续在信息技术领域做出重要贡献，而且将其影响扩展到社会的方方面面。因此，学习好理论计算机科学的重要思想和解题方法对于下一代科学技术人才有着极其深远的意义。在学习完本课程之后，每当面临新的技术挑战时，学生应当知晓理论计算机科学可以提供给自己的强有力的工具和方法。通过运用这些工具和方法，并将其与实践结合，将有望取得更大、更多的创新成果。

This course focuses on the key idea of theoretical computer science and covers topics like deterministic algorithms, randomized algorithms, computability theory, cryptography, game theory, discrete mathematics, and numerical linear algebra, especially introducing the rigorous mathematical proofs. Chapters 1 to 7 discuss one specific problem from one of the above topics, respectively, including Halting Problem of Turing Machines, Karatsuba Algorithm, Las Vegas Algorithm and Monte Carlo Algorithm, Zero-Knowledge Proofs, Nash Equilibrium, Continued Fractions and Approximation of Irrationals, Condition Numbers of Matrices and Ill-Conditioned Matrices, etc.

This course helps students have a preliminary understanding of theoretical computer science through the study of basic theories and problem-solving methods. The course adopts an interactive teaching strategy, encourages students to actively participate in demonstrating and deducing problems, and gives students sufficient training on solving problem, and strives to master the basic idea and method of theoretical computer science after the course is completed. Through problem-solving training, students' problem solving ability, comprehensive understanding ability and writing skills will be further strengthened, and a rigorous and scientific style will be cultivated, laying a solid foundation from learning to research in the future.

As humans enter the information age, theoretical computer science not only continues to make important contributions in the field of information technology, but also extends its influence to all aspects of society. Therefore, learning the important ideas and solving methods of theoretical computer science has far-reaching significance for the next generation of scientific and technological talents. After completing this course, students should be aware of the powerful tools and methods that theoretical computer science can provide to them whenever they face new technical challenges. By applying these tools and methods, and combining them with practice, it is expected to achieve greater and more innovative results.

5.4.2 课程基本情况(Course Arrangements)

<table>
<tr><td>课程名称</td><td colspan="9">理论计算机科学的重要思想
Great Ideas in Theoretical Computer Science</td></tr>
<tr><td rowspan="2">开课时间</td><td colspan="2">一年级</td><td colspan="2">二年级</td><td colspan="2">三年级</td><td colspan="2">四年级</td><td rowspan="6">
<table>
<tr><td colspan="2">计算机科学与技术</td></tr>
<tr><td rowspan="4">必修
(学分)</td><td>计算机程序设计(2)</td></tr>
<tr><td>数据结构与算法(3)</td></tr>
<tr><td>计算机体系结构(3)</td></tr>
<tr><td>理论计算机科学的重要思想(1)</td></tr>
<tr><td rowspan="2">选修
(学分)
2选1</td><td>3D计算机图形学(2)</td></tr>
<tr><td>智能感知与移动计算(2)</td></tr>
</table>
</td></tr>
<tr><td>秋</td><td>春</td><td>秋春</td><td>小学期</td><td>秋</td><td>春</td><td>秋</td><td>春</td></tr>
<tr><td>课程定位</td><td colspan="8">本科生计算机科学与技术课程群必修课</td></tr>
<tr><td>学　　分</td><td colspan="8">1学分</td></tr>
<tr><td>总学时</td><td colspan="8">16学时
(授课16学时、实验0学时)</td></tr>
<tr><td>授课学时分配</td><td colspan="8">课堂讲授(14.5学时),
数学摸底测验(1.5学时)</td></tr>
<tr><td>先修课程</td><td colspan="9">无</td></tr>
<tr><td>后续课程</td><td colspan="9"></td></tr>
<tr><td>教学方式</td><td colspan="9">课堂讲授、习题演练、小组讨论、综述报告</td></tr>
<tr><td>考核方式</td><td colspan="9">平时成绩(含考勤)占50%,开卷期末考试占50%</td></tr>
<tr><td>参考教材</td><td colspan="9">自编讲义</td></tr>
<tr><td>参考资料</td><td colspan="9">1. MIT Open Courseware 6.080/6.089
2. CMU Course 15-251</td></tr>
<tr><td>其他信息</td><td colspan="9"></td></tr>
</table>

5.4.3　教学目的和基本要求(Teaching Objectives and Basic Requirements)

(1) 理解图灵机的定义、图灵机停机问题的不可判定性及其证明;

(2) 理解高精度乘法的算法挑战性,掌握卡拉楚巴算法;

(3) 掌握拉斯维加斯算法和蒙特卡洛算法的定义,理解二者之间的联系和区别;

(4) 理解各种零知识证明的定义,初步学会设计零知识证明;

(5) 理解纳什均衡的定义、理解纳什定理,了解角谷不动点定理与纳什定理之间的关联;

(6) 掌握代数数、超越数等概念,了解无理数的逼近问题及其重要性;

(7) 理解条件数与相对误差之间的关系,学会使用条件数来推算相对误差。

5.4.4　课程大纲和知识点(Syllabus and Key Points)

绪论　(Introduction)

章节序号 Chapter Number	章节名称 Chapters	课时 Class Hour	知识点 Key Points
0.1	数学摸底考试 Mathematical examination	2	(1) 1.5小时测验 (2) 对测验题进行简单讲解 (1) A preliminary mathematical screening of 1.5 hour (2) A brief presentation of solutions

第一章　可计算性理论选讲—图灵机停机问题(Lectures on Computational theory: Halting Problem of Turing Machines)

章节序号 Chapter Number	章节名称 Chapters	课时 Class Hour	知识点 Key Points
1.1	图灵机 Turing machine	2	(1) 图灵机的定义 (2) 通用图灵机定理 (3) 关于磁带数量的注记 (1) Definition of Turing machine (2) Universal Turing machine theorem (3) Notes on the number of tapes

续表

章节序号 Chapter Number	章节名称 Chapters	课时 Class Hour	知识点 Key Points
1.2	递归可枚举语言与递归语言 Recursive enumerable language and recursive language	2	(1) 递归可枚举语言的定义 (2) 递归语言的定义 (3) 递归可枚举语言与停机的关系 (4) 递归可枚举语言与递归语言的关系 (1) Definition of recursive enumerable language (2) Definition of recursive language (3) Relationship between recursive enumerable language and halting problem (4) Relationship between recursive enumerable language and recursive language
1.3	图灵机停机问题 Halting problem of Turing machines		(1) 图灵机停机问题 (2) 该问题不可判定性的证明 (3) 赖斯定理 (1) Halting problem of Turing machines (2) Undecidability of the halting problem (3) Rice theorem
1.4	图灵机停机问题不可判定性的现实价值 The practical value of the undecidability of the Turing machine shutdown problem		(1) 图灵机停机问题不可判定性在现实中的含义与价值 (1) Practical implications of the undecidability of halting problem

第二章　确定型算法选讲—卡拉楚巴算法(Lectures on Deterministic Algorithm: Karatsuba Algorithm)

章节序号 Chapter Number	章节名称 Chapters	课时 Class Hour	知识点 Key Points
2.1	高精度乘法 High precision multiplication	2	(1) 高精度乘法及其算法挑战性 (2) 幼稚算法及其分析 (1) High precision multiplication and its algorithmic challenge (2) A naïve algorithm with analysis

续表

章节序号 Chapter Number	章节名称 Chapters	课时 Class Hour	知识点 Key Points
2.2	卡拉楚巴算法 Karatsuba algorithm	2	(1) 卡拉楚巴算法的基本思想 (2) 算法步骤 (3) 应用 Master 定理的效率分析 (1) The main idea behind Karatsuba algorithm, (2) Algorithm specification (3) Efficiency analysis through Master theorem
2.3	不对称型类卡拉楚巴公式 Asymmetric Karatsuba formula		(1) 若干不对称型的类卡拉楚巴公式 (1) Some asymmetric Karatsuba-like formulae

第三章　随机化算法选讲—拉斯维加斯算法与蒙特卡洛算法(Lectures on Randomization Algorithm: Las Vegas Algorithm and Monte Carlo Algorithm)

章节序号 Chapter Number	章节名称 Chapters	课时 Class Hour	知识点 Key Points
3.1	随机快排算法 Random quick sort	2	(1) 排序问题 (2) 确定型排序算法及其复杂度 (3) 随机快排算法的基本思想 (4) 随机快排算法的步骤以及效率分析 (1) Sorting problem (2) Deterministic algorithms for sorting and their complexities (3) Basic ideas behind random quick sort (4) Algorithm specification and efficiency analysis

续表

章节序号 Chapter Number	章节名称 Chapters	课时 Class Hour	知识点 Key Points
3.2	随机最小割算法 Randomized min cut algorithm	2	(1) 最小割问题 (2) 确定型最小割算法及其复杂度 (3) 随机最小割算法的基本思想 (4) 随机最小割算法的步骤以及效率分析 (1) Min cut problem (2) Deterministic algorithms for min cut (3) Basic ideas behind randomized min cut algorithm (4) Algorithm specification and efficiency analysis
3.3	拉斯维加斯算法与蒙特卡洛算法 Las Vegas algorithm and Monte Carlo algorithm		(1) 拉斯维加斯算法的定义 (2) 蒙特卡洛算法的定义 (3) 拉斯维加斯算法与蒙特卡洛算法的联系和区别 (4) 蒙特卡洛算法的分类 (1) Definition of Las Vegas algorithm (2) Definition of Monte Carlo algorithm (3) Connections and differences between Las Vegas algorithms and Monte Carlo algorithms (4) Classification of Monte Carlo algorithms

第四章 密码学选讲—零知识的知识证明(Lectures on Crytograhpy: Zero-Knowledge Proof of Knowledge)

章节序号 Chapter Number	章节名称 Chapters	课时 Class Hour	知识点 Key Points
4.1	交互式证明 Interactive proof	2	(1) 交互式证明的定义、完备性、合理性 (1) Definition of interactive proof system, completeness, soundness

续表

章节序号 Chapter Number	章节名称 Chapters	课时 Class Hour	知识点 Key Points
4.2	零知识证明 Zero-knowledge proof	2	(1) 完美零知识证明 (2) 统计零知识证明 (3) 计算零知识证明 (4) 零知识证明实例 (1) Perfect zero-knowledge proof (2) Statistic zero-knowledge proof (3) Computational zero-knowledge proof (4) Example of zero-knowledge proofs
4.3	零知识的知识证明 Zero-knowledge proof of knowledge		(1) 知识证明(知识抽取器) (2) 零知识的知识证明 (3) 零知识与知识证明的悖论 (1) Proof of knowledge (knowledge extractor) (2) Zero-knowledge proof of knowledge (3) Paradox of zero knowledge and proof of knowledge

第五章　博弈论选讲—纳什均衡(Lectures on Game Theory: Nash Equilibrium)

章节序号 Chapter Number	章节名称 Chapters	课时 Class Hour	知识点 Key Points
5.1	策略博弈 Strategic game	2	(1) 策略博弈的定义与实例 (2) 纯策略与混合策略 (1) Definition and examples of strategic game (2) Pure strategy and mixed strategy
5.2	纳什均衡与纳什定理 Nash equilibrium and Nash theorem		(1) 纳什均衡与最优反馈函数 (2) 角谷不动点定理 (3) 纳什定理及其证明 (1) Nash equilibrium and best response function (2) Kakutani fixed point theorem (3) Nash theorem and its proof

续表

章节序号 Chapter Number	章节名称 Chapters	课时 Class Hour	知识点 Key Points
5.3	纳什均衡与其他解概念之间的关系 Relationship between Nash equilibrium and other equilibrium	2	(1) 纳什均衡与优势策略均衡 (2) 可理性化动作 (3) 帕累托最优之间的关系 (1) Relationship between Nash equilibrium and dominant strategy equilibrium (2) Rationalizable actions (3) Pareto optimality

第六章　数论选讲—连分数与无理数的逼近(Lectures on Number Theory: Continued Fraction and Theory of Approximation of Irrationals by Rationals)

章节序号 Chapter Number	章节名称 Chapters	课时 Class Hour	知识点 Key Points
6.1	有限连分数 Finite continued fraction	2	(1) 有限连分数、收敛子、正商连分数、简单连分数、有理数的连分数表示 (1) Finite continued fraction, convergent, positive-quotient continued fraction, simple continued fraction, representing rationals by continued fractions
6.2	无限连分数 Infinite continued fraction		(1) 无限简单连分数 (2) 无理数的连分数表示 (3) 基于收敛子的近似表示 (1) Infinite simple fraction (2) Representing irrationals by continued fractions (3) Approximation by convergent

续表

章节序号 Chapter Number	章节名称 Chapters	课时 Class Hour	知识点 Key Points
6.3	无理数的逼近理论 Theory of approximation of irrationals by rationals		(1) 无理数的逼近问题 (2) 狄利克雷定理 (3) 代数数与超越数 (4) 刘维尔定理 (1) Problem of approximation of irrationals by rationals (2) Dirichlet argument (3) Algebraic number and transcendental number (4) Liouville theorem

第七章　数值线性代数选讲—条件数和病态矩阵(Lectures on Numerical Linear Algebra: Condition Number and Ill-Conditioned Matrix)

章节序号 Chapter Number	章节名称 Chapters	课时 Class Hour	知识点 Key Points
7.1	条件数 Condition number	2	(1) 矩阵条件数的定义 (2) 条件数与相对误差的关系 (1) Definition of condition number (2) Relationship between the condition number of a matrix and the relative error of the solution
7.2	奇异值分解与条件数 Singular value of matrix and condition number		(1) 矩阵的奇异值 (2) 奇异值分解 (3) 欧几里得范数与奇异值之间的关系 (4) 条件数与奇异值之间的关系 (5) 利用奇异值分解求解条件数 (1) Singular value of matrix (2) Singular value decomposition (3) Relationship between the Euclidean norm and the singular values (4) Relationship between the condition number of the singular values (5) Computing the condition number through singular value decomposition

续表

章节序号 Chapter Number	章节名称 Chapters	课时 Class Hour	知识点 Key Points
7.3	条件数的性质与病态矩阵 Properties of condition number and ill-conditioned matrix		(1) 条件数的性质 (2) 利用条件数推算相对误差 (3) 病态矩阵 (1) Properties of condition number (2) Computing relative error from condition number (3) Ill-conditioned matrix

大纲制定者：仲盛教授(南京大学计算机科学与技术系)

大纲审定：西安交通大学人工智能学院本科专业知识体系建设与课程设置工作组

5.5 "3D 计算机图形学"教学大纲

课程名称：3D 计算机图形学

Course：3D Computer Graphics

先修课程：线性代数与解析几何、计算机程序设计、数据结构与算法

Prerequisites：Linear Algebra and Analytic Geometry, Computer Programming, Data Structure and Algorithm

学分：2

Credits：2

5.5.1 课程目的和基本内容(Course Objectives and Basic Content)

本课程是人工智能学院本科生选修课。

This course is an elective course for undergraduates in College of Artificial Intelligence.

图形是由包含几何和属性信息的点、线、面等基本图元构成的可视对象，计算机图形学是研究用计算机表示、生成、处理和显示图形的原理、算法、方法和技术的一门学科。3D 计算机图形学的目的就是从物体的 3D 几何模型产生物体或场景的真实感图形图像。

本课程主要讲述 3D 计算机图形处理的核心概念：3D 物体的表示、建模与绘制。物体绘制重点讨论多边形网格渲染流水线、局部光照模型、多边形表面光强计算，以及

光栅化计算的数学原理及其算法，真实感图像绘制主要介绍表面纹理映射、阴影生成和全局光照模型。

本课程目的是使学生掌握3D计算机图形学的基本方法，了解多边形网格绘制的核心技术。课程要求学生阅读一定的文献资料、完成指定课程实验，培养学生的思考、综合和解决问题能力，奠定计算机图形学领域的基础知识和基本技术能力。

A graphic is a visual object made up of basic primitives such as points, lines, and surfaces that contain geometry and attribute information. Computer graphics is a discipline that studies the principles, methods and techniques for representing, generating, and displaying graphical image with the aid of computers. The purpose of 3D computer graphics is to generate realistic graphical images of objects or scenes from 3D geometric models.

This course focuses on the core concepts of computer graphics processing: representation, modeling and rendering of 3D objects. The rendering of the object mainly introduces polygon mesh rendering pipeline, local illumination model, polygonal face luminance calculation, and mathematical principle and algorithm description of rasterization calculation. Realistic image rendering includes surface texture mapping, shadow generation, and global illumination models.

The purpose of this course is to develop students' ability to think, integrate and solve problems. They need to read certain literature materials and complete specified course experiments, to strengthen students' ability to analyze and solve problem, and develop technical skills in the field of computer graphics.

5.5.2　课程基本情况(Course Arrangements)

<table>
<tr><td>课程名称</td><td colspan="9">3D计算机图形学
3D Computer Graphics</td></tr>
<tr><td rowspan="2">开课时间</td><td colspan="2">一年级</td><td colspan="2">二年级</td><td colspan="2">三年级</td><td colspan="2">四年级</td><td rowspan="6">
<table>
<tr><td colspan="2">计算机科学与技术</td></tr>
<tr><td rowspan="4">必修
(学分)</td><td>计算机程序设计(2)</td></tr>
<tr><td>数据结构与算法(3)</td></tr>
<tr><td>计算机体系结构(3)</td></tr>
<tr><td>理论计算机科学的重要思想(1)</td></tr>
<tr><td rowspan="2">选修
(学分)
2选1</td><td>3D计算机图形学(2)</td></tr>
<tr><td>智能感知与移动计算(2)</td></tr>
</table>
</td></tr>
<tr><td>秋</td><td>春</td><td>秋</td><td>春</td><td>秋</td><td>春上</td><td>秋</td><td>春</td></tr>
<tr><td>课程定位</td><td colspan="8">本科生计算机科学与技术课程群选修课</td></tr>
<tr><td>学　　分</td><td colspan="8">2学分</td></tr>
<tr><td>总学时</td><td colspan="8">38学时
(授课32学时、实验6学时)</td></tr>
<tr><td>授课学时分配</td><td colspan="8">课堂讲授(30学时),
综述报告(2学时)</td></tr>
<tr><td>先修课程</td><td colspan="9">线性代数与解析几何、计算机程序设计、数据结构与算法</td></tr>
</table>

续表

后续课程	虚拟现实与增强现实
教学方式	课堂教学、大作业、实验综述报告
考核方式	笔试成绩占60%，大作业成绩占20%，实验综述报告占20%
参考教材	何援军. 计算机图形学. 第三版. 北京：机械工业出版社，2016
参考资料	Hughes，John F，et al. Computer Graphics：Principles and Practice. New York：Pearson Education，2014
其他信息	

5.5.3 教学目的和基本要求(Teaching Objectives and Basic Requirements)

(1) 理解3D计算机图形学的基本概念与理论，了解其应用技术；
(2) 掌握3D物体的表示与建模方法；
(3) 掌握3D物体与场景的多边形渲染流水线方法；
(4) 熟悉局部光照模型与明暗处理技术；
(5) 熟悉光栅化计算的基本方法；
(6) 掌握3D物体的真实感绘制方法与技术；
(7) 熟悉表面纹理映射技术；
(8) 熟悉全局光照模型的基本方法；
(9) 熟悉使用OpenGL和其他图形引擎实现物体建模与绘制方法。

5.5.4 课程大纲和知识点(Syllabus and Key Points)

第一章　概述(Introduction)

章节序号 Chapter Number	章节名称 Chapters	课时 Class Hour	知识点 Key Points
1.1	绪论 Introduction	1	无 None
1.2	经典计算机图形学的基本内容 Basic contents	1	无 None
1.3	计算机图形学的历史与发展 History and progress	1	无 None

第二章 3D 物体表示与几何建模(Representation and Modeling for 3D Objects)

章节序号 Chapter Number	章节名称 Chapters	课时 Class Hour	知识点 Key Points
2.1	多边形网格表示 Polygon meshes	0.5	(1) 几何拓扑、属性、网格一致性约束、存储结构、网格细分、精度可伸缩 (1) Geometric topology, attributions, consistency of polygon-mesh, storage structure, mesh refinement, precision adaptable
2.2	双三次参数曲面片表示 Parametric bicubic surfaces	1	(1) 三次参数曲线、曲边四边形、曲面片表示 (1) Parametric cubic curves, curved quadrilateral, surface patch representation
2.3	构造实体几何表示 Constructive solid geometry	0.5	(1) 实体表示、布尔集合运算、交互式实体建模 (1) Representing solids, boolean set operations, interactive solid modeling
2.4	空间细分表示 Spatial-partitioning representation	1	(1) 体素、八叉树、二元空间划分树 (1) Voxels, octree, binary space-partitioning tree

第三章 3D 曲线与曲面表示(Representing Curves and Surfaces)

章节序号 Chapter Number	章节名称 Chapters	课时 Class Hour	知识点 Key Points
3.1	曲线与曲面的参数表示 Parametric representing curves and surfaces	1.5	(1) 曲线参数表示、样条、分段样条、控制点、参数连续性、几何连续性、凸壳、特征矩阵、基函数 (1) Parametric representation for curves, splines, piecewise spline, control point, parametric continuity, geometric continuity, convex hull, characteristic matrix, basis functions
3.2	典型三次插值样条曲线 Representative cubic interpolation curves	1.5	(1) 自然三次样条曲线、埃尔米特样条曲线、卡迪纳尔样条曲线 (1) Natural cubic curve, Hermite curve, Cardinal curve

续表

章节序号 Chapter Number	章节名称 Chapters	课时 Class Hour	知识点 Key Points
3.3	典型三次逼近样条曲线 Representative cubic approximation curves	1.5	(1) 贝塞尔曲线、B样条曲线、均匀非有理B样条曲线 (1) Bezier curve, B-Spline, uniform nonrational B-Spline
3.4	双三次参数曲面 Parametric bicubic surfaces	1.5	(1) 埃尔米特曲面、贝塞尔曲面、B样条曲面 (1) Hermite surface, Bezier surface, B-Spline surface

第四章　光栅图形学(Advanced Raster Graphics Algorithms)

章节序号 Chapter Number	章节名称 Chapters	课时 Class Hour	知识点 Key Points
4.1	直线段的扫描转换算法 Scan converting line algorithms	2	(1) 直线DDA算法、中点线算法、布兰森汉姆算法 (1) Digital differential analyzer algorithm, midpoint line algorithm, Bresenham algorithm
4.2	圆弧的扫描转换算法 Scan converting circular arc algorithms	1	(1) 中点画圆法 (1) Midpoint circle algorithm
4.3	多边形的扫描转换与区域填充 Polygon scan-conversion and filling	2	(1) 扫描线算法、区域填充算法、边界标记算法 (1) Scan-line algorithm, filling algorithm, boundary marking algorithm
4.4	字符 Characters	1	(1) 点阵字符、矢量字符 (1) Dot-matrix character, vector character
4.5	走样与反走样 Aliasing and antialiasing	2	(1) 光栅图形的反走样 (1) Raster graphics antialiasing

第五章 3D 网格模型表示的物体绘制(Polygon Mesh Modeling and Rendering for 3D Objects)

章节序号 Chapter Number	章节名称 Chapters	课时 Class Hour	知识点 Key Points
5.1	多边形网格渲染流水线 Polygon mesh rendering pipeline	1	(1) 3D 几何模型、模型坐标、世界坐标、观察坐标、投影坐标、设备坐标、坐标空间转换 (1) 3D geometric model, 3D Model coordinates, 3D world coordinates, view reference coordinates, normalized projection coordinates, 2D device coordinates, object space transformation
5.2	可见面判定 Visible-surface determination	1	(1) Z 缓存算法、光线跟踪算法、深度排序算法 (1) The Z-buffer algorithm, visible-surface ray tracing, depth-sort algorithm
5.3	裁剪 Clipping	1	(1) 编码算法、中点分割算法、梁友栋-巴斯基算法,多边形裁剪 (1) Coding algorithm, median-cut algorithm, Liang-Barsky algorithm, polygon clipping
5.4	局部光照模型 Local illumination model	1	(1) 环境光、漫反射、镜面反射、像素光强计算、冯氏光照模型 (1) Ambient light, diffuse reflection, specular reflection, pixel-level luminance, Phong illumination model
5.5	多边形明暗处理 Shading model for polygons	1	(1) 多边形表面光强、插值明暗处理、高洛德明暗处理算法、冯氏明暗处理算法 (1) Polygon surface luminance, interpolated shading, Gouraud shading algorithm, Phong shading algorithm

第六章　物体的真实感绘制（Texture Mapping and Global Illumination Algorithms）

章节序号 Chapter Number	章节名称 Chapters	课时 Class Hour	知识点 Key Points
6.1	表面纹理映射技术 Surface texture mapping	2	(1) 模型空间、屏幕空间、纹理空间、双线性插值反向映射算法、中间表面反向映射算法、凹凸映射技术 (1) Object space, screen space, texture space, reverse mapping, bilinear interpolation, intermediate surface, bump mapping
6.2	几何阴影生成 Generation of geometry shadow	1	(1) 阴影空间、阴影映射、软阴影、阴影生成算法 (1) Shadow space, shadow mapping, soft shadow, shadow algorithm
6.3	全局光照模型 Global illumination model	2	(1) 完全镜面交互、递归光线跟踪算法、完全漫反射交互、辐射度算法 (1) Global specular interaction, recursive ray tracing method, global diffuse reflection interaction, radiosity method

5.5.5　实验环节(Experiments)

序号 Num.	实验内容 Experiment Content	课时 Class Hour	知识点 Key Points
1	3D多边形网格模型观察器实现 Viewer for 3D polygon meshes model	2	(1) 3D多边形网格的空间变换 (2) 3D多边形网格的表面细分 (3) 层次细节显示 (1) Space transformation of 3D polygon mesh (2) 3D surface tessellation (3) Level of details, LOD

续表

序号 Num.	实验内容 Experiment Content	课时 Class Hour	知识点 Key Points
2	独孤印建模、真实感绘制 Modeling and photorealistic rendering for Dugu-yin object	2	(1) 基于图像绘制与建模 (2) 局部光照模型 (3) 多边形明暗处理 (1) Image based rendering and modeling (2) Local illumination model (3) Shading model for polygons
3	多 3D 物体可替换的太阳系星球运动仿真 Solar system planetary motion simulation using replaceable 3D objects	2	(1) 真实感表面纹理映射技术 (2) 多边形网格空间变换与渲染流水线 (1) Realistic surface texture mapping (2) Space transformation and rendering pipeline of polygon mesh

大纲指导者：刘跃虎教授（西安交通大学人工智能学院）

大纲制定者：刘跃虎教授（西安交通大学人工智能学院）、王乐副教授（西安交通大学人工智能学院）、张驰助理研究员（西安交通大学认知科学与工程国际研究中心）

大纲审定：西安交通大学人工智能学院本科专业知识体系建设与课程设置工作组

5.6 “智能感知与移动计算”课程大纲

课程名称：智能感知与移动计算

Course：Smart Sensing and Mobile Computing

先修课程：概率统计与随机过程、人工智能的现代方法、数字信号处理、自然语言处理、计算机视觉与模式识别

Prerequisites：Probability Theory and Stochastic Process，Modern Approaches of Artificial Intelligence，Digital Signal Processing，Natural Language Processing，Computer Vision and Pattern Recognition

学分：2

Credits：2

5.6.1 课程目的和基本内容(Course Objectives and Basic Content)

本课程是人工智能学院本科生选修课,课程由两个主题(Topic)组成,包括主题1:多维信息采集与处理(Multi-dimensional Information Collection and Processing)和主题2:移动计算与移动智能(Mobile Computing and Mobile Intelligence)。

This course is an elective course for undergraduates in College of Artificial Intelligence. It consists of two topics: 1. Multi-dimensional Information Collection and Processing, 2. Mobile Computing and Mobile Intelligence.

主题1旨在阐述感知数据的获取是连接物理世界和数字世界的桥梁,是人工智能系统的基础和重要组成部分。在信息种类错综复杂和数量爆发式增长的趋势下,智能感知和泛在互联技术已开始凸显其重要的战略性和基础性,感知技术在智慧城市、智能家居、智慧工厂、智慧医疗等诸多领域中发挥着不可或缺的作用,也是推动智慧型产业结构升级的重要手段。本主题旨在研究多模态感知信息的获取和处理的关键技术,除了传统的视觉感知、听觉感知和触觉感知外,重点对新兴的非传感器感知和群智感知技术进行相应介绍。进一步探讨在感知目标特征微弱、感知对象非合作的情况下,如何通过弱信号特征提取和多维感知数据融合的方式,实现无所不在的智能感知计算。

Topic 1 aims to illustrate that the collection of perceptual data is the bridge between the physical world and the digital world, and is the foundation and important component of artificial intelligence systems. Under the trend of intricate information and explosive growth of information types, smart sensing and Ubiquitous Internet technologies have begun to highlight their important strategic and fundamental technologies. In the smart city, smart home, smart factory, smart medical and many other fields, it plays an indispensable role and is also an important means to promote the upgrading of smart industrial structure. This topic aims to study the key technologies of multi-modal sensing information collection and processing. In addition to traditional visual perception, auditory perception and tactile perception, the focus is on introducing emerging non-sensor sensing and group sensing technology. Furthermore, under the condition that the perceived target features are weak and the perceived objects are non-cooperative, how to achieve ubiquitous intelligent sensing computing through weak signal feature extraction and multi-dimensional sensing data fusion.

主题2旨在阐述感知、计算、传输三者之间的关系,探讨计算模式的发展趋势。随着移动设备计算能力的提升,计算任务逐步由服务器端向移动客户端迁移,这种计算前移的现象是人工智能发展的新趋势。移动计算技术使智能手机或其他信息智能终端设备在无线环境下实现数据传输及资源共享,极大地改变人们的生活方式和工作方式。移动计算和智慧智能是一个“硬件＋软件”的系统,通过在移动网络边缘提供IT服务环境和云计算能力,以减少网络操作和服务交付的时延。其技术特征主要包括“邻近性、低时延、高宽带和位置认知”,未来有广阔的应用前景,例如车联网(如无人驾驶)、AR、视频优化加速、监控视频分析等。

Topic 2 aims to explain the relationship between perception, computing, and transmission, as well as to explore the development trend of computing models. As the computing power of mobile devices increases, the computing tasks gradually migrate from the server to the mobile client. This phenomenon of computing advancement is a new trend in the development of artificial intelligence. Mobile computing technology enables smartphones or other information intelligent terminal devices to realize data transmission and resource sharing in a wireless environment, which greatly changes people's lifestyle and working methods. Mobile Computing and Smart Intelligence is a "hardware + software" system that reduces the latency of network operations and service delivery by providing IT service environments and cloud computing capabilities at the edge of the mobile network. Its technical features mainly include "proximity, low latency, high bandwidth and location awareness", and there are broad application prospects in the future, such as car networking (such as driverless), AR, video optimization acceleration, surveillance video analysis and so on.

5.6.2　课程基本情况(Course Arrangements)

<table>
<tr><td>课程名称</td><td colspan="8">智能感知与移动计算
Smart Sensing and Mobile Computing</td></tr>
<tr><td rowspan="2">开课时间</td><td colspan="2">一年级</td><td colspan="2">二年级</td><td colspan="2">三年级</td><td colspan="2">四年级</td></tr>
<tr><td>秋</td><td>春</td><td>秋</td><td>春</td><td>秋</td><td>春
下</td><td>秋</td><td>春</td></tr>
<tr><td>课程定位</td><td colspan="8">本科生计算机科学与技术课程群选修课</td></tr>
<tr><td>学　　分</td><td colspan="8">2学分</td></tr>
<tr><td>总 学 时</td><td colspan="8">32学时
(授课26学时、实验6学时)</td></tr>
<tr><td>授课学时
分配</td><td colspan="8">课堂讲授(20学时),
文献阅读与小组讨论(6学时)</td></tr>
</table>

<table>
<tr><td colspan="2">计算机科学与技术</td></tr>
<tr><td rowspan="4">必修
(学分)</td><td>计算机程序设计(2)</td></tr>
<tr><td>数据结构与算法(3)</td></tr>
<tr><td>计算机体系结构(3)</td></tr>
<tr><td>理论计算机科学的重要思想(1)</td></tr>
<tr><td rowspan="2">选修
(学分)
2选1</td><td>3D计算机图形学(2)</td></tr>
<tr><td>智能感知与移动计算(2)</td></tr>
</table>

续表

先修课程	概率统计与随机过程、人工智能的现代方法、自然语言处理、数字信号处理、计算机视觉与模式识别
后续课程	
教学方式	课堂讲授、文献阅读与小组讨论、课外实验、大作业
考核方式	课程结束笔试成绩占60%,大作业占10%,实验占30%
参考教材	1. Subhas Chandra Mukhopadhyay. 智能感知、无线传感器及测量. 梁伟,译. 北京:机械工业出版社,2016 2. Mung Chiang et al. 雾计算:技术、架构及应用. 闫实,等. 北京:机械工业出版社,2018
参考资料	1. Spencer Jr, B F Manuel E R, Narito Kurata. Smart Sensing Technology: Opportunities and Challenges. Structural Control and Health Monitoring,2010,11(4):349-368 2. Hongbo Jiang,et al. Smart Home based on WiFi Sensing: A Survey. IEEE Access,2018,5(2):523-532 3. Pedro M S,et al. PortoLivingLab: An IoT-Based Sensing Platform for Smart Cities. IEEE Internet of Things Journal,2018,5(2):523-532 4. Abbas,Nasir,et al. Mobile Edge Computing: A Survey. IEEE Internet of Things Journal,2017,pp(99):1-1 5. Min Chen,Yixue Hao. Task Offloading for Mobile Edge Computing in Software Defined Ultra-Dense Network. IEEE Journal on Selected Areas in Communications,2018 6. Xinchen Lyu,et al. Energy-Efficient Admission of Delay-Sensitive Tasks for Mobile Edge Computing. IEEE Transactions on Communications,2018,66(6):2603-2616
其他信息	

5.6.3 教学目的和基本要求(Teaching Objectives and Basic Requirements)

主题1 多维信息采集与处理(The Collection and Processing of Multi-dimensional Information)

(1) 理解感知的基本概念,掌握其属性与分类;

(2) 了解智能感知的基本方法、研究对象及其特征,理解信息与通信中的时间序列的基本分析方法;

(3) 了解智能感知对人工智能等学科发展的贡献;

(4) 掌握非传感器感知的基本原理、主要类型和相应的实现方法;

(5) 了解群智感知的核心思想和典型应用。

主题2　移动计算与移动智能(Mobile Computing and Mobile Intelligence)

(1) 理解移动计算的基本概念,了解感知、传输、计算三者间的关系;

(2) 了解移动计算中面临的安全和隐私的问题,以及相应的解决方案;

(3) 了解移动网络的基础理论和关键技术;

(4) 了解移动边缘计算的技术背景、优势和挑战;

(5) 了解感知与计算融合的智能系统发展趋势。

5.6.4　课程大纲和知识点(Syllabus and Key Points)

主题1　多维信息采集与处理(The Collection and Processing of Multi-dimensional Information)

章节序号 Chapter Number	章节名称 Chapters	课时 Class Hour	知识点 Key Points
1	智能感知的基本概念与分类 Basic concepts and classifications of smart sensing	0.5	(1) 人工智能与智能感知之间的关系 (2) 智能感知的概念与分类 (3) 智能感知的未来发展 人工智能研究包括三个层次:计算智能、感知智能和认知智能;感知智能即视觉、听觉、触觉等感知能力,可分为视觉感知、听觉感知、触觉感知、非传感器感知和多维感知融合与群智感知等;讨论智能感知的未来发展 (1) The relationship between artificial intelligence (AI) and smart sensing (2) The concepts and classifications of smart sensing (3) The perspective of smart sensing There are three stages of AI research: computational intelligence, smart sensing and cognitive intelligence; smart sensing includes perceptional abilities like visual abilities, auditory and haptic. Smart sensing could be divided into visual perception, auditory perception, tactile perception, non-sensor perception and multi-dimensional perceptual fusion and group intelligence perception, etc. Discussing the perspective of this field

续表

章节序号 Chapter Number	章节名称 Chapters	课时 Class Hour	知识点 Key Points
2	视觉感知 Visual perception	1	(1) 人类视觉的研究进展 (2) 传统视觉感知技术 (3) 基于深度学习的视觉感知技术 (4) 智能视觉感知技术的应用 了解人类视觉的认知过程；学习视觉感知相关学科如图像处理、模式识别、图像理解及计算机视觉的基本处理方法；学习基于深度学习的视觉感知技术，理解深度神经网络(DNN)、自编码器(Autoencoder)及卷积神经网络(CNN)的原理和实现过程。了解智能视觉感知技术在各个领域的应用，如安防、医疗诊断、自动驾驶等 (1) The advances on the study of human vision (2) The conventional technologies of visual perception (3) Deep-learning based visual perception technology (4) The application of intelligent visual perception technology Understand the process of human vision. Study some related courses like image processing, pattern recognition and computer vision. Study about deep-learning based computer vision technologies like DNN, auto-encoder and CNN. Learn about the applications of this technology, such as security protection, medical image processing and autonomous driving

续表

章节序号 Chapter Number	章节名称 Chapters	课时 Class Hour	知识点 Key Points
3	听觉感知 Auditory perception	1	(1) 听觉感知技术的理论基础 (2) 声音的来源、特征及听觉感知的实例 (3) 人体听觉的生理结构 (4) 声学信号处理技术 (5) 基于深度学习的听觉感知技术 (6) 听觉感知技术的应用场景 听觉感知经由空气或其他方式传输的可听频率波来解释到达耳朵的信息的能力。从生理学角度认识人脑听觉感知系统是如何处理声音信号的；理解声波波形及其数字离散化方式，了解频率分析和频谱的思想，掌握去噪、分离、特征提取的基本方法；基于听觉的应用场景，包括语音识别、声源定位、盲源分离、语音情感分析等 (1) The theoretical foundation for auditory perception (2) The origin of human-auditory and its feature, as well as some real-world examples (3) Physiological structure of human auditory (4) The signal processing technology of acoustic signals (5) Deep-learning based auditory perception technology (6) The real-world application of auditory perception Auditory perception is the ability to interpret information that reaches the ear by means of audible frequency waves transmitted by air or otherwise. Understand how the human brain auditory perception system handles sound signals from a physiological point of view. Understand the acoustic waveform and its digital discretization. Understand the idea of frequency analysis and spectrum. Understand the basic methods of denoising, separating and feature extraction; auditory-based application scenarios, including speech recognition, sound source location, blind sources separation, speech emotion analysis, etc

续表

章节序号 Chapter Number	章节名称 Chapters	课时 Class Hour	知识点 Key Points
4	触觉感知 Tactile perception	1	(1) 触觉感知技术的理论基础 (2) 触觉感知的分类及性质 (3) 如何在人工智能领域实现触觉感知? (4) 触觉感知数据的采集及处理 (5) 如何利用触觉感知数据进行建模? (6) 触觉感知技术典型应用及未来发展趋势 触觉感知的获取手段及技术主要通过接触、触碰、切向移动、按压、抓取、连续滑动等探索性的活动来感知并获取外界相关信息。例如,物质材料,触摸力度,环境温度等信息。它是智能感知技术中一种重要的实现方式。理解触觉感知的含义,掌握触觉感知技术的实现原理。了解智能触觉感知技术主要应用,如空气触觉系统、触觉笔系统、智能移动电话,智能机器人、可穿戴触觉系统等 (1) Fundamentals of the tactile perception (2) The classifications and properties of tactile perception (3) How to achieve tactile perception in AI? (4) The data-collection and data-processing of tactile perception data (5) How to establish a model via tactile perception data? (6) The applications and future trend of tactile perception Tactile perception means gathering information via touching, translation along local tangents, pressing, crawling and sliding. For example, the types of the materials, the strength of touching and environmental temperature. This is an important strategy of smart sensing. Understand the main applications of Intelligent tactile sensing technology, such as air tactile system, tactile pen system, smart mobile phone, intelligent robot, wearable tactile system, etc

续表

章节序号 Chapter Number	章节名称 Chapters	课时 Class Hour	知识点 Key Points
5	非传感器感知 Sensorless perception	5	(1) 非传感器感知技术的理论基础 (2) 非传感器感知技术主要类型 (3) 每类非传感器感知技术(Wi-Fi 感知、RFID 感知、基于大数据感知)的主要原理 (4) 相比于传统的传感器感知技术,非传感器感知技术的优势 (5) 目前非传感器感知技术主要的应用领域和典型范例 (6) 非传感器感知技术与物联网的关系及未来发展趋势 理解非传感器感知的意义。非传感器感知技术是指无须部署传感器,只"借用"环境中无线信号(声、光、射频信号等),通过分析无线信道状态信息,实现了被动式人员检测。包括识别人的位置、姿势、动作以及其他环境特征;了解非传感器感知技术的具体应用;掌握非传感器感知技术的优势所在 (1) Basic ideas about sensor less perception technology (2) Basic types of sensor less perception technology (3) Basic mechanics of each non-sensor perception technology (4) The advantages of sensor less perception technology compared with the traditional sensor perception (5) The main applications of sensor less perception technology (6) The relationship between non-sensor sensing technology and the Internet of things and the development trends in the future Understand the meaning of sensor less sensing technology. Sensor less sensing technology is to achieve passive personnel detection without the need to deploy sensors, only "borrowing" wireless signals (sound, light, RF signals, etc.) in the environment, and through the analysis of wireless channel status information, including the identification of human location, posture, movement and other environmental characteristic; understand the specific application of sensor less sensing technology; grasp the advantages of sensor less sensing technology

续表

章节序号 Chapter Number	章节名称 Chapters	课时 Class Hour	知识点 Key Points
6	多维感知融合与群智感知 Multi-dimensional perceptual fusion and crowdsourcing	4	(1) 多维感知融合技术的概念 (2) 多维感知融合技术的实现途径 (3) 多维感知融合技术的主要体系结构 (4) 群智感知技术的概念及性质 (5) 群智感知技术的典型系统架构 (6) 群智感知技术面临的主要问题 (7) 群智感知激励机制的相关研究 (8) 群智感知技术的典型应用及进一步研究方向 理解多维感知融合技术是对多种技术综合的感知。通过各类传感器技术,感知物体和过程的多种要素;了解多维感知融合技术的体系结构。并且掌握多维感知融合技术的实现方式 群智感知是通过人们已有的移动设备形成交互式的、参与式的感知网络,并将感知任务发布给网络中的个体或群体来完成,从而帮助专业人员或公众收集数据、分析信息和共享知识。掌握群智感知的概念,了解群智感知的理念和主要体系结构。掌握群智感知技术的典型应用及进一步研究方向,了解群智感知的局限性 (1) The concept of multi-dimensional perceptual fusion (2) The major way to achieve multi-dimensional perceptual fusion (3) The main architecture of multi-dimensional perceptual fusion (4) The basic concepts and properties of crowdsourcing (5) The basic architecture of crowdsourcing (6) The major challenges towards crowdsourcing (7) The research about the incentive mechanism of crowdsourcing (8) The applications and future trends of crowdsourcing

续表

章节序号 Chapter Number	章节名称 Chapters	课时 Class Hour	知识点 Key Points
6	多维感知融合与群智感知 Multi-dimensional perceptual fusion and crowdsourcing	4	Understand that the multi-dimensional perceptual fusion technology is a comprehensive technology of many different perceptional technologies; understand the architecture of multi-dimensional perceptual fusion technology. And master the implementation of multi-dimensional perception fusion technology The crowdsourcing is the process that an interactive and participatory sensory network is generated by mobile phones, and the sensing mission is distributed to the public. Then the data-collection, data-processing and knowledge share missions could be done in this way for the public or for the professional community. Understand the concept of crowdsourcing and main architecture of crowdsourcing. Understand the typical application of crowdsourcing technology and further research directions. Understand the limitations of crowdsourcing

主题2 移动计算与移动智能(Mobile Computing and Mobile Intelligence)

章节序号 Chapter Number	章节名称 Chapters	课时 Class Hour	知识点 Key Points
1	人工智能与移动终端的深度融合——未来人工智能的新方向 The deep fusion of AI and mobile terminals—the new trend of AI	1	(1) 传统人工智能 (2) 人工智能的未来 (3) 人工智能与移动终端深度融合技术的应用 当前的大多人工智能技术都需要强大的硬件支持,这一需求对移动终端并不友好,导致目前的大多数技术很难投入应用;认识人工智能与移动终端深度融合的必要性,以及了解移动终端中人中智能的应用,如指纹解锁、面部解锁、百度识图等 (1) Traditional AI (2) The future of AI (3) The application of deep fusion for AI and mobile terminal

续表

章节序号 Chapter Number	章节名称 Chapters	课时 Class Hour	知识点 Key Points
1	人工智能与移动终端的深度融合——未来人工智能的新方向 The deep fusion of AI and mobile terminals—the new trend of AI	1	The mainstream of AI technologies today need the support of powerful hardware. This is hard for current mobile terminals, so a lot of technologies are difficult to be applied. Realize how important it is to combine AI and mobile terminals together, and know about the applications like fingerprint unlock, face unlock, and Baidu image recognition, etc
2	数据安全与用户隐私保护 Data security and user privacy protection	3.5	(1) 安全与隐私的区别与联系 (2) 大数据下的安全挑战 (3) 数据安全与用户隐私保护关键技术 (4) 数据安全与隐私保护的发展与展望 数据是信息化时代的基础，数据来源包括人、机、物，具有海量、多渠道、多模态等特点；数据安全问题和用户隐私泄露问题；了解联邦学习、数据水印和社交网络匿名保护、数据溯源等数据安全和用户隐私保护关键技术；技术发展和政府立法相结合，更好解决数据安全与隐私保护问题 (1) The differences and connections between security and privacy (2) The challenge towards the security issues at the age of big data (3) The key technologies for data security and user privacy protection (4) The development and prospect of data security and user privacy protection Data is the foundation for the information age. There are many origins for data, including human, machines and real-world objects. It has characteristics like massive, multi-channel and multi-modal. Data security issues and users'privacy disclosure issues; Understand key technologies for data security and privacy protection of users such as Federal learning, watermark, and protection of anonymity of social networks, data traceability; Understand development technology and government legislation to better address data security and privacy issues

续表

章节序号 Chapter Number	章节名称 Chapters	课时 Class Hour	知识点 Key Points
3	移动网络技术 Mobile network technology	4	(1) 移动网络的演进 (2) 无线网络技术理论 (3) 无线传感器网络 (4) 移动网络技术的发展趋势 了解移动网络技术的发展进程；无线网络技术是实现移动网络、普适计算的核心技术。掌握当前无线网络技术的理论基础，首先了解无线传输技术基础，包括传输介质，传输形式，在移动环境中的信号衰退现象。对无线网络覆盖范围对其进行分类：无线局域网、无线个域网、无线广域网。学习无线局域网的体系结构以及典型技术Wi-Fi；了解无线个域网的概述以及相关技术如蓝牙、ZigBee；了解无线城域网的概况及WiMAX技术。理解什么是无线传感器网络以及无线传感器网络的体系结构。根据当前移动网络发展的近况，了解5G技术，了解移动网络技术的发展发展趋势 (1) The development of mobile network (2) The theory of wireless network (3) Wireless sensor network (4) The trend of mobile network Understand the development process of mobile network. Wireless network technology is a core to achieve mobile network and pervasive computing. Understand the technological foundations, including transmission media, transmission form, in the mobile environment of the signal decline phenomenon. Know different types of the network: Wireless LAN, wireless personal area network, wireless WAN. Students need to know the architecture, and a typical example: Wi-Fi. Understand the overview of wireless personal area networks and related technologies such as Bluetooth, ZigBee, and understand the general situation of wireless man and WiMAX technology. Understand what a wireless sensor network is and the architecture of a wireless sensor network. According to the current situation of mobile network development, understand 5G technology, understand the development trend of mobile network technology

续表

章节序号 Chapter Number	章节名称 Chapters	课时 Class Hour	知识点 Key Points
4	移动端机器学习 Mobile-terminal based machine learning	1.5	(1) 移动端机器学习的兴起 (2) 移动端机器学习技术 (3) 移动端机器学习的应用场景 (4) 移动端机器学习的局限性及未来发展方向 移动端机器学习旨在将机器学习算法迁移至移动端设备应用。理解移动设备的便携性、广泛性和机器学习的有效性助推移动端机器学习的研究；从设备改进和模型压缩两个层面掌握移动端机器学习典型技术；了解典型学习框架，包括 TensorFlow Lite、Caffe2、Bender、Quantized-CNN、苹果 Core ML，了解主要应用场景，包括用户行为预测、人脸识别、睡眠质量检测、恶意软件检测、OCR 等；理解移动端设备精度低、稳定性差、续航能力弱与大模型、大计算量之间的矛盾，讨论移动端机器学习未来可能的发展方向 (1) The origin of mobile-terminal based machine learning (2) Mobile-terminal based machine learning technology (3) Application scenarios of mobile-terminal based machine learning (4) Limitations and future developments of mobile-terminal based machine learning Mobile machine learning aims to migrate machine learning algorithms to mobile device applications. Understand how the mobility of mobile devices and the effectiveness of machine learning boost mobile-terminal based machine learning research; Learn about continuous improvement of mobile machine learning technology from both the two levels of equipment improvement and model compression. Understand that there are typical frameworks like TensorFlow Lite、Caffe2、Bender、Quantized-CNN and Core ML and the typical applications are user behavior prediction, face recognition, sleep quality detection, malware detection. Understand the contradiction between low precision, poor stability, weak endurance and large models and large calculations of mobile devices, and discuss possible future development directions of mobile machine learning

续表

章节序号 Chapter Number	章节名称 Chapters	课时 Class Hour	知识点 Key Points
5	移动边缘计算 (Mobile edge computing, MEC)	2.5	(1) 移动边缘计算的理论基础 (2) 移动边缘计算与云计算 (3) 移动边缘计算的优势和挑战 (4) 移动边缘计算的关键技术和应用前景 移动边缘计算技术将IT服务环境和云计算技术在网络边缘相结合，提高边缘网络的计算和存储能力，减少网络操作和服务交付时延，提升用户服务质量体验。通过MEC技术，移动网络运营商可将更多的网络信息和网络拥塞控制功能开放给第三方开发者，并允许其提供给用户更多的应用和服务；理解MEC的理论基础及其与云计算之间的关系；分析移动边缘计算的优势和挑战；讨论移动边缘计算的关键技术和应用前景 (1) The theoretical foundation of mobile edge computing (MEC) (2) MEC and cloud computing (3) The advantages and challenges for MEC (4) The key technologies and applications of MEC MEC combines the IT service environment and the cloud computing at the edge of the network. It could improve the performance of the edge of the network. It could also reduce network operations and service delivery delays to improve user quality of service experience. Understand the relationship between MEC and the cloud computing, analyze the advantages and challenges of MEC, Discussing the key technology and the application in the future of MEC

续表

章节序号 Chapter Number	章节名称 Chapters	课时 Class Hour	知识点 Key Points
6	感知计算融合及其应用 Perceptual computing fusion and its applications	1	(1) 感知计算融合的理论基础 (2) 感知计算融合的应用场景 (3) 感知计算融合面临的问题和挑战 人工智能包括计算智能、感知智能和认知智能三个阶段，其中计算智能指计算、存储、记忆等能力；感知智能涉及语音识别、图像识别等领域，是当前学术和产业界研究的热点。边缘计算与感知智能息息相关，大量的感知特征需要通过海量终端获取数据，并且需要前端进行预处理，进而再回传结论性的数据到后端。人工智能依赖这些具备存储、计算和分析能力的前端智能化设备进行处理，如智能硬件、深度学习芯片、离线分析模型、离线语音识别库等，以减少数据的传输延迟、缩短处理时间、增强用户体验等，通过计算智能与感知智能的融合能更好满足用户需求，具有广泛的应用前景。讨论感知计算融合的实现方法和实际应用，分析其面临的问题挑战 (1) The theoretical foundations of perceptual computing fusion (2) The application of perceptual computing fusion (3) The challenges for perceptual computing fusion There are three steps for AI researching: computational intelligence, smart sensing and cognitive intelligence. Computational intelligence means the ability to compute, store and to save. Smart sensing involves speech recognition and image comprehension, which is a hot field of academic research. Edge Computing is closely related to perceptual intelligence. A large number of perceptual features need to be obtained through massive terminals, and the front end needs

续表

章节序号 Chapter Number	章节名称 Chapters	课时 Class Hour	知识点 Key Points
6	感知计算融合及其应用 Perceptual computing fusion and its applications	1	to be preprocessed, and then return the conclusive data to the back end. AI need intelligent hardware to process, including intelligent hardware, deep learning chip, offline analysis model, offline speech recognition library, etc, to reduce data transmission delay, shorten processing time, enhance user experience, etc.. The combination of computational intelligence and perceptual intelligence can better meet the needs of users, which has a wide range of application prospects. Analyze the challenges from the real world and discuss about the solutions

5.6.5 实验环节(Experiments)

序号 Num.	实验内容 Experiment Content	课时 Class Hour	知识点 Key Points
1	波束成型技术在目标感知中的应用 Object sensing using beamforming	2	(1) 波束成型技术 (2) 多用户多输入多输出 (3) 信道状态信息获取 (4) 基于信道状态信息的目标感知与识别方法 (1) Beamforming (2) MU-MIMO (3) Channel State Information (CSI) (4) Object Sensing based on CSI
2	无线传感器网络感知数据获取 Sensing data collection using wireless sensor network	2	(1) TinyOS 原理 (2) 数据获取协议 (1) Principle of TinyOS (2) Dissemination & Collection Tree Protocol(CTP)

续表

序号 Num.	实验内容 Experiment Content	课时 Class Hour	知识点 Key Points
3	基于物理层信息的可信认证 Authentication using physical layer informaiton	2	(1) 物理层信息 (2) 设备认证 (3) 秘钥生成与分发 (1) Physical layer informaiton (2) Device authentication (3) The secret key generation and dissemination

大纲指导者：杨强教授(香港科技大学计算机科学与工程系)

大纲制定者：惠维副教授(西安交通大学计算机科学与技术学院)

大纲审定：西安交通大学人工智能学院本科专业知识体系建设与课程设置工作组

第6章

人工智能核心课程群

6.1 “人工智能的现代方法”课程大纲

课程名称：人工智能的现代方法

Course：Modern Approaches of Artificial Intelligence

先修课程：工科数学分析、线性代数与解析几何、概率统计与随机过程

Prerequisites：Mathematical Analysis for Engineering，Linear Algebra and Analytic Geometry，Probability Theory and Stochastic Process

学分：5

Credits：5

6.1.1 课程目的和基本内容(Course Objectives and Basic Content)

本课程是人工智能学院本科生核心必修课程。

This course is acore compulsory course for undergraduates in College of Artificial Intelligence.

尽管人工智能(Artificial Intelligence，简称AI)的许多应用领域已经成熟，但AI的基本原则和目标仍与1956年最初提出时保持着惊人的相似。1956年的达特茅斯会议将AI定义为：“研究、开发用于模拟、延伸和扩展人的智能的理论、方法、技术及应用系统的一门技术科学。通过了解智能的实质，并生产出一种新的能以人类智能相似的方式作出反应的智能机器，人工智能可以对人的意识、思维的信息过程进行模拟。人工智能不是人的智能，但能像人那样思考、也可能超过人的智能。智能涉及到诸如意识、自我、思维、心理、记忆等等问题”。本课程由两部分组成，第一部分为“问题表达与求解”，第二部分为“机器学习”。两部分紧密联系，相互呼应。

第一部分“问题表达与求解”旨在帮助学生掌握人工智能的基本概念、研究方法，了解未来的发展趋势，为今后在该领域的深入研究打下基础。通过本课程的学习，使

学生了解和掌握人工智能的基本原理，初步学习和掌握人工智能的基本技术，特别是概率图模型、机器学习、深度神经网络的相关知识，为今后进一步的学习奠定基础。结合课程配套的实验内容，通过算法编程和设计实现，提高学生利用AI的基本模型和方法解决实际问题的能力。

第二部分为"机器学习"。机器学习是一门广泛应用于科学、工程、商业、金融等领域的学科，特别是在人工智能和机器人领域发挥着核心和关键作用。该学科的目的是设计和发展相关模型、算法从数据和经验中学习知识，进而应用于问题的分析、预测和控制。本课程将系统介绍机器学习的概念、思想、技术和方法，具体内容如机器学习的基础概念和理论、概率、熵与信息、随机图模型与贝叶斯分类、核方法与支持向量机、马尔科夫与隐马尔科夫模型、神经网络与深度学习、生成模型、概率采样等。

课程目标旨在帮助学生掌握机器学习的基本概念、研究方法，了解未来的发展趋势，为今后在该领域的深入研究打下基础。通过本课程的学习，使学生了解和掌握机器学习的基本概念、思想、方法，初步学习和掌握使用机器学习方法解决实际问题的能力，为今后进一步的学习奠定基础。

Although many application areas of Artificial Intelligence (AI) have been well developed, the basic principles and goals of AI remain strikingly similar to those originally proposed in 1956. The Dartmouth Conference in 1956 defined AI as "a research and development of a technical science for simulating, extending, and widening the theories, methods, techniques, and applications of human intelligence. By understanding the essence of intelligence, the new kind of intelligent machine that can respond in a way similar to human intelligence is developed. Artificial intelligence can simulate the information process of human consciousness and thinking. Artificial intelligence is not human intelligence, but it may think like human or exceed human intelligence. Intelligence involves issues such as consciousness, self, thinking, psychology, memory, etc." This course contains two sections. The first one is the problem representation and solving. The second one is machine learning. The two sections closely interact and cooperate with each other.

The purpose of the first section "problem representation and solving" is to help students understand the basic concepts and research methods of AI, understand future development trends, and lay the foundation for further research in this field. Through the study of this course, students can understand and master the basic principles of AI, and initially learn and master the basic techniques of AI, especially the knowledge of probability map model, machine learning and deep neural network, for further study in the future. Lay the foundation. Combining the experimental content of the course, through algorithm programming and design implementation, improve students' ability to use AI's basic models and methods to solve practical problems.

The second section is "machine learning." Machine learning is a discipline widely used in science, engineering, business, finance, etc., especially in the field of artificial intelligence and robotics. The purpose of the discipline is to design and develop relevant models and algorithms to learn from data and experience, and then apply them to problem analysis, prediction and control. This course will introduce the concepts, ideas, techniques and methods of machine learning, such as the basic concepts and theories of machine learning, probability, entropy and information, probabilistic graphical models and Bayesian classification, kernel methods and support vector machines, Markov random fields and hidden Markov models, neural networks and deep learning, generative models, probability sampling, etc.

The course aims to help students master the basic concepts and research methods of machine learning, understand future development trends, and lay the foundation for further research in this field. Through the study of this course, students will understand and master the basic concepts, ideas and methods of machine learning, and initially learn and master the ability to use machine learning methods to solve practical problems, laying the foundation for further study in the future.

6.1.2 课程基本情况(Course Arrangements)

课程名称	人工智能的现代方法 Modern Approaches of Artificial Intelligence							
开课时间	一年级		二年级		三年级		四年级	
	秋	春	秋	春	秋	春	秋	春
课程定位	本科生人工智能核心课程群必修课							
学　　分	5学分							
总 学 时	80学时 (授课80学时、实验0学时)							
授课学时分配	课堂讲授(80学时)							
先修课程	工科数学分析、线性代数与解析几何、概率统计与随机过程							
后续课程								
教学方式	课堂教学、大作业与实验、小组讨论、综述报告							
考核方式	闭卷考试成绩占60%,平时成绩占15%,实验成绩占10 %,调研综述报告占10%,考勤占5%							
参考教材	Stuart J. Russell, Peter Norvig. 人工智能--一种现代的方法. 第3版. 北京:清华大学出版社. 2013							

人工智能核心	
必修 (学分)	人工智能的现代方法(5)
	自然语言处理(2)
	计算机视觉与模式识别(4)
	强化学习与自然计算(4)
选修 (学分) 3选2	人工智能的科学理解(1)
	游戏AI设计与开发(1)
	虚拟现实与增强现实(2)

续表

参考资料	1. Stuart J. Russell, Peter Norvig. Artificial Intelligence: A Modern Approach. Prentice Hall. 2009 2. Deep Learning, Ian Goodfellow, Yoshua Bengio, Aaron Courville, MIT Press, 2016 3. Adrian Barbu, Song-Chun Zhu. Monte Carlo Methods. New York. Springer. 2019 4. Ian Goodfellow, Yoshua Bengio, Aaron Courville. 深度学习. 赵申剑，黎彧君，等译. 北京：人民邮电出版社. 2017 5. Daphne Koller, Nir Friedman. 概率图模型——原理与技术. 王飞跃，韩素青，译. 北京：清华大学出版社，2015 6. Christopher M. Bishop. Pattern Recognition and Machine Learning. Berlin: Springer. 2009
其他信息	

6.1.3 教学目的和基本要求(Teaching Objectives and Basic Requirements)

第一部分 人工智能现代方法 I：问题表达与求解

(1) 熟悉人工智能的发展历史、基本概念、专业术语以及典型应用；

(2) 能够从智能体的角度理解人工智能的方法论，理解基于模型反射、基于目标、基于效用、基于学习的智能体的概念；

(3) 掌握典型的搜索方法：迭代加深搜索、启发式搜索、贪婪最佳优先搜索、A＊搜索等；

(4) 掌握在非确定、不完全观察环境下的搜索方法，如局部搜索爬山法、模拟退火，遗传算法和信念状态表示法；

(5) 掌握在完整信息下的两人零和游戏的方法：极小极大算法、α-β 搜索算法；

(6) 掌握约束满足问题的搜索求解方法；

(7) 掌握先验概率、条件概率、完全联合概率分布、绝对/条件独立性、贝叶斯规则等；

(8) 掌握贝叶斯网络的有向无环图的构建方法，通过贝叶斯网络完成精确推理计算；

(9) 掌握回归和分类的线性模型；

(10) 了解马尔科夫链、蒙特卡洛方法；

(11) 掌握主成分分析，EM 算法；

（12）了解隐马尔科夫模型、卡尔曼滤波和动态贝叶斯；
（13）了解制定简单决策、复杂决策的相关概念。

第二部分　人工智能现代方法II：机器学习

（1）理解机器学习的基本概念，理解概率、熵与信息基本概念；
（2）掌握随机图模型与贝叶斯分类，理解马尔科夫随机场与隐马尔科夫模型；
（3）掌握核方法与支撑向量机；
（4）掌握集成学习与随机森林；
（5）理解无监督学习与聚类、半监督学习与弱监督学习；
（6）理解稀疏学习与压缩感知；
（7）理解深度学习与神经网络基本概念；
（8）掌握卷积神经网络、循环神经网络与长短记忆网络；
（9）理解生成模型的概念，理解生成对抗思想；
（10）掌握概率采样与蒙特卡洛方法。

6.1.4　课程大纲和知识点（Syllabus and Key Points）

第一部分　人工智能现代方法I：问题表达与求解

Modern Approaches of Artificial Intelligence I: Problem Representation and Solving

第一章　绪论（Introduction）

章节序号 Chapter Number	章节名称 Chapters	课时 Class Hour	知识点 Key Points
1.1	绪论 Introduction	2	（1）人工智能的发展历史、基本概念、专业术语以及典型应用 （2）建立起科学、客观的人工智能发展观 (1) Familiar with the history of artificial intelligence, basic concepts, terminology, and typical applications (2) Establish a scientific and objective view of artificial intelligence development

第二章　智能体(Intelligent Agents)

章节序号 Chapter Number	章节名称 Chapters	课时 Class Hour	知识点 Key Points
2.1	智能体 Intelligent agent	2	(1) 从智能 Agent 的角度理解人工智能的方法论 (2) 理解智能 Agent 与环境相互交互的关系，性能度量，理解任务环境，区分简单反射型、基于模型反射、基于目标、基于效用、基于学习的智能体的概念 (1) The methodology of artificial intelligence is understood from the perspective of intelligent agents (2) Understanding the relationship between intelligent agents and the environment, performance metrics, understanding of the task environment, can distinguish between simple reflection, model-based reflection, goal-based, utility-based, learning-based Agent concepts

第三章　通过搜索进行问题求解(Solving Problems by Searching)

章节序号 Chapter Number	章节名称 Chapters	课时 Class Hour	知识点 Key Points
3.1	无信息搜索 Uninformed search strategies	2	(1) 在确定性的、可观察的、静态和完全可知的环境下，智能体可以构造行动序列以达到目标(搜索) (2) 掌握对于目标和问题形式化，包括：初始状态、行动集合、转移模型、目标测试、路径代价、问题环境的状态空间描述的一般方法 (3) 掌握 Tree/Graph 搜索方法和完备性、最优性、时间/空间复杂度等方面的评价标准 (1) In a deterministic, observable, static, and fully known environment, the Agent can construct a sequence of actions to achieve the goal(search) (2) Master the general methods of formalizing goals and problems, including: initial state, action set, transfer model, target test, path cost, state space description of problem environment (3) Master Tree/Graph search method and completeness, optimality, time/Evaluation criteria for space complexity and other aspects

续表

章节序号 Chapter Number	章节名称 Chapters	课时 Class Hour	知识点 Key Points
3.2	启发式搜索 Informed (heuristic) search strategies	2	(1) 启发式搜索方法：启发式搜索、贪婪最佳优先搜索、A*搜索等 (1) Master typical heuristic search methods, including: heuristic search, greedy best priority search, A* search, etc.

第四章 超越经典搜索(Beyond Classical Search)

章节序号 Chapter Number	章节名称 Chapters	课时 Class Hour	知识点 Key Points
4.1	局部搜索 Local search algorithms and optimization problems	2	(1) 在非确定、不完全观察环境下的搜索方法，如局部搜索爬山法、模拟退火。遗传算法 (1) Searching methods in non-deterministic, incomplete observation environments, such as local search hill climbing, simulated annealing. Genetic algorithm
4.2	非完整观测搜索、未知环境在线搜索 Searching with partial observations, online search agents and unknown environments	2	(1) 当环境部分可观察时，采用信念状态表示智能体可能的状态集合，进一步通过信念状态空间中逐个状态构造解的增量算法获得更高的搜索效率 (1) When the environment part is observable, the belief state is used to represent the possible state set of the agent, and the higher search efficiency is further obtained by the incremental algorithm of constructing the solution incrementally in the belief state space

第五章 对抗搜索(Adversarial Search)

章节序号 Chapter Number	章节名称 Chapters	课时 Class Hour	知识点 Key Points
5.1	对抗搜索 Adversarial search	2	(1) 完整信息下的两人零和游戏的方法：极小极大算法、α-β搜索算法 (2) 对于不完整信息，对当前和未来的信念状态进行推理，掌握启发式的博弈方法 (1) Minimal maximal algorithm, α-β search algorithm for two-person zero-sum game method under complete information (2) For incomplete information, reasoning according to current and future belief states, mastering heuristic game methods

第六章 约束满足问题(Constraint Satisfaction Problems)

章节序号 Chapter Number	章节名称 Chapters	课时 Class Hour	知识点 Key Points
6.1	约束满足问题 Constraint satisfaction problems	2	(1) 许多重要的现实问题都可以描述为约束满足问题 (2) 掌握推理技术使用约束来推导变量/值之间的相容关系：节点相容、弧相容、路径相容和k-相容 (3) 采用最少剩余价值和度的启发式回溯搜索；最小冲突启发式局部搜索方法等 (1) Many important real-world problems can be described as constraint satisfaction problems (2) Mastering inference techniques uses constraints to derive compatibility between variables/values: node compatibility, arc compatibility, path compatibility, and k-compatibility (3) Heuristic backtracking search with minimum residual value and degree; minimum conflict heuristic local search method, etc.

第七章　不确定性的量化(Quantifying Uncertainly)

章节序号 Chapter Number	章节名称 Chapters	课时 Class Hour	知识点 Key Points
7.1	不确定性和概率基本知识回顾 Uncertainty and probability notation	2	(1) 在复杂、非确定或部分可观察的环境中,不确定性是不可避免的,概率论是进行不确定性推理的数学基础 (2) 介绍概率理论在人工智能方面的应用。掌握先验概率、条件概率、完全联合概率分布、绝对/条件独立性 (1) Uncertainty is inevitable in complex, non-deterministic or partially observable environments, and probability theory is the mathematical basis for uncertainty reasoning. Introduce the application of probability theory in artificial intelligence (2) Master prior probability, conditional probability, complete joint probability distribution, absolute and conditional independence
7.2	贝叶斯规则 Bayes'rule	2	(1) 贝叶斯规则 (2) 能够计算未观测到的概率描述,做出比单纯逻辑智能体更好的决策 (1) Master Bayesian rules (2) Be able to calculate unobserved probabilistic descriptions and make better decisions than purely logical agents

第八章　概率推理(Probabilistic Reasoning)

章节序号 Chapter Number	章节名称 Chapters	课时 Class Hour	知识点 Key Points
8.1	贝叶斯网络的基本语法和精确推理 The semantics of Bayesian networks and exact inference in Bayesian networks	2	(1) 贝叶斯网络的有向无环图的构建方法,通过贝叶斯网络完成精确推理计算 (1) Master the construction method of directed acyclic graphs of Bayesian networks, and complete accurate inference calculations through Bayesian networks
8.2	不确定推理的其他方法 Other approaches to uncertain reasoning	2	(1) 马尔科夫链、蒙特卡罗方法 (1) Understanding Markov chain, Monte Carlo method

第九章　回归的线性模型(Linear Models for Regression)

章节序号 Chapter Number	章节名称 Chapters	课时 Class Hour	知识点 Key Points
9.1	回归的线性模型 Linear models for regression	2	(1) 回归问题的目标 (2) 线性模型对于模式识别的实际应用,特别是对于涉及高维输入空间的问题 (1) The goal of the regression problem (2) Linear models have great limitations for the practical application of pattern recognition, especially for problems involving high-dimensional input space

第十章　分类的线性模型(Linear Models for Classification)

章节序号 Chapter Number	章节名称 Chapters	课时 Class Hour	知识点 Key Points
10.1	分类的线性模型 Linear models for classification	2	(1) 线性分类的目标 (2) 线性可分的基本概念 (3) 分类的线性模型 (1) The goal of linear model of classification (2) The basic concepts of linear models for classification (3) The linear models for classification

第十一章　连续潜在变量(Continuous Latent Variables)

章节序号 Chapter Number	章节名称 Chapters	课时 Class Hour	知识点 Key Points
11.1	连续潜在变量 Continuous latent variables	2	(1) 主成分分析(PCA) (2) 概率 PCA (3) 非线性隐含变量模型 (1) Principal Component Aanlysis(PCA) (2) Probabilistic PCA (3) Nonlinear Latent Variable Models

第十二章　时间上的概率推理(Probabilistic Reasoning Over Time)

章节序号 Chapter Number	章节名称 Chapters	课时 Class Hour	知识点 Key Points
12.1	时间上的概率推理 Probabilistic reasoning over time	2	(1) 在每个时间点对世界状态的每个方面用一个变量表示，通过这种方式对变化的世界进行建模 (2) 转移模型和传感器模型，注意两者可能是不确定的 (3) 定义基本的推理任务，并描述用于时序模型的推理算法的一般结构，以及多个智能体所面临的问题 (1) The changing world is modeled in this way by using a variable representation for each aspect of the state of the world at each point in time (2) Transfer models and sensor models may be uncertain (3) By defining basic reasoning tasks, and describing the general structure of the inference algorithms used for time series models, and the problems faced by multiple agents

第十三章　制定简单决策(Making Simple Decisions)

章节序号 Chapter Number	章节名称 Chapters	课时 Class Hour	知识点 Key Points
13.1	制定简单决策 Making simple decisions	2	(1) 效用理论如何与概率理论相结合产生决策理论 (2) 在不确定性和目标冲突下，让一个逻辑智能体无法做出决策的上下文中进行决策 (3) 引入行动和效用而扩展贝叶斯网络 (1) Utility theory is combined with probabilistic theory to produce decision theory (2) Agent can make decisions in a context where a logical agent cannot make decisions (3) A decision network is introduced to extend the Bayesian network by introducing actions and utilities

第十四章 制定复杂决策(Making Complex Decisions)

章节序号 Chapter Number	章节名称 Chapters	课时 Class Hour	知识点 Key Points
14.1	制定复杂决策 Making complex decisions	2	(1) 序列式决策问题 (2) 智能体的效用值依赖于一个决策序列,序列式决策问题包含了效用值、不确定性和感受,重点掌握在不确定的环境中产生使得行动的风险和回报达到平衡的最优行为 (1) Sequential decision-making problems (2) The utility value of Agent depends on a decision-making sequence. The sequential decision-making problem includes utility value, uncertainty and feeling, and focuses on solving the problem that the risk and return of action are balanced in an uncertain environment. Optimal behavior

第二部分 人工智能现代方法 II:机器学习

Modern Approaches of Artificial Intelligence II: Machine Learning

第一章 机器学习的基础概念和理论(Basic Concepts and Theories of Machine Learning)

章节序号 Chapter Number	章节名称 Chapters	课时 Class Hour	知识点 Key Points
1.1	机器学习概述 Overview of machine learning	1	(1) 机器学习的任务和作用 (2) 机器学习的历史和现状 (1) The task and role of machine learning (2) History and current status of machine learning
1.2	机器学习算法的一般准则 General principles of machine learning algorithms	1	(1) 最大似然估计 (2) 过拟合与欠拟合 (1) Maximum likelihood estimation (2) Overfitting and underfitting

续表

章节序号 Chapter Number	章节名称 Chapters	课时 Class Hour	知识点 Key Points
1.3	概率与信息基本概念 Basic concepts of probability and information	2	(1) 概率及其定理 (2) 信息与熵 (1) Probability and its theorems (2) Information and entropy

第二章　概率图模型与贝叶斯网络(Probabilistic Graphical Model and Bayesian Network)

章节序号 Chapter Number	章节名称 Chapters	课时 Class Hour	知识点 Key Points
2.1	概率图模型 Probabilistic graphical model	1	(1) 概率图模型的概念 (2) 有向图、无向图的概率表达 (1) The concept of a probabilistic graphical model (2) Probabilistic representation of directed graphs and undirected graphs
2.2	贝叶斯网络 Bayesian network	1	(1) 贝叶斯框架建模 (1) Bayesian framework modeling
2.3	马尔科夫随机场 Markov random field	2	(1) 马尔科夫随机场的概念 (2) 马尔科夫随机场建模 (1) The concept of Markov random field (2) Markov random field modeling
2.4	隐马尔科夫随机场 Hidden Markov random field	2	(1) 隐状态的概念 (2) 隐马尔科夫模型 (1) The concept of hidden states (2) Hidden Markov model

第三章　核方法与支撑向量机(Kernel Methods and Support Vector Machines)

章节序号 Chapter Number	章节名称 Chapters	课时 Class Hour	知识点 Key Points
3.1	核方法的概念 The concept of kernel methods	1	(1) 特征空间 (2) 核 (1) Feature space (2) kernels
3.2	最大边界分类 Max-margin classification	1	(1) 最大边界分类原理 (2) 最大边界方法 (1) Principle of max-margin classification (2) Maximum boundary method
3.3	支持向量机 Support vector machines	2	(1) 支持向量 (2) 支持向量机优化方法 (3) 支持向量机建模框架 (1) Support vectors (2) Optimization methods of support vector machines (3) Support vector machine modeling framework

第四章　集成学习与随机森林(Ensemble learning and Random Forests)

章节序号 Chapter Number	章节名称 Chapters	课时 Class Hour	知识点 Key Points
4.1	集成学习概念与方法 Concepts and methods of ensemble learning	2	(1) 集成学习的概念与特征 (2) 集成学习方法 (1) The concept and characteristics of ensemble learning (2) Ensemble learning method
4.2	随机森林模型 Random forest model	2	(1) 随机森林建模方法 (2) 随机森林分类器 (1) Random forest modeling method (2) Random forest classifier

第五章　监督与非监督学习(Supervised and Unsupervised Learning)

章节序号 Chapter Number	章节名称 Chapters	课时 Class Hour	知识点 Key Points
5.1	无监督方法 Unsupervised methods	1	(1) 无监督聚类的概念 (2) 无监督聚类的基本方法 (1) The concepts of unsupervised clustering (2) Basic methods of unsupervised clustering
5.2	K-Means 聚类与EM K-Means clustering and EM	1	(1) K-Means 算法与加速 (2) EM 算法框架 (1) K-Means algorithm and acceleration (2) EM algorithm framework
5.3	半监督与弱监督 Semi-supervisory and weak supervision	2	(1) 半监督学习的概念 (2) 弱监督学习概念 (3) 半监督与弱监督基本用途 (1) The concept of semi-supervised learning (2) Weakly supervised learning concept (3) Applications of semi-supervised and weakly supervised

第六章　压缩感知与稀疏性(Compressed Sensing and Sparsity)

章节序号 Chapter Number	章节名称 Chapters	课时 Class Hour	知识点 Key Points
6.1	压缩感知 Compressed sensing	1	(1) 压缩感知的概念 (2) 压缩感知的分类 (1) The concept of compressed sensing (2) Categories of compressed sensing
6.2	稀疏模型 Sparse model	1	(1) 稀疏性概念与 L1 范数 (2) 稀疏建模方法 (1) The concept of sparsity and the L1 norm (2) Sparse modeling method

第七章　神经网络与深度学习(Neural Network and Dccp Learning)

章节序号 Chapter Number	章节名称 Chapters	课时 Class Hour	知识点 Key Points
7.1	深度学习与神经网络基本概念 Basic concepts of deep learning and neural networks	1	(1) 深度学习的基本概念 (2) 深度学习的历史与现状 (1) The basic concepts of deep learning (2) History and current status of deep learning
7.2	深度前向网络 Deep forward network	2	(1) 深度前向网络的结构 (2) 前向网络的函数拟合方法与定理 (1) Architecture of deep forward network (2) Function fitting method and theorem of forward network
7.3	卷积神经网络 Convolutional neural network	2	(1) 卷积 (2) 池化 (3) 激励函数 (4) 卷积神经网络计算 (1) Convolution (2) Pooling (3) Activation function (4) Convolutional neural network
7.4	循环神经网络概念 The concepts of recurrent neural network	1	(1) 循环神经网络的基本概念 (2) 循环神经网络的结构 (1) The basic concept of recurrent neural networks (2) Architecture of recurrent neural network
7.5	长短记忆网络 Long short-term memory network	4	(1) 长短记忆网络的结构 (2) 长短记忆网络的计算 (3) 长短记忆网络建模 (1) Architecture of long short-term memory network (2) Computation of long short-term memory network (3) LSTM modeling

第八章　生成模型(Generative Model)

章节序号 Chapter Number	章节名称 Chapters	课时 Class Hour	知识点 Key Points
8.1	生成模型概述 Overview of generative model	1	(1) 生成模型的概念 (2) 生成模型的基本思想 (1) The concept of generative model (2) The basic idea of generative model
8.2	自编码模型 Autoencoder model	1	(1) 编码与解码 (2) 自编码神经网络结构 (1) Encoding and decoding (2) Autoencoder neural network
8.3	生成对抗网络方法 Generative adversarial networks	2	(1) 生成对抗思想与概念 (2) 生成对抗网络的应用 (1) Ideas and concepts of generative adversarial networks (2) Applications of generative adversarial networks

第九章　蒙特卡罗方法(Monte Carlo Method)

章节序号 Chapter Number	章节名称 Chapters	课时 Class Hour	知识点 Key Points
9.1	概率采样方法 Probability sampling	1	(1) 概率采样的概念 (2) 概率采样的基本思想 (1) Probability sampling concept (2) The basic ideas of probability sampling
9.2	基本蒙特卡罗方法 Basic Monte Carlo method	1	(1) 蒙特卡罗算法的流程 (2) 蒙特卡罗计算方法 (1) The process of Monte Carlo algorithm (2) Monte Carlo computation
9.3	数据驱动的蒙特卡罗方法 Data-driven Monte Carlo method	2	(1) 数据驱动的思想 (2) 数据驱动的蒙特卡罗计算 (1) Data driven ideas (2) Data-driven Monte Carlo computation

大纲指导者：郑南宁教授（西安交通大学人工智能学院）

大纲制定者：任鹏举副教授（西安交通大学人工智能学院）、魏平副教授（西安交通大学人工智能学院）

大纲审定：西安交通大学人工智能学院本科专业知识体系建设与课程设置工作组

6.2 "自然语言处理"课程大纲

课程名称：自然语言处理

Course：Natural Language Processing

先修课程：线性代数与解析几何、概率统计与随机过程

Prerequisites：Linear Algebra and Analytic Geometry，Probability Theory and Stochastic Process

学分：2

Credits：2

6.2.1 课程目的和基本内容（Course Objectives and Basic Content）

本课程是人工智能学院本科生核心必修课。

This course is a core compulsory course for undergraduates in College of Artificial Intelligence.

语言是人类认识世界的手段，也是人类认知的成果。通过分析人类的语言，可以在一定程度上了解人类认知的规律。另外，如何通过计算机科学和统计方法作为手段，研究自然语言理解和生成也是AI领域的重要挑战之一。本课程以自然语言处理（Natural Language Processing，NLP）的基础知识与技术、认知科学与语言的理论为主线，对语言模型、词法和句法分析的基本概念与关键技术进行介绍，同时讨论机器翻译以及文本分类等的主要NLP技术应用方向，最后从哲学、心理学与认知神经学的不同角度，介绍认知与语言的主要理论与发展。第一章到第四章分别讨论文本预处理技术、语言模型、词性标注与句法分析，这部分内容的重点是语言模型、词法和句法分析方法。第五章到第八章主要讨论文本分类和聚类、统计机器翻译、信息检索、推荐系统和情感分析的基本NLP应用，第九章主要介绍认知科学和语言的理论基础以及相关

的认知语言学知识。

通过对自然语言的基本思想和关键技术的学习，帮助学生建立关于自然语言处理、认知与语言的基础知识框架。课程采用小组学习模式，并辅之以研究性实验、课堂测验、小组讨论及实验报告等教学手段，训练学生用基本理论和方法分析解决实际问题的能力，掌握认知与语言、自然语言处理所必需的基本知识和技能。课程通过机器翻译和文本分类等基本 NLP 系统设计实验使学生巩固和加深自然语言处理的理论知识，通过实践进一步加强学生独立分析问题、解决问题的能力，培养综合设计及创新能力，培养实事求是、严肃认真的科学作风和良好的实验习惯，为今后的工作打下良好的基础。

Language is a method to understand the real world, and also a result from human cognition activity. Through analysis of natural language, it is possible to know the cognitive rules of human. Moreover, it is also a challenge to understand and generate natural language using the computer science and statistical method. This course focuses on basic knowledge and techniques of natural language processing and the principles of cognitive science and languages. Moreover, it introduces the language model, lexical and syntax analysis, and discusses the NLP applications such as machine translation, text classification and finally introduces the basic principles of cognitive science and linguistics from philosophical, psychological and cognitive neuroscience perspectives. Chapters 1 to 4 discuss text preprocessing, language model, POS tagging and syntax analysis separately. Chapters 5 to 8 mainly focus text classification and clustering, statistical machine translation, information retrieval, recommendation system and sentiment analysis. Chapter 9 introduces the basic principles of cognitive science and language, and basic properties of cognitive linguistics.

This course helps students build a knowledge framework for the basic principles of natural language processing, cognitive science and language through the study of basic theories, design methods, and applied techniques. The course adopts group study method, supplemented by experiments, in-class tests, discussions and reports, in order to train students the ability to solve practical problems with basic theories and methods and master the basic knowledge and skills for natural language processing application design. The course includes several experiments on machine translation and text classification in order to consolidate the students' theoretical knowledge of natural language processing, further strengthen their ability to analyze and solve problems independently, and develop their comprehensive abilities on system design and innovations as well as good habits for future work.

6.2.2 课程基本情况(Course Arrangements)

课程名称	自然语言处理 Natural Language Processing
开课时间	见下表
课程定位	本科生人工智能核心课程群必修课
学　　分	2学分
总学时	40学时 (授课32学时、实验8学时)
授课学时分配	课堂授课(30学时), 大作业讨论(2学时)
先修课程	线性代数与解析几何、概率统计与随机过程
后续课程	
教学方式	课堂教学、大作业与实验、小组讨论
考核方式	课程结束笔试成绩占60%,平均成绩占15%,实验成绩占20%,考勤占5%
参考教材	1. 宗成庆.统计自然语言处理.北京:清华大学出版社,2013 2. Jurafsky D,James H Martin.自然语言处理综论.冯志伟,译.北京:电子工业出版社,2018
参考资料	1. 戴维.凯默勒.语言的认知神经科学.王穗苹,周晓林,译.杭州:浙江教育出版社,2017 2. 列夫.维果茨基.思维与语言.李维,译.北京:北京大学出版社,2010
其他信息	

开课时间:

一年级		二年级		三年级		四年级	
秋	春	秋	春	秋	春上	秋	春

人工智能核心	
必修(学分)	人工智能的现代方法(5)
	自然语言处理(2)
	计算机视觉与模式识别(4)
	强化学习与自然计算(4)
选修(学分)3选2	人工智能的科学理解(1)
	游戏AI设计与开发(1)
	虚拟现实与增强现实(2)

6.2.3 教学目的和基本要求(Teaching Objectives and Basic Requirements)

(1) 了解自然语言处理的基本概念及其基本工具和方法,掌握自然语言处理的基本技术和方法;

(2) 理解经典语言模型与神经网络的语言模型;

(3) 熟悉词性标注和序列标注的经典算法;

(4) 熟悉基于短语和依存构架的句法分析方法;

(5) 了解文本分类和聚类的基本方法;

(6) 了解统计机器翻译的基本方法;

(7) 了解信息检索处理方法和推荐系统的经典算法；

(8) 了解情感分析的基本处理方法；

(9) 熟悉使用 Python 语言或其他高级语言进行自然语言处理算法的实现；

(10) 了解认知科学与语言的哲学基础和心理学基础，了解认知神经科学和语言之间的关系，了解认知语言学的相关知识。

6.2.4　课程大纲和知识点(Syllabus and Key Points)

绪论(Introduction)

章节序号 Chapter Number	章节名称 Chapters	课时 Class Hour	知识点 Key Points
0.1	绪论 Introduction	1	(1) 自然语言处理的基本术语 (2) 自然语言处理的基本概念 (1) Basic terminologies of natural language processing (2) General principles of natural language processing

第一章　文本预处理技术(Text Preprocessing)

章节序号 Chapter Number	章节名称 Chapters	课时 Class Hour	知识点 Key Points
1.1	文本正则化 Text regularization	1	(1) 文本正则化定义 (2) 文本正则化表达 (1) Definition of text regularization (2) Text regular representation
1.2	文本形符化 Text tokenization		(1) 文本形符化的定义 (2) 文本形符化的基本方法 (1) Definition of text tokenization (2) Basic method of tokenization
1.3	文本编辑距离 Text edit distance		(1) 文本编辑距离的定义 (2) 文本编辑距离的计算方法 (1) Definition of text edit distance (2) Computing method of text edit distance

第二章　语言模型(Language Model)

章节序号 Chapter Number	章节名称 Chapters	课时 Class Hour	知识点 Key Points
2.1	概率语言模型 Probabilistic language model	2	(1) 语言模型的定义 (2) 概率语言模型的定义 (3) 概率语言模型的性质 (1) Definition of language model(LM) (2) Definition of probabilistic language model (3) The properties of probabilistic language model
2.2	n-gram 语言模型 n-gram language model		(1) n-gram 语言模型的定义 (2) n-gram 语言模型的性质 (3) n-gram 语言模型参数估计 (1) Definition of n-gram language model (2) The properties of n-gram language model (3) Parameter estimation of n-gram language model
2.3	数据稀疏 Data sparsity		(1) 数据稀疏的定义 (2) 数据平滑的基本方法 (1) Definition of data sparsity (2) Basic methods of data smoothing
2.4	基于神经网络的语言模型 Language models based on neural networks	4	(1) 词向量表达 (2) 基于前馈神经网络的语言模型 (3) 基于循环神经网络的语言模型 (1) Word vector representation (2) Feedforward neural network based LM (3) Recurrent neural network based LM

第三章　词性标注(POS Tagging)

章节序号 Chapter Number	章节名称 Chapters	课时 Class Hour	知识点 Key Points
3.1	词性标注 POS tagging	2	(1) 词性的基本定义 (2) 词性标注的基本方法 (1) Definition of POS (2) Basic method of POS tagging
3.2	序列标注 Sequence tagging		(1) 命名实体识别的标注方法 (2) 分词的标注方法 (1) Tagging for named entity recognition (2) Tagging for word segmentation

第四章　句法分析(Syntax Analysis)

章节序号 Chapter Number	章节名称 Chapters	课时 Class Hour	知识点 Key Points
4.1	句法分析 Syntax analysis	2	(1) 句法分析的概念 (2) 基于短语的句法分析的概念和性质 (3) 基于依存语法句法分析的概念及性质 (1) Definition of syntax analysis (2) Definition and properties of phrase based syntax analysis (3) Definition and properties of dependency grammar analysis
4.2	句法分析的方法 Basic methods of syntax analysis		(1) 形式语法的基本定义 (2) CKY 句法分析的方法 (3) 概率上下文无法语法的定义 (4) 句法树构建的基本方法 (1) Definitions of formal grammar (2) The CKY method of syntax analysis (3) Definition of probabilistic context free grammar (PCFG) (4) The PCFG method of syntax tree building

第五章 文本分类与聚类(Text Classification and Clustering)

章节序号 Chapter Number	章节名称 Chapters	课时 Class Hour	知识点 Key Points
5.1	文本分类 Text classification	2	(1) 文本分类的基本概念 (2) 文档空间的距离测度 (3) 基于朴素贝叶斯模型的文本分类 (4) 文本分类模型的评价方法 (1) Basic principle of text classification (2) Distance metric of document space (3) Text classification of naive Bayes model (4) Evaluations of text classification model
5.2	文本聚类 Text clustering	2	(1) 文本聚类的基本概念 (2) 文本聚类的基本方法 (1) Basic principle of text clustering (2) Basic methods of text clustering

第六章 统计机器翻译(Statistics Machine Translation)

章节序号 Chapter Number	章节名称 Chapters	课时 Class Hour	知识点 Key Points
6.1	机器翻译概述 An introduction of machine translation	4	(1) 机器翻译的基本思想 (2) 信道噪声模型的基本概念 (3) 基于词汇的机器翻译模型 (4) 基于短语的机器翻译模型 (1) Basic principles of machine translation (2) Basic principle of channel noisy model (3) Lexical based machine translation model (4) Phrase based machine translation model
6.2	基于神经网络的机器翻译模型概述 An introduction of machine translation based on neural network model	2	(1) 基于神经网络的机器翻译模型 (2) 基于循环神经网络的机器翻译模型 (1) Neural network based machine translation model (2) Recurrent Neural network based machine translation model

第七章　信息检索与推荐系统(Information Retrieval and Recommendation System)

章节序号 Chapter Number	章节名称 Chapters	课时 Class Hour	知识点 Key Points
7.1	信息检索 Information retrieval(IR)	2	(1) 信息检索的基本定义 (2) 信息检索的基本方法 (1) Definition of information retrieval (2) Basic methods of information retrieval
7.2	推荐系统 Recommendation system(RS)		(1) 推荐系统的基本概念 (2) 推荐系统的基本方法 (3) 基于协同滤波的推荐系统 (4) 基于隐藏语义的推荐系统 (1) Definition of recommendation system (2) Basic methods of recommendation system (3) Collaborative filtering method of RS (4) Latent factor method of RS

第八章　情感分析(Sentiment Analysis)

章节序号 Chapter Number	章节名称 Chapters	课时 Class Hour	知识点 Key Points
8.1	情感分析 Sentiment analysis	2	(1) 情感分析的基本概念 (2) 情感分析的基本性质 (3) 情感词典的定义 (4) 情感词典的构建方法 (5) 情感分析的基本方法 (1) Basic principles of sentiment analysis (2) Basic properties of sentiment analysis (3) Definition of emotion lexicon (4) Construction method of emotion lexicon (5) Basic methods of sentiment analysis

第九章　认知与语言(Cognition and Language)

章节序号 Chapter Number	章节名称 Chapters	课时 Class Hour	知识点 Key Points
9.1	认知科学与语言基础 An introduction of cognitive science and language	2	(1) 认知科学与语言的理论基础 (2) 认知科学与语言的历史 (3) 认知神经学与语言的理论基础 (1) Basic theories of cognitive science and language (2) Histories of cognitive science and language (3) Basic theories of cognitive neuroscience and language
9.2	认知语言学基础 An introduction of cognitive linguistics	2	(1) 认知语言学的基本概念 (2) 语言习得的基本概念与方法 (1) Basic principles of cognitive linguistics (2) Basic principles and methods of language learning

6.2.5　实验环节(Experiments)

序号 Num.	实验内容 Experiment Content	课时 Class Hour	知识点 Key Points
1	基于最小编辑距离的拼写检查 Spell check based on minimum edit distance	2	(1) 文本预处理的方法 (2) 最小编辑距离的计算方法 (3) 英文单词的拼写检查方法 (1) Text preprocessing method (2) Minimum edit distance method (3) Spell check for English
2	文本分类/聚类系统设计与实现 Design and implementation of text classification/clustering system	2	(1) 文本向量空间的表达方法 (2) 文本向量空间距离的计算方法 (3) 基于朴素贝叶斯的分类方法 (4) 基于K均值的文本聚类方法 (5) 文本分类与聚类的评价方法 (1) Representation of text vector space (2) Distance metric of text vector space (3) Classification method of naive Bayes (4) Clustering method of K-means (5) Evaluation methods of classification and clustering

续表

序号 Num.	实验内容 Experiment Content	课时 Class Hour	知识点 Key Points
3	基于概率上下文无关语法的短语句法分析 Syntax analysis based on probabilistic context free grammar(PCFG)	2	(1) 概率上下文无关语法的表示方法 (2) 基于短语结构的句法树 (3) CYK 的句法分析方法 (4) 基于 PCFG 的句法分析方法 (1) Representation of probabilistic context free grammar (2) Phrase based grammar tree (3) CYK method of syntax analysis (4) PCFG method of syntax analysis
4	基于 RNN 的机器翻译(中英/中日) RNN based machine translation (Chinese2English/Chinese2Japanese)	2	(1) 双语语料预处理方法 (2) RNN 的参数选择方法 (3) 机器翻译的评价方法 (1) Preprocessing methods of parallel corpus (2) Parameter selection methods of RNN (3) Evaluation method of machine translation

大纲指导者：宗成庆研究员(中国科学院自动化研究所)、辛景民教授(西安交通大学人工智能学院)

大纲制定者：辛景民教授(西安交通大学人工智能学院)、姜沛林副教授(西安交通大学软件学院)

大纲审定：西安交通大学人工智能学院本科专业知识体系建设与课程设置工作组

6.3 "计算机视觉与模式识别"课程大纲

课程名称：计算机视觉与模式识别

Course: Computer Vision and Pattern Recognition

先修课程：工科数学分析、线性代数与解析几何、概率统计与随机过程

Prerequisites: Mathematical Analysis for Engineering, Linear Algebra and Analytic Geometry, Probability Theory and Stochastic Process

学分：4

Credits: 4

6.3.1 课程目的和基本内容(Course Objectives and Basic Content)

本课程是人工智能学院本科生核心必修课。

This course is a core compulsory course for undergraduates in College of Artificial Intelligence.

课程涉及视觉认知神经科学、计算机科学、信号处理与数学等多种学科。课程将结合具体的视觉任务与实验,论述视觉感知与认知机理,讲解模式识别与图像合成的基本方法。通过课程学习,学生可以学习计算机视觉相关基础理论,并且增强对视觉数据的洞察力与解决视觉问题的创新能力。

课程第一章讲解相机模型与标定方法、颜色视觉与图像模型;第二章论述视觉生理学与视觉认知基础理论;第三、四章论述立体视觉与运动视觉的相关机理,讲解立体匹配与运动估计的基本方法;第五章论述图像结构检测、表示与匹配的基本方法;第六章讲述视觉感知组织的相关机理、感知聚类与图像分割算法;第七章论述视觉认知机理,讲解视觉模式识别的基本方法;第八章讲述图像合成的基本方法;第九章结合具体应用系统,介绍计算机视觉系统结构与功能设计。

视觉是现代人工智能系统与机器人系统不可或缺的重要组成部分,视觉技术与视觉应用日新月异。如何从人类视觉感知与认知机理中获得灵感,利用现代机器学习与物理实现方法,构建有效的视觉计算模型与视觉系统,是未来人工智能技术发展的重要方向。理解与掌握计算机视觉与模式识别的基本概念、理论、模型与算法,将有助于学生在计算机视觉领域开展创新性研究,以及应对未来复杂视觉数据与视觉任务带来的挑战。

This course is with emphasis on multidisciplinary contents including visual cognitive neuroscience, computer science, signal processing and mathematics. It elaborates with concrete visual tasks and hands-on experiments to illustrate the basic mechanisms of visual perception and recognition, and the fundamental methodologies for pattern recognition and image synthesis. Students completing this course will not only be prepared to comprehend basic theories of computer vision, but also can gain perspicacity in visual data and creativity for solving visual challenges.

Overview of course contents: Chapter 1 talks about camera model and calibration, color vision, and image model. Chapter 2 introduces basic theories of visual physiology and visual cognition. Chapter 3 and 4 cover mechanisms of stereo vision and motion vision, and methods for stereo matching and motion estimation.

Chapter 5 introduces image structure representation, detection and matching. Chapter 6 covers visual perceptual organization, perceptual grouping and image segmentation. Chapter 7 covers visual cognition mechanisms and visual pattern recognition methodologies, and Chapter 8 introduces methods for image synthesis. Chapter 9 elaborates with visual application systems to introduce visual system structure and functional design.

Vision, as an indispensable component of modern artificial intelligent and robotic system, is evolving quickly in terms of its research and application. Topics on how to scoop inspiration from human's visual perception and cognition, and how to build effective visual computing models based on contemporary machine learning and physics techniques are going to play an important role in the artificial intelligence advancement. Understanding the fundamental concepts, theories, models and algorithms of computer vision and pattern recognition can help students conduct innovative research in this field, and in the meantime, tackle the future challenges of complex visual data and visual tasks.

6.3.2 课程基本情况(Course Arrangements)

<table>
<tr><td>课程名称</td><td colspan="9">计算机视觉与模式识别
Computer Vision and Pattern Recognition</td></tr>
<tr><td rowspan="2">开课时间</td><td colspan="2">一年级</td><td colspan="2">二年级</td><td colspan="2">三年级</td><td colspan="2">四年级</td><td rowspan="7"></td></tr>
<tr><td>秋</td><td>春</td><td>秋</td><td>春</td><td>秋</td><td>春</td><td>秋</td><td>春</td></tr>
<tr><td>课程定位</td><td colspan="8">本科生人工智能核心课程群必修课</td></tr>
<tr><td>学　　分</td><td colspan="8">4 学分</td></tr>
<tr><td>总 学 时</td><td colspan="8">72 学时
(授课 64 学时、实验 8 学时)</td></tr>
<tr><td>授课学时
分配</td><td colspan="8">课堂讲授(62 学时),
大作业讨论(2 学时)</td></tr>
<tr><td>先修课程</td><td colspan="9">工科数学分析、线性代数与解析几何、概率统计与随机过程</td></tr>
<tr><td>后续课程</td><td colspan="9"></td></tr>
<tr><td>教学方式</td><td colspan="9">课堂教学、大作业与实验、小组讨论、综述报告</td></tr>
<tr><td>考核方式</td><td colspan="9">闭卷考试成绩占 50%,平时成绩占 15%,实验成绩占 15%,调研综述报告占 15%,考勤占 5%</td></tr>
</table>

<table>
<tr><td colspan="2">人工智能核心</td></tr>
<tr><td rowspan="4">必修
(学分)</td><td>人工智能的现代方法(5)</td></tr>
<tr><td>自然语言处理(2)</td></tr>
<tr><td>计算机视觉与模式识别(4)</td></tr>
<tr><td>强化学习与自然计算(4)</td></tr>
<tr><td rowspan="3">选修
(学分)
3 选 2</td><td>人工智能的科学理解(1)</td></tr>
<tr><td>游戏 AI 设计与开发(1)</td></tr>
<tr><td>虚拟现实与增强现实(2)</td></tr>
</table>

续表

参考教材	David A. Forsyth,Jean Ponce. Computer Vision: A Modern Approach. 北京:清华大学出版社,2004
参考资料	1. 郑南宁. 计算机视觉与模式识别. 北京:国防工业出版社,1998 年 2. David Marr. Vision-A Computational Investigation into the Human Representation and Processing of Visual Information. San Francisco W. H. Freeman and Company,1982 3. Stephen E. P. Vision Science: Photons to Phenomenology. Cambridge: The MIT Press,1999 4. Richard Hartley, and Andrew Zisserman, Multiple View Geometry in Computer Vision. 2nd. Cambridge: Cambridge University Press,2003 5. Richard O D,Peter E H,David G. S. Pattern Classification. 2nd. (Second Edition), New Jersey: John Wiley & Sons,Inc. ,2001 6. Ian Goodfellow, Yoshua Bengio, Aaron Courville. Deep Learning. Cambridge: MIT Press,2016
其他信息	

6.3.3 教学目的和基本要求(Teaching Objectives and Basic Requirements)

(1)了解计算机视觉的发展与应用及视觉认知的相关机理;
(2)掌握相机模型与标定方法;
(3)熟悉图像的光照模型与颜色模型;
(4)熟悉立体视觉原理、掌握立体匹配的基本方法;
(5)了解运动场的基本特点、掌握光流估计的基本方法;
(6)掌握图像特征点检测与匹配的基本方法;
(7)了解视觉感知组织机理、掌握图像分割的基本方法;
(8)了解视觉认知机理、掌握视觉识别的基本方法;
(9)掌握图像合成的基本方法;
(10)熟悉计算机视觉相关软件工具。

6.3.4　课程大纲和知识点(Syllabus and Key Points)

绪论(Introduction)

章节序号 Chapter Number	章节名称 Chapters	课时 Class Hour	知识点 Key Points
0.1	绪论 Introduction	2	(1) 计算机视觉发展 (2) 计算机视觉系统 (3) 人类视觉系统 (4) 计算机视觉应用 (1) The development of computer vision (2) Computer vision system (3) Human vision system (4) The applications of computer vision

第一章　视觉生理学与视觉认知基础(Visual Physiology and Visual Cognition Basics)

章节序号 Chapter Number	章节名称 Chapters	课时 Class Hour	知识点 Key Points
1.1	视觉生理学与经典理论 Visual physiology & classic theories of vision	2	(1) 视觉生理学 (2) 视觉经典理论 (3) 马尔视觉理论 (1) Visual physiology (2) Classic theories of vision (3) Marr's vision theory
1.2	视觉认知基础 Basics of visual cognition	2	(1) 视觉生理机制 (2) 视觉选择性 (3) 眼动与注意 (4) 视觉记忆与想象 (1) Visual physiological mechanisms (2) Visual selection (3) Eye movement and attention (4) Visual memory and imagery

第二章　图像形成与图像模型(Image Formation and Image Model)

章节序号 Chapter Number	章节名称 Chapters	课时 Class Hour	知识点 Key Points
2.1	相机模型 Camera model	2	(1) 图像传感器 (2) 针孔相机 (3) 透视投影与仿射投影 (4) 相机模型与相机参数 (1) Image sensors (2) Pinhole cameras (3) Perspective projection and affine projection (4) Camera model and camera parameters
2.2	相机标定 Camera calibration	2	(1) 最小二乘方法 (2) 相机标定的线性方法 (3) 相机畸变参数估计 (4) 奇异值分解 (1) Least-squares method (2) Linear approach to camera calibration (3) Distortion parameter estimation (4) Singular value decomposition(SVD)
2.3	图像模型 Image model	2	(1) 颜色视觉(色觉) (2) 光辐射测度 (3) 光源与光照模型 (4) 色彩与颜色模型 (5) 本征图像分解 (1) Color vision (2) Radiometry (3) Light source and shading model (4) Color and color model (5) Intrinsic image decomposition

第三章　立体视觉(Stereo Vision)

章节序号 Chapter Number	章节名称 Chapters	课时 Class Hour	知识点 Key Points
3.1	两视几何 Two-view geometry	2	(1) 深度感知 (2) 对极几何 (3) 本质矩阵与基础矩阵 (4) 弱标定 (1) Perceiving depth (2) Epipolar geometry (3) Essential matrix and foundation matrix (4) Weak calibration
3.2	立体匹配 Stereo matching	2	(1) 立体对应 (2) 视差与视差线索 (3) 极线约束 (4) 立体标定 (5) 立体匹配模型 (1) Stereo corresponding (2) Disparity and disparity cues (3) Epipolar constraints (4) Stereo calibration (5) Models for stereo matching

第四章　运动视觉(Motion Vision)

章节序号 Chapter Number	章节名称 Chapters	课时 Class Hour	知识点 Key Points
4.1	图像运动 Image motion	2	(1) 感知运动 (2) 运动场与光流场 (3) 光流方程与孔径问题 (4) 运动分解 (5) 光流估计 (1) Perceiving motion (2) Motion field and optical flow field (3) Optical flow equation and aperture problem (4) Motion decomposition (5) Optical flow estimation

续表

章节序号 Chapter Number	章节名称 Chapters	课时 Class Hour	知识点 Key Points
4.2	目标运动 Object motion	2	(1) 刚体运动与非刚体运动 (2) 目标表示与目标匹配 (3) 运动模型与观测模型 (4) 线性动态模型与卡尔曼滤波 (1) Rigid motion and non-rigid motion (2) Object representation and object matching (3) Motion model and observation model (4) Linear dynamic models and Kalman filtering

第五章 图像结构检测、表示与匹配(Image Structure Detection, Representation and Matching)

章节序号 Chapter Number	章节名称 Chapters	课时 Class Hour	知识点 Key Points
5.1	图像滤波 Image filtering	2	(1) 卷积与线性尺度空间 (2) 图像金字塔 (3) 边缘与边缘检测算子 (1) Convolution and linear scale space (2) Image Pyramids; (3) Edges and edge detectors
5.2	形状与纹理 Shape and texture	2	(1) 滤波器组 (2) 纹理基元与纹理表示 (3) 形状基元与形状表示 (4) 形状匹配 (1) Filter banks (2) Texton and texture representation (3) Shape primitives and shape representation (4) Shape matching

续表

章节序号 Chapter Number	章节名称 Chapters	课时 Class Hour	知识点 Key Points
5.3	特征检测与表示 Feature detection and feature representation	2	(1) 关键点 (2) 特征描述子 (3) 梯度直方图 (4) 尺度不变性特征变换 (5) 视觉词典 (1) Keypoints (2) Feature descriptors (3) Histogram of gradient(HoG) (4) Scale-invariant feature transform(SIFT) (5) Visual dictionary
5.4	特征匹配 Feature matching	2	(1) 图像表示 (2) 相似性与鲁棒匹配 (3) 哈希算法 (4) 图像检索 (1) Image representation (2) Similarity and robust matching (3) Hash algorithm (4) Image retrieval

第六章 感知聚类与分割方法(Perceptual Grouping and Segmentation)

章节序号 Chapter Number	章节名称 Chapters	课时 Class Hour	知识点 Key Points
6.1	感知组织与图像分割 Perceptual organization and image segmentation	2	(1) 感知组织 (2) 组织目标与场景 (3) 格式塔原理 (4) 感知聚类 (5) 视觉内插与视觉完形 (6) 图像分割 (1) Perceptual organization (2) Organizing objects and scenes (3) Gestalt principle (4) Perceptual grouping (5) Visual interpolation and visual completion (6) Image segmentation

续表

章节序号 Chapter Number	章节名称 Chapters	课时 Class Hour	知识点 Key Points
6.2	图像分割的聚类方法 Image segmentation by clustering	2	(1) 特征空间 (2) 聚类方法 (3) K-means (4) 亲和矩阵 (5) 谱聚类与 NCuts (1) Feature space (2) Clustering methods (3) K-means (4) Affinity matrix (5) Spectral clustering and Normalized cuts
6.3	图像分割的概率方法 Image segmentation by using probabilistic methods	2	(1) 概率模型 (2) 混合模型 (3) EM 算法 (4) 模型选择 (1) Probabilistic model (2) Mixture model (3) EM algorithm (4) Model selection
6.4	图像分割的模型拟合方法 Image segmentation by fitting a model	2	(1) 霍夫变换 (2) 直线与曲线拟合 (3) 鲁棒估计 (4) RANSAC (1) Hough transformation (2) Line and curve fitting (3) Robust estimation (4) RANSAC
6.5	马尔科夫随机场与推理算法 Markov random field and inference algorithms	2	(1) 随机场与马尔科夫随机场 (2) 能量模型 (3) 信任传播算法与图割 (1) Random field and Markov random field (2) Energy-based model(EBM) (3) Belief propagation algorithm and graph cut

第七章　视觉模式识别方法(Visual Pattern Recognition)

章节序号 Chapter Number	章节名称 Chapters	课时 Class Hour	知识点 Key Points
7.1	视觉分类 Visual classification	2	(1) 感知目标属性与部件 (2) 感知功能与类别 (3) 视觉分类 (4) 检测与鉴别 (5) 判别式模型与产生式模型 (1) Perceiving object properties and parts (2) Perceiving function and category (3) Visual classification (4) Detection and identification (5) Discriminative model and generative model
7.2	集成学习与支撑向量机 Ensemble learning and support vector machine	2	(1) 组合分类器与提升算法 (2) 支撑向量机与隐支撑向量机 (3) 可形变的部件模型 (4) 人脸检测与行人检测 (1) Ensemble classifier and boosting algorithm (2) Support vector machine(SVM) and Latent support vector machine(LSVM) (3) Deformable parts model(DPM) (4) Face detection and pedestrian detection
7.3	视觉识别的非度量方法 Nonmetric methods for visual recognition	2	(1) 决策树 (2) 分类与回归树 (3) 随机蕨与决策森林 (4) 人脸检测与对齐 (1) Decision tree (2) Classification and regression tree(CART) (3) Random ferns and decision forest (4) Face detection and alignment

续表

章节序号 Chapter Number	章节名称 Chapters	课时 Class Hour	知识点 Key Points
7.4	卷积网络 Convolutional network	2	(1) 感受野/知觉场 (2) 分层结构与分布式表示 (3) 卷积神经网络 (4) 前向推理与反传算法 (5) 图像分类网络与目标检测网络 (1) Perceptional field (2) Hierarchical structure and distributed representations (3) Convolutional neural network(CNN) (4) Forward inference and back-propagation algorithm (5) Image classification network and object detection network
7.5	递归网络 Recursive network	2	(1) 隐马尔科夫模型 (2) 递归神经网络 (3) 循环神经网络与长短时记忆网络 (4) 前-后向算法 (5) 动作识别 (1) Hidden Markov model(HMM) (2) Recursive neural network (3) Recurrent neural network and Long short-term memory(LSTM) (4) Forward-backward algorithm (5) Action recognition

第八章　图像合成方法(Image Synthesis)

章节序号 Chapter Number	章节名称 Chapters	课时 Class Hour	知识点 Key Points
8.1	图像变换 Image transformation	2	(1) 2D几何变换 (2) 2D透视变换与2D仿射变换 (3) 图像插值 (4) 图像变形 (1) 2D geometric transformation (2) 2D perspective transformation and 2D affine transformation (3) Image interpolation (4) Image morphing

续表

章节序号 Chapter Number	章节名称 Chapters	课时 Class Hour	知识点 Key Points
8.2	图像拼接 Image stitching	2	(1) 图像对齐与图像拼接 (2) 图像融合 (3) 图像编辑 (1) Image alignment and image stitching (2) Image blending (3) Image editing
8.3	基于图像的绘制 Image-based rendering	2	(1) 真实感绘制与非真实感绘制 (2) 场景建模 (3) 光场与光照模型 (4) 全光函数 (5) 纹理映射 (1) Photorealistic rendering and non-photorealistic rendering (2) Scene modeling (3) Light field and illumination model (4) Plenoptic function (5) Texture mapping
8.4	图像超分辨 Image super-resolution	2	(1) 图像分辨率 (2) 图像退化模型 (3) 图像重建 (4) 图像补全 (5) 超分辨重建网络 (1) Image resolution (2) Image degradation model (3) Image reconstruction (4) Image completion (5) Networks for super-resolution reconstruction
8.5	图像生成 Image generation	2	(1) 图像生成 (2) 产生式模型 (3) 图像采样 (4) 图像产生网络 (1) Image generation (2) Generative models (3) Image sampling (4) Networks for image generation

第九章　视觉应用系统(Visual Application System)

章节序号 Chapter Number	章节名称 Chapters	课时 Class Hour	知识点 Key Points
9.1	视觉 ADAS Visual advanced driver assistant system	2	(1) 视觉辅助驾驶系统 (2) 目标检测与跟踪 (3) 视觉测量 (4) 车道偏离报警 (5) 前向碰撞报警 (6) 自适应巡航 (7) 自动紧急刹车 (1) Visual advanced driver assistant system(vADAS) (2) Object detection and tracking (3) Visual measurement (4) Lane departure warning(LDW) (5) Forward collision warning(FCW) (6) Adaptive cruise control(ACC) (7) Automatic emergency braking(AEB)
9.2	视觉监控系统 Visual surveillance system	2	(1) 视觉监控系统 (2) 身份认证 (3) 异常行为检测 (4) 人群密度估计 (5) 事件检测 (1) Visual surveillance system (2) Identity authentication (3) Abnormal action detection (4) Crowd density estimation (5) Event detection

6.3.5 实验环节(Experiments)

序号 Num.	实验内容 Experiment Content	课时 Class Hour	知识点 Key Points
1	相机标定 Camera calibration	2	(1) 坐标系统与坐标变换 (2) 3D-2D 对应 (3) 相机内参数与外参数 (4) 张氏标定方法 (1) Coordinate system and coordinate transformation (2) 3D-2D correspondence (3) Intrinsic parameters and extrinsic parameters (4) Zhang's calibration method
2	车道线检测与拟合 Lane detection and fitting	2	(1) 逆透视变换 (2) 边缘检测 (3) 休变换 (4) 鲁棒曲线拟合 (1) Inverse perspective mapping (2) Edge detection (3) Hough transformation (4) Robust curve fitting
3	行人检测与动作识别 Pedestrian detection and action recognition	2	(1) 卷积神经网络与长短时记忆网络 (2) 行人检测网络 (3) 人体骨架序列 (4) 基于骨架的动作识别网络 (1) CNN&LSTM (2) CNN for pedestrian detection (3) Human skeleton sequence (4) Network models for skeleton-based action recognition
4	图像拼接 Image stitching	2	(1) 关键点检测与描述子 (2) 描述子匹配 (3) 几何变换 (4) 多通道图像融合 (1) Keypoints detection and descriptors (2) Descriptors matching (3) Geometric transformation (4) Multi-channel image fusion

大纲指导者：郑南宁教授（西安交通大学人工智能学院）
大纲制定者：袁泽剑副教授（西安交通大学人工智能学院）
大纲审定：西安交通大学人工智能学院本科专业知识体系建设与课程设置工作组

6.4 “强化学习与自然计算”课程大纲

课程名称：强化学习与自然计算
Course：Reinforcement Learning and Natural Computation
先修课程：概率统计与随机过程、人工智能的现代方法、现代控制工程
Prerequisites：Probability Theory and Stochastic Process，Modern Approaches of Artificial Intelligence，Modern Control Engineering
学分：4
Credits：4

6.4.1 课程目的和基本内容（Course Objectives and Basic Content）

本课程是人工智能学院本科生核心必修课程。

This course is a core compulsory course for undergraduates in College of Artificial Intelligence.

本课程主要围绕智能系统如何借鉴生物适应环境的目标导向、试错与奖惩、自主学习、进化与演化等机制，研究动态、开放环境下智能系统自主决策这一核心问题。课程以构建自适应行动决策模型与优化算法为主线，组织决策学习与优化计算领域的相关内容。通过本课程学习，夯实强化学习和自然计算的理论基础，提升运用所学知识分析和问题、解决问题和面向真实环境设计智能系统的能力，启发和激励学生进一步钻研探索前沿技术。

课程设置两部分内容。第一部分围绕强化学习这一主题，按由浅到深的三个层次组织授课内容。第一层次主要聚焦于强化学习的核心思想与基本概念，对应绪论和第一、二章，主要内容含马尔科夫决策过程、反馈评估、价值函数、优化和逼近等；第二层次为强化学习的基本方法，对应第三章到第五章，主要包括：①有模型强化学习包括价策略评估与改进、动态规划、价值迭代、策略迭代等经典算法；②免模型强化学习包括蒙特卡洛强化学习、时序差分学习。第三层次介绍深度强化学习及前沿问题，对应第

六、七章,主要包括:①基于值函数的深度强化学习和基于策略梯度深度强化学习的两种主流技术;②模仿与示教学习、注意与记忆等前沿强化学习技术。

第二部分介绍自然计算相关的概念、思想、方法和技术,重点讨论自然计算的启发思想以及从思想到可计算模型的形成和过渡,包括自然计算的基本概念、自然计算的统一模型、遗传算法、模拟退火算法、蚁群算法、免疫计算、量子计算、DNA 计算等。

课程采用授课、小组讨论、课后大作业和口头报告等多种模式训练学生综合应用强化学习和自然计算的方法解决实际问题的能力,并重视培养学生从思想、概念、模型、算法到系统的全链条科研能力。此外,该课程增加了对强化学习与自然计算中重要科学思想、核心算法的发展过程和未来趋势相关内容,通过小组讨论等环节,启发和引导学生发现问题、分析问题和解决问题的能力。

强化学习通过借鉴生物从与环境主动交互中学习获得适应性这一机制,经由人工智能与控制学科交叉融合发展而来,一直是机器学习、神经网络、最优控制等领域共同关注的重点方向,并被视为发展通用人工智能技术的重要途径。自然计算则是从模仿自然界特点,通过构建具有自适应、自组织的模型与算法,以解决传统计算方法难于解决的各种复杂问题。自然计算和强化学习的思想、方法和技术已广泛应用于人工智能、经济管理、社会学等多个学科。理解和掌握强化学习和自然计算的基本概念、基本原理和方法对夯实学生的人工智能基础理论、培养学生分析问题和解决问题的能力以及对他们在人工智能领域创新创业均具有十分重要的意义。

The concepts, computational models, and algorithms organized in this course belonging to the line of thinking inspired by goal guided, the reward and punishment mechanism, and evolving process that form basis for biologic systems live in dynamic and open environments. The purpose of this course is for students to lay a solid foundation of Reinforcement Learning and Natural Computation for students, improve their capabilities of applying knowledge to solve real decision-making problems and design intelligent systems for real world, and encourage their future research.

The course consists of two parts. Part I focus on Reinforcement Learning(RL), and the knowledge are organized in three levels. The first level consists of introduction and Chapter 1-2, in which basic ideas and fundamental knowledge of RL are presented. Major issues include Markov decision process, feedback evaluation, value function, optimization and approximation. The second level consists of Chapter 3-5. In this level, we first discuss model based RL methods which include policy evaluation and improvement, dynamic programming, value iteration, and policy iteration. We then introduce the model-free RL techniques, which includes Monte

Carlo methods and temporal difference learning. The third level consists of Chapter 6-7. We present two categories of deep RL methods, the value-based methods for deep RL and policy gradient methods for deep RL. We also discuss the frontiers of deep RL which cover topics including imitation learning, learning by demonstration, attention and memory, and challenges of applying RL to real world problems.

The second part introduces the concepts, ideas, methods and techniques related to natural computation. It focuses on the inspiration of natural computation, the formation and transition from ideas to computable models, including the basic concepts of natural computation, unified models of natural computation, genetic algorithms, simulated annealing algorithms, ant colony algorithm, immune computation, quantum computing, DNA computing, etc.

Integrating lectures, group discussions, after-school assignments, and oral presentations, the course trains students'ability to apply theoretical principles and methods to solve real problems using reinforcement learning and natural computation from multiple perspectives, dimensions and scales. Furthermore, it aims to sstrengthens students'capabilities ranging from proposing ideas, formulation of concept, building model and algorithms, and construction of systems. The course also inspires students by introducing the history, current state, and future development trends of the disciplines through group discussions. It is beneficious to train students to discover problems, analysis problems and solve problems.

Reinforcement learning is a computational approach to learning whereby an agent tries to maximize the total amount of reward it receives when interacting with a complex, uncertain environment. It is an interdisciplinary of artificial intelligence and control theory, and has been a long-term common research focus among several fields including machine learning, neural network, and optimal control. It is believed that reinforcement learning is a promising general approach to artificial intelligence adopted in open, dynamic environments. Inspired by the nature, natural computation aims to build adaptive, self-organized models and algorithms, to solve problems which are difficult for traditional computing methods. Both reinforcement learning and natural computation have been widely adopted in many disciplines including artificial intelligence, economics and management, and social science. Thus, understanding and mastering knowledge covered in the course is beneficial for students to lay solid theoretical basis, and provides a source of continual supports for their successful career in the future.

6.4.2　课程基本情况（Course Arrangements）

课程名称	强化学习与自然计算 Reinforcement Learning and Natural Computation							
开课时间	一年级		二年级		三年级		四年级	
	秋	春	秋	春	秋	春	秋	春
课程定位	本科生人工智能核心课程群必修课							
学　　分	4学分							
总 学 时	64学时 （授课64学时、实验0学时）							
授课学时分配	课堂讲授（64学时）							
先修课程	概率统计与随机过程、人工智能的现代方法、现代控制工程							
后续课程	无人驾驶平台							
教学方式	课堂教学、大作业与实验、小组讨论、综述报告							
考核方式	课程结束笔试成绩占60%，平时成绩占15%，实验成绩占10%，综述报告占10%，考勤占5%							
参考教材	1. Richard S S. Andrew G B. Reinforcement Learning：An Introduction. MIT Press，2015 2. 吴启迪. 自然计算导论. 上海：上海科学技术出版社，2011							
参考资料	薛健儒，魏平. 强化学习与自然计算实验指导书，2019							
其他信息								

人工智能核心	
必修（学分）	人工智能的现代方法（5）
	自然语言处理（2）
	计算机视觉与模式识别（4）
	强化学习与自然计算（4）
选修（学分）3选2	人工智能的科学理解（1）
	游戏AI设计与开发（1）
	虚拟现实与增强现实（2）

6.4.3　教学目的和基本要求（Teaching Objectives and Basic Requirements）

（1）理解强化学习的基本概念与基本方法；
（2）理解MDP、POMDP及值迭代方法；
（3）掌握动态规划、蒙特卡罗学习、时序差分学习等基本算法；
（4）理解预测与控制、规划与学习等基本方法；
（5）掌握基于价值的深度强化学习方法；
（6）掌握基于策略梯度的深度强化学习方法；
（7）初步具备能利用基本算法解决动态决策问题的能力；
（8）理解自然计算的基本概念；
（9）掌握自然计算的统一模型；
（10）掌握进化计算与遗传算法，具备仿真模拟该算法的能力；

(11) 理解模拟退火算法的基本思想,掌握计算方法与实现;
(12) 掌握分布估计算法;
(13) 了解蚁群算法的历史,理解基本概念,掌握基本算法;
(14) 了解免疫计算,掌握基本算法;
(15) 理解混沌与分形的基本概念;
(16) 了解量子计算、DNA 计算的思想,理解基本概念。

6.4.4 课程大纲和知识点(Syllabus and Key Points)

绪论(Introduction)

章节序号 Chapter Number	章节名称 Chapters	课时 Class Hour	知识点 Key Points
0.1	绪论 Introduction	2	(1) 强化学习的基本术语及概念 (2) 强化学习的基本要素 (3) 理解探索与利用困境 (4) 强化学习的主要应用 (1) Basic terminologies and concepts of RL (2) Elements of RL (3) Understanding exploration/exploitation dilemma (4) Applications of RL

第一章　评估性反馈(Evaluative Feedback)

章节序号 Chapter Number	章节名称 Chapters	课时 Class Hour	知识点 Key Points
1.1	N-摇臂赌博机问题 N-armed bandit problem	1	(1) N-摇臂赌博机中的探索与利用问题 (2) 交互中的三种反馈:直觉性、评估性与指导性 (1) Exploration and exploit in N-armed bandit problem (2) Three kinds of feedbacks in interaction: intuitive, evaluative, and instructive
1.2	动作-价值方法 Action-value methods		(1) 动作价值与动作选择 (1) Value of action, and action selection

续表

章节序号 Chapter Number	章节名称 Chapters	课时 Class Hour	知识点 Key Points
1.3	Softmax 动作选择 Softmax action selection	1	(1) 动作选择的 Softmax 函数 (1) Softmax function for action selection
1.4	增量式实现 Incremental implementation		(1) 动作-价值法的增量式实现 (1) Incremental implementation of action-value methods

第二章　强化学习问题(The Reinforcement Learning Problem)

章节序号 Chapter Number	章节名称 Chapters	课时 Class Hour	知识点 Key Points
2.1	智能体-环境界面 Agent-environment interface	2	(1) 强化学习的基本要素：智能体、环境、状态、奖励和策略 (1) Elements of RL：agent，environment，state，reward，and policy
2.2	目标、奖励与回报 Goal，reward，and return		(1) 交互学习的目标、奖励和回报 (2) 马尔科夫过程的基本概念与各组成要素 (3) 马尔科夫奖励过程的基本概念与各组成要素 (4) 价值函数与贝尔曼方程 (1) Goal，reward，and return in learning from interaction (2) Concept of Markov process and elements (3) Concept of Markov reward process and elements (4) Value function and Bellman equation
2.3	马尔科夫决策过程 Markov decision process	2	(1) 马尔科夫决策过程的基本要素 (2) 策略及策略确定的马尔科夫奖励过程 (3) 给定策略的价值函数 (1) Elements of Markov decision process (2) Policy and its Markov reward process (3) Value function under a policy

续表

章节序号 Chapter Number	章节名称 Chapters	课时 Class Hour	知识点 Key Points
2.4	最优价值函数 Value functions and optimal value functions	2	(1) 贝尔曼期望方程 (2) 最优价值函数 (3) 最优策略 (4) 贝尔曼最优性方程 (1) Bellman expectation equation (2) The optimal value function (3) The optimal policy (4) Bellman optimality equation
2.5	最优性及其近似 Optimality and approximation		(1) 贝尔曼最优性方程的逼近求解 (1) Solve Bellman optimality equation approximately

第三章　动态规划(Dynamic Programming)

章节序号 Chapter Number	章节名称 Chapters	课时 Class Hour	知识点 Key Points
3.1	动态规划 Dynamic programming	1	(1) 动态规划的基本思想与基本方法 (2) 预测与控制 (1) Basic idea and methods of dynamic programming (2) Prediction and control
3.2	策略评估与策略改善 Policy evaluation and policy improvement		(1) 迭代策略评估 (2) 贪婪动作选择以改善策略 (1) Policy optimization (2) e-greedy action selection to improve policy
3.3	策略迭代 Policy iteration	1	(1) 最优策略 (2) 策略迭代算法 (1) The optimal policy (2) Policy iteration algorithm.

续表

章节序号 Chapter Number	章节名称 Chapters	课时 Class Hour	知识点 Key Points
3.4	值迭代 Value iteration	1	(1) 最优性原理 (2) 确定性值迭代 (3) 值迭代算法 (1) Principle of optimality (2) Deterministic value iteration (3) Value iteration
3.5	异步动态规划 Asynchronous dynamic programming	2	(1) 同步动态规划 (2) 异步动态规划 (3) 实时动态规划 (1) Synchronous dynamic programming (2) Asynchronous dynamic programming (3) Real-time dynamic programming
3.6	通用策略迭代 Generalized policy iteration		(1) 通用策略迭代 (1) Generalized policy iteration

第四章 蒙特卡罗方法(Monte Carlo Methods)

章节序号 Chapter Number	章节名称 Chapters	课时 Class Hour	知识点 Key Points
4.1	蒙特卡罗策略评估 Monte Carlo policy evaluation	1	(1) 蒙特卡罗方法的基本思想 (2) 理解回合、首次访问蒙特卡罗方法、每次访问蒙特卡罗方法等基本概念 (3) 累进更新平均值、蒙特卡罗累进更新 (1) Idea of Monte Carlo method (2) Understanding basic concepts including episode, first-visit MC method, every-visit MC method (3) Incremental mean, Monte Carlo incremental mean
4.2	估计动作价值的蒙特卡罗方法 Monte Carlo estimation of action values		(1) 给定策略下状态-动作价值估计方法 (2) 持续探索问题 (1) Estimation value of action-state under a determined policy (2) The problem of maintaining exploration

续表

章节序号 Chapter Number	章节名称 Chapters	课时 Class Hour	知识点 Key Points
4.3	蒙特卡罗控制 Monte Carlo control	2	(1) 免模型控制 (2) 现时策略学习与离线策略学习 (3) 蒙特卡罗策略迭代：蒙特卡罗策略评估＋ε-贪婪策略改进 (1) Model-free control (2) On-policy learning and Off-policy learning (3) Monte Carlo policy iteration: Monte Carlo policy evaluation＋ε-greedy policy improvement
4.4	现时策略蒙特卡罗控制 On-policy Monte Carlo control		(1) 现时策略的蒙特卡罗控制 (2) GLIE 蒙特卡罗控制 (1) On-policy Monte Carlo control (2) GLIE Monte Carlo control
4.5	离线策略蒙特卡罗控制 Off-policy Monte Carlo control	1	(1) 重要性抽样 (2) 离线策略的蒙特卡罗控制 (1) Importance sampling (2) Off-policy Monte Carlo control
4.6	增量式实现 Incremental implementation		(1) 增量式实现方法 (1) Incremental implementation

第五章 时序差分学习(Temporal Difference Learning)

章节序号 Chapter Number	章节名称 Chapters	课时 Class Hour	知识点 Key Points
5.1	时序差分学习 Temporal Difference Learning	1	(1) 时序差分学习的基本思想 (2) 对比时序差分学习与蒙特卡罗方法 (1) Ideas of Temporal-difference learning (2) Comparisons between TD and MC
5.2	时序预测 TD prediction		(1) 引导、抽样等基本概念 (2) n 步预测与 n 步回报 (3) 前向视角的 TD、反向视角的 TD (1) Understanding concepts of bootstrapping and sampling (2) n-step prediction and n-step return (3) Forward view TD, backward TD

续表

章节序号 Chapter Number	章节名称 Chapters	课时 Class Hour	知识点 Key Points
5.3	Sarsa：现时策略时序控制 Sarsa：On-policy TD control	1	(1) 现时策略的时序差分控制 Sarsa 算法 (2) n-步 Sarsa 算法 (1) Sarsa：On-policy temporal-difference control (2) n-step Sarsa
5.4	Q 学习：离线策略时序差分控制 Q-learning：Off-policy TD control		(1) Q 学习：离线策略时序差分控制 (1) Q-learning：Off-policy TD control
5.5	演员-评论员方法 Actor-Critic methods	2	(1) 强化学习的三种形式：基于策略、基于价值函数、演员-评论员 (2) 策略的目标函数、策略优化、策略梯度 (3) 蒙特卡罗策略梯度 (4) 演员-评论员算法 (1) Three types RL：Policy-based，value-based RL，actor-critic (2) Policy objective functions，policy optimization，policy gradient (3) Monte Carlo policy gradient (4) Actor-critic algorithms

第六章　深度强化学习方法(Methods for Deep Reinforcement Learning)

章节序号 Chapter Number	章节名称 Chapters	课时 Class Hour	知识点 Key Points
6.1	深度 Q 网络 Deep Q-Network	2	(1) Q-学习 (2) 深度 Q 网络 (3) 深度 Q 网络的变体 (4) 分布式 DQN 及多步学习 (1) Q-learning (2) Deep Q-Network (3) Variants of DQN (4) Distributional DQN and multi-step learning

续表

章节序号 Chapter Number	章节名称 Chapters	课时 Class Hour	知识点 Key Points
6.2	深度强化学习的策略梯度梯度方法 Policy gradient methods for deep reinforcement learning	2	(1) 随机/确定性策略梯度 (2) 演员-评论员方法 (3) 自然策略梯度与可信域优化 (1) Stochastic/deterministic policy gradient (2) Actor-Critic methods (3) Natural policy gradient and trust region optimization
6.3	深度强化学习的泛化概念 The concept of generalization of reinforcement learning	2	(1) 特征选择 (2) 算法选择和函数逼近选择 (3) 目标函数调整与分级学习 (1) Feature selection (2) Choice of the learning algorithm and function approximation (3) Modifying the objective function and hierarchical learning

第七章　深度强化学习的前沿问题(Frontiers of Deep Reinforcement Learning)

章节序号 Chapter Number	章节名称 Chapters	课时 Class Hour	知识点 Key Points
7.1	模仿学习与示教学习 Imitation learning and learning by demonstration	2	(1) 模仿学习 (2) 示教学习 (1) Imitation learning (2) Learning by demonstration
7.2	注意与记忆 Attention and memory	2	(1) 记忆网络 (2) 微分神经计算机 (1) Memory network (2) Differentiable neural computer
7.3	自主学习 Learn to learn		(1) 自主学习的强化学习实现 (1) Learn to learn with RL
7.4	应用于真实世界问题的挑战 Challenges of applying RL to real-world problems		(1) 理解强化学习解决真实世界问题的主要难点问题 (1) Understanding the difficulties of applying RL to solve a real-world problem

第八章　自然计算的概念(Concepts of Natural Comutation)

章节序号 Chapter Number	章节名称 Chapters	课时 Class Hour	知识点 Key Points
8.1	自然计算的基本概念 Basic concepts of natural computation	2	(1) 自然计算的基本任务和概念 (2) 自然计算的历史及现状 (1) Basic tasks and concepts of natural computation (2) History and current status of natural computation
8.2	自然计算的研究分支 Research branches of natural computation		(1) 自然计算的基本分支 (1) Basic branches of natural computation
8.3	自然计算的统一模型 Unified model of natural computation	2	(1) 自然计算模式的总体形式化描述 (2) 自然计算模式的统一框架 (1) General formal description of natural computation modes (2) Unified framework for natural computation modes
8.4	自然计算模式 Natural computing modes		(1) 自然计算的模式综述 (1) Overview of natural computation modes

第九章　遗传算法(Genetic Algorithm)

章节序号 Chapter Number	章节名称 Chapters	课时 Class Hour	知识点 Key Points
9.1	遗传算法概述 Overview of genetic algorithm	1	(1) 遗传算法的产生 (2) 遗传算法的基本思想 (3) 遗传算法的研究进展 (1) Generation of genetic algorithm (2) The basic idea of genetic algorithm (3) Research progress of genetic algorithm

续表

章节序号 Chapter Number	章节名称 Chapters	课时 Class Hour	知识点 Key Points
9.2	遗传算法计算模型 Computation model of genetic algorithm	3	(1) 遗传算法的流程 (2) 遗传算法的形式化 (3) 遗传算法的马尔科夫链模型 (4) 遗传算法的计算框架 (1) The flow of genetic algorithm (2) Formalization of genetic algorithm (3) Markov chain model of genetic algorithm (4) The computational framework of genetic algorithm

第十章　模拟退火算法(Simulated Annealing Algorithm)

章节序号 Chapter Number	章节名称 Chapters	课时 Class Hour	知识点 Key Points
10.1	模拟退火算法概述 Overview of simulated annealing algorithm	1	(1) 模拟退火的产生 (2) 模拟退火的基本思想 (1) The origin of simulated annealing (2) The basic idea of simulated annealing
10.2	模拟退火计算模型 Computation model of simulated annealing	1	(1) 模拟退火算法的流程 (2) 模拟退火算法的形式化 (3) 模拟退火算法的计算框架 (1) The flow of the simulated annealing algorithm (2) Formalization of simulated annealing algorithm (3) The computational framework of the simulated annealing algorithm

第十一章　分布估计算法(Estimation of Distribution Algorithm)

章节序号 Chapter Number	章节名称 Chapters	课时 Class Hour	知识点 Key Points
11.1	分布估计算法概述 Overview of estimation of distribution algorithm	1	(1) 分布估计算法的产生 (2) 分布估计算法的基本思想 (1) Generation of estimation of distribution algorithm (2) The basic idea of the estimation of distribution algorithm

续表

章节序号 Chapter Number	章节名称 Chapters	课时 Class Hour	知识点 Key Points
11.2	分布估计算法模型 Estimation of distribution algorithm model	2	(1) 分布估计算法的流程 (2) 分布估计算法的形式化 (3) 分布估计算法的计算框架 (1) Flow of the estimation of distribution algorithm (2) Formalization of the estimation of distribution algorithm (3) The computational framework of the estimation of distribution algorithm
11.3	典型分布的估计算法 Typical estimation of distribution algorithm	1	(1) 离散的分布估计算法 (2) 连续的分布估计算法 (1) Discrete estimation of distribution algorithm (2) Continuous estimation of distribution algorithm

第十二章 群体智能与蚁群算法(Swarm Intelligence and Ant Colony Algorithm)

章节序号 Chapter Number	章节名称 Chapters	课时 Class Hour	知识点 Key Points
12.1	群体智能概述 Overview of swarm intelligence	1	(1) 群体智能的基本概念 (2) 群体智能的产生与研究现状 (3) 典型的群体智能算法 (1) The basic concept of swarm intelligence (2) The emergence and research status of swarm intelligence (3) Typical swarm intelligence algorithm
12.2	蚁群算法概述 Overview of ant colony algorithm	1	(1) 蚁群算法的产生 (2) 蚁群算法的基本思想 (1) The emergence of ant colony algorithm (2) The basic idea of ant colony algorithm
12.3	蚁群算法模型 Ant colony algorithm model	2	(1) 蚁群算法的流程 (2) 蚁群算法的形式化 (3) 蚁群算法的计算框架 (1) The flow of ant colony algorithm flow (2) Formalization of ant colony algorithm (3) The computational framework of the ant colony algorithm

第十二章 免疫计算(Immunc Computing)

章节序号 Chapter Number	章节名称 Chapters	课时 Class Hour	知识点 Key Points
13.1	人工免疫系统概述 Overview of artificial immune system	1	(1) 人工免疫系统基本概念 (2) 人工免疫系统的研究现状 (3) 人工免疫系统的应用 (1) Basic concepts of artificial immune system (2) Research status of artificial immune system (3) Application of artificial immune system
13.2	免疫计算概述 Overview of immune computing	1	(1) 免疫计算的产生 (2) 典型的人工免疫算法 (1) Generation of immune computing (2) Typical artificial immune algorithm
13.3	免疫计算框架模型 Immune computing framework	2	(1) 人工免疫算法描述 (2) 人工免疫算法的形式化 (3) 人工免疫算法的计算框架 (1) Artificial immune algorithm description (2) Formalization of artificial immune algorithms (3) The computational framework of artificial immune algorithm

第十四章 混沌与分形(Chaos and Fractals)

章节序号 Chapter Number	章节名称 Chapters	课时 Class Hour	知识点 Key Points
14.1	混沌的概念 The concept of chaos	2	(1) 混沌的基本概念 (2) 奇异吸引子与混沌轨迹 (1) The basic concept of chaos (2) Singular attractors and chaotic trajectories
14.2	分形的概念 The concept of fractals	2	(1) 分形的基本概念及状态 (2) 经典分形和自相似 (1) The basic concept and state of fractals (2) Classic fractals and self-similarity

第十五章 量子计算(Quantum Computing)

章节序号 Chapter Number	章节名称 Chapters	课时 Class Hour	知识点 Key Points
15.1	量子计算概述 Overview of quantum computing	1	(1) 量子计算的提出 (2) 量子计算的发展 (3) 量子计算机 (1) Proposal of quantum computing (2) Development of quantum computing (3) Quantum computer
15.2	量子计算的基本原理 The basic principles of quantum computing	1	(1) 量子的概念 (2) 量子位 (1) The concepts of quantum (2) Qubit

第十六章 DNA 计算(DNA Computing)

章节序号 Chapter Number	章节名称 Chapters	课时 Class Hour	知识点 Key Points
16.1	DNA 计算的概念 The concept of DNA computing	1	(1) DNA 计算的产生 (2) DNA 计算的发展 (3) DNA 计算机 (1) Generation of DNA calculations (2) Development of DNA computing (3) DNA computer
16.2	DNA 计算模型 DNA computing model	1	(1) DNA 计算的数学原理 (2) DNA 计算优缺点分析 (1) The mathematical principles of DNA computing (2) Analysis of advantages and disadvantages of DNA computing

大纲指导者：郑南宁教授(西安交通大学人工智能学院)

大纲制定者：薛建儒教授(西安交通大学人工智能学院)、魏平副教授(西安交通大学人工智能学院)

大纲审定：西安交通大学人工智能学院本科专业知识体系建设与课程设置工作组

6.5 “人工智能的科学理解”课程大纲

课程名称：人工智能的科学理解——控制论与人工智能、智能系统的信念

Course：A Scientific Understanding of Artificial Intelligence—Cybernetics and AI,Beliefs of AI Systems

先修课程：概率统计与随机过程、现代控制工程、人工智能的现代方法、自然语言处理、理论计算机科学的重要思想

Prerequisites：Probability Theory and Stochastic Process，Modern Control Engineering，Modern Approaches of Artificial Intelligence，Natural Language Processing，Great Ideas in Theoretical Computer Science

学分：1

Credits：1

6.5.1 课程目的和基本内容(Course Objectives and Basic Content)

本课程是人工智能学院本科生选修课，课程由两个主题(Topic)组成，包括主题1：控制论与人工智能(Cybernetics and AI)和主题2：智能系统的信念(Beliefs of AI Systems)。

This course is an elective course for undergraduates in College of Artificial Intelligence. It consists of two topics：1. Cybernetics and AI,2. Beliefs of AI Systems.

主题1旨在更好地理解人工智能与计算机、控制论之间的联系，阐述反馈(feedback)、控制(control)以及行为模拟在人工智能系统中的重要作用，回顾和重新认识维纳的控制论对人工智能发展的贡献，了解麦卡洛克和匹茨提出的第一个人工神经细胞模型(“MP模型”,1943)，该模型给出了基于仿生学结构模拟的方法探讨实现人工智能的途径，介绍细胞自动机的自我复制机制；并从维纳的*Cybernetics*(控制论，1948)和艾什比1954年的名著*Design of A Brain*出发，讨论如何从行为模拟出发研究人工智能。控制论作为人工智能早期理论基础之一，对人工智能的发展产生巨大的推动作用。1950年，英国科学家图灵发表论文*Computing Machinery and Intelligence*，这一人工智能领域的开山之作论述了图灵测试，开启了用计算机模拟人的智能的研究时代。现代人工智能是与计算机、控制论一起成长的，但需要强调的是：

为创造可以思维的机器而开展的科学探索是由控制论引发的，或者更明确地说，是由思维机械化的观念引发的，这种观念来源于对大脑思维的分析而得到的灵感和启发，并已成为当今切实的科学框架。

Topic 1 aims to provide a better understanding of the connection between artificial intelligence, computers and cybernetics, to illustrate the important role of feedback, control and behavioral simulation in AI systems, and to review and re-recognize the contribution of Wiener's Cybernetics(1948) to the development of AI, learn about the first artificial nerve cell model (MP model, 1943) proposed by McCulloch and Pitts, and discuss how to study artificial intelligence based on behavioral simulation from Wiener's "Cybernetics" and Ashby's "Design of A Brain" (1954). Cybernetics, as one of the early theoretical foundations of artificial intelligence, has played a great role in promoting the development of AI. In 1950, Alan Turing published his paper "Computing Machinery and Intelligence", a pioneering work in the field of AI, which discussed Turing testing and opened the era of computer simulation of human intelligence. Modern artificial intelligence has grown with computers and cybernetics, but it needs to be emphasized that scientific exploration for creating thinking machines was initiated by cybernetics or, more specifically, by the idea of mechanization of thinking, which was inspired by the analysis of brain thinking and has become a practical scientific framework by now.

主题 2 旨在如何从信念的角度去理解认知、思维和人工智能三者的关系，阐述人类如何认识事物这一基本问题，探讨信念、知识和模型的定义和信念评价的科学方法，以及机器人是否拥有信念的问题，启发学生在修完人工智能核心专业课程后，进一步思考如何使"一个物理组织或系统（人工智能或机器人）具有信念"。人工智能系统的信念可以在一种"贝叶斯信念网络"中进行计算，也可以通过系统数据库中命题的添加、修改或删除来进行更新，修改可以由程序员或人工智能系统的"自修改"完成，如用机器学习的方法实现；而与真实物理世界交互的自治机器人(Autonomous robots)，如自主驾驶汽车(Autonomous vehicles)，可以根据各种传感器提供的环境数据不断更新它们的世界模型，形成信念。

Topic 2 aims to explain the relationship among cognition, thinking and AI from the perspective of belief, expound the basic problem of how humans know objects, explore the definitions of belief, knowledge and model, the scientific method of belief evaluation, as well as whether robots have beliefs. so as to inspire students to think further about how to enable "a physical organization or system(AI system or robots) to have belief ",after learning the core courses of AI. The beliefs of AI systems can be calculated in a "Bayesian belief network" or updated by adding, modifying or deleting propositions in the system database. The modifications can be accomplished by programmers or "self-modifying" of AI systems, such as machine learning. However, autonomous robots that interact with the real physical world, autonomous vehicles, for example, can constantly update their world models and form beliefs based on environmental data provided by various sensors.

6.5.2 课程基本情况(Course Arrangements)

<table>
<tr><td>课程名称</td><td colspan="9">人工智能的科学理解——控制论与人工智能、智能系统的信念
A Scientific Understanding of Artificial Intelligence—Cybernetics and AI, Beliefs of AI Systems</td></tr>
<tr><td rowspan="2">开课时间</td><td colspan="2">一年级</td><td colspan="2">二年级</td><td colspan="2">三年级</td><td colspan="2">四年级</td><td rowspan="6">
<table>
<tr><td colspan="2">人工智能核心</td></tr>
<tr><td rowspan="4">必修
(学分)</td><td>人工智能的现代方法(5)</td></tr>
<tr><td>自然语言处理(2)</td></tr>
<tr><td>计算机视觉与模式识别(4)</td></tr>
<tr><td>强化学习与自然计算(4)</td></tr>
<tr><td rowspan="3">选修
(学分)
3 选 2</td><td>人工智能的科学理解(1)</td></tr>
<tr><td>游戏 AI 设计与开发(1)</td></tr>
<tr><td>虚拟现实与增强现实(2)</td></tr>
</table>
</td></tr>
<tr><td>秋</td><td>春</td><td>秋</td><td>春</td><td>秋</td><td>春</td><td>秋</td><td>春</td></tr>
<tr><td>课程定位</td><td colspan="8">本科生人工智能核心课程群选修课</td></tr>
<tr><td>学　　分</td><td colspan="8">1 学分</td></tr>
<tr><td>总 学 时</td><td colspan="8">16 学时
(授课 16 学时、实验 0 学时)</td></tr>
<tr><td>授课学时分配</td><td colspan="8">课堂讲授(12 学时),
文献阅读与小组讨论(4 学时)</td></tr>
<tr><td>先修课程</td><td colspan="9">概率统计与随机过程、现代控制工程、人工智能的现代方法、自然语言处理、理论计算机科学的重要思想</td></tr>
<tr><td>后续课程</td><td colspan="9"></td></tr>
<tr><td>教学方式</td><td colspan="9">课堂讲授、文献阅读与小组讨论、大作业</td></tr>
<tr><td>考核方式</td><td colspan="9">课程结束笔试成绩占 60%,大作业占 40%</td></tr>
<tr><td>参考教材</td><td colspan="9">1. 郝季仁. 控制论(或关于在动物和机器中控制和通信的科学). 第二版(1961). N. 维纳著,北京:科学出版社. 2009
2. Nils J. Nilsson. 理解信念. 王飞跃,等译. 北京:机械工业出版社,2016</td></tr>
<tr><td>参考资料</td><td colspan="9">1. Nanning Zheng, et al. Hybrid-Augmented Intelligence: Collaboration and Cognition. Frontiers of Information Technology & Electronic Engineering, 2017, 18(2): 153-179
2. 彭永东. 控制论的发生与传播研究. 太原:山西教育出版社,2011</td></tr>
<tr><td>其他信息</td><td colspan="9"></td></tr>
</table>

6.5.3 教学目的和基本要求(Teaching Objectives and Basic Requirements)

主题1 控制论与人工智能

(1) 理解控制论的基本概念与控制的属性;

(2) 了解控制论的基本方法、研究对象及其特征,理解信息与通信中的时间序列的基本分析方法;

(3) 通过控制论中的生理和心理因素,讨论机器与生命体(计算机与神经系统)的类比;

(4) 理解反馈、控制与行为的机器模拟之间的关系;

(5) 了解控制论对人工智能等学科发展的贡献;

主题2 智能系统的信念

(1) 掌握信念的基本概念,了解理论、陈述性知识和程序性知识、模型等概念;

(2) 认识信念的作用,了解信念通过何种机理来实现其作用;

(3) 理解信念的评价过程,熟悉批判性思维的三要素、信念网络;

(4) 理解信念强度的概率表示方法,了解给信念指定概率的两种途径,了解贝叶斯信念网络;

(5) 掌握自治机器人信念的基本概念,理解其存在形式及更新方式。

6.5.4 课程大纲和知识点(Syllabus and Key Points)

主题1 控制论与人工智能(Cybernetics and AI)

章节序号 Chapter Number	章节名称 Chapters	课时 Class Hour	知识点 Key Points
1	控制论的基本概念与控制的属性 Basic concepts of cybernetics and attributes of control	1.5	(1) 控制论是一门什么样的科学 (2) 控制概念的属性 (3) 控制与行为的因果关联 理解控制论的出现所带来的方法论,对于现代学科的产生和发展的重要性;控制概念的最基本属性是"目的性","控制"与"行为"密切关联、互为因果 (1) What kind of science is cybernetics? (2) Attributes of the concept of control (3) Causal link between control and behavior Understanding the methodologies brought about by cybernetics is of great importance to the emergence and development of modern disciplines. The most basic attribute of the concept of control is "purposiveness", and "control" is closely related to "behavior" and mutually causal

续表

章节序号 Chapter Number	章节名称 Chapters	课时 Class Hour	知识点 Key Points
2	控制论的基本方法、研究对象及其特征 Basic methods, objects and characteristics of cybernetics	1.5	(1) 简述控制论的统计理论基础 (2) 讲解控制系统所接收和加工的信息流的统计性质与数学表示 (3) 讨论控制系统的负反馈与熵减少过程 控制系统是一个与周围环境密切联系的系统,与自发地趋于热平衡的系统和过程不同,控制系统通过自身的"反馈"可以减少系统的"无组织程度",即控制系统中经常发生熵减少的过程 (1) Brief introduction to the statistical theoretical basis of cybernetics (2) Explain the statistical properties and mathematical representations of the information flow received and processed by the control system. (3) Negative feedback and entropy reduction of control systems are discussed Control system is a kind of system which is closely related to the surrounding environment. The control system is a system closely related to the surrounding environment. Different from the system and process that tend toward heat balance spontaneously, the control system can reduce the "unorganized degree" of the system through its own "feedback", that is, the process of entropy reduction often occurs in the control system
3	机器与生命体(计算机与神经系统)的类比 The analogy between machine and living body (computer and nervous system)	1.5	(1) 控制论中的生理和心理因素 (2) 计算机与神经系统的类比 (3) 推理是计算吗 (4) 人与机器协同的混合智能 理解控制论中的生理和心理因素行为;理解控制论的另一重要概念,即生命与非生命体没有本质的不同,它们都遵循着统一的物理化学规律;功能模拟与人工智能、仿生的关系;符号语言和推理如何使人类智能扩展到非生命计算系统;如何实现人机协作的混合增强智能

续表

章节序号 Chapter Number	章节名称 Chapters	课时 Class Hour	知识点 Key Points
3	机器与生命体(计算机与神经系统)的类比 The analogy between machine and living body (computer and nervous system)	1.5	(1) Physiological and psychological factors in cybernetics (2) Analogy between computer and nervous system (3) Is reasoning a type of calculation (4) Hybrid intelligence based on human-machine collaboration Understanding the behavior of physiological and psychological factors in cybernetics; understanding another important concept of cybernetics, that is, there is no essential difference between life and non-life, they all follow a unified physical and chemical law; the relationship between functional simulation, artificial intelligence and bionics; how symbolic language and reasoning extend human intelligence to non-living computing systems; and how to realize hybrid augmented intelligence in the framework of man-machine collaboration
4	反馈、控制与行为的机器模拟 Feedback, control and machine simulation of behavior	1.5	(1) 控制论中的反馈与控制 (2) 控制论的创见-行为功能模拟 (3) 控制、通信、反馈和信息的关系 从控制和信息的角度理解目的性是智力和生命的一个本质特征;分析反馈系统的稳定性和计算机的记忆、运算和控制装置的特点,以及控制、通信、反馈和信息的关系 (1) Feedback and control in cybernetics (2) The creative idea of cybernetics-behavioral function simulation (3) The relationship between control, communication, feedback and information Understanding purposiveness from the perspective of control and information is an essential feature of intelligence and life; analyzing the stability of feedback system and the characteristics of computer memory, operation and control devices, as well as the relationship between control, communication, feedback and information

主题 2　智能系统的信念(Beliefs of AI Systems)

章节序号 Chapter Number	章节名称 Chapters	课时 Class Hour	知识点 Key Points
1	信念、知识和模型 Beliefs, knowledge and model	1	(1) 信念的概念及其性质 (2) 陈述性知识和程序性知识的概念及性质 (3) 模型的概念 (4) 信念获得的途径及心理结构 理解信念、知识与模型的关系,讨论信念获得的两个途径,即感觉、对已相信结果的解释和衍生结果;讨论信念的心理结构,由感觉获得信念的过程给出信念的两种心理结构,即结果和解释 (1) The concept and nature of belief (2) Concept and nature of declarative knowledge and procedural knowledge (3) Concept of model (4) Ways to acquire beliefs and the psychological structure of beliefs Understanding the relationship between beliefs, knowledge and models, discussing two ways to acquire beliefs, namely, feeling, interpretation of believed results and derivative results, and discussing the psychological structure of beliefs - the process of acquiring beliefs from sensation gives two psychological structures of beliefs, i. e. results and explanations
2	信念的作用:预测与选择 The role of belief: prediction and choice of action	0.5	(1) 信念的作用 (2) 信念如何帮助预测和选择行动 (3) 信念如何帮助解释观察 (4) 信念的深度分级 理解信念的作用:预测和选择行动,讨论信念的深度分级 (1) The role of beliefs (2) How beliefs help predict and choose action (3) How beliefs help explain observations (4) Deep classification of beliefs Understanding the role of beliefs: predicting and choosing action, discussing the deep grading of beliefs

续表

章节序号 Chapter Number	章节名称 Chapters	课时 Class Hour	知识点 Key Points
3	信念的评价与信念网络 Evaluating beliefs and network of beliefs	1	(1) 理解信念的评价过程 (2) 讨论批判性思维的三要素：测试结果、创造解释和解释消除 (3) 结合实例理解信念网络及其中各层之间的相互关系 理解评价信念、批判性思维、测试结果、创造解释、解释消除、信念网络的基本概念 (1) Understand the evaluation process of beliefs (2) Discuss the three elements of critical thinking: test results, creative interpretation and explanatory elimination (3) Understand the relationship between belief networks and their layers with examples Understanding how to evaluate beliefs, test consequences, construct critical thinking, and basic concepts of creating interpretation, eliminating interpretation and belief network
4	信念强度的概率表示与推理 The probability representation of belief intensity and reasoning	1	(1) 给出信念强度的概率表示方法 (2) 了解信念指定概率的两大途径 (3) 讨论贝叶斯信念网络以及因果推理和证据推理 人工智能系统的信念可以在一种"贝叶斯信念网络"中进行计算，也可以人工智能系统的"自修改"完成 (1) Give the probability representation of belief intensity (2) Two ways to understand the probability of belief assignment (3) Discuss Bayesian belief networks, causal and evidential reasoning The beliefs of AI systems can be calculated in a Bayesian belief network, and the updating of beliefs can also be accomplished by "self-modifying" of AI systems

续表

章节序号 Chapter Number	章节名称 Chapters	课时 Class Hour	知识点 Key Points
5	科学方法 Scientific method	1	(1) 科学方法的概念 (2) 讨论科学知识的构成，理解科学理论的概念及其性质 (3) 由电磁波理论的发展历史，理解科学研究的发展过程 "科学方法"是一种高度自律的了解自然世界的一种策略，它隐含着批判性思维，其中包括仔细观察和为这些观察创造和测试解释。 理解在科学知识学习和科学理论构建中科学方法的重要性，并进一步理解辩论和批评对增强科学客观性的重要作用 (1) Concept of scientific method (2) Discuss the composition of scientific knowledge and understand the concept and nature of scientific theory. (3) Understand the development process of scientific research from the development history of electromagnetic wave theory "Scientific method" is a highly self-disciplined strategy for understanding the natural world. It implies critical thinking, including careful observation, creation and testing of explanations for these observations. Understand the importance of scientific methods in the study of scientific knowledge and the construction of scientific theories, and further understand the important role of debate and criticism in enhancing the objectivity of science
6	机器人信念 Robot beliefs	1.5	(1) 掌握机器人信念的概念，了解其存在形式 (2) 讨论机器人信念的更新方法 (3) 机器人信念与人类信念的关系 像人类一样，许多机器人和其他计算机系统能够产生复杂的行为，包括物理的行为和认知。例如，与真实物理世界交互的自治机器人、自主驾驶汽车，可以根据各种传感器提供的环境数据不断更新它们的世界模型，形成信念

续表

章节序号 Chapter Number	章节名称 Chapters	课时 Class Hour	知识点 Key Points
6	机器人信念 Robot beliefs	1.5	(1) Master the concept of robot beliefs and understand its form of existence (2) Discuss ways to update robot beliefs (3) The relationship between robot beliefs and human beliefs Like humans, many robots and other computer systems are capable of complex behaviors, both physical and cognitive. On the physical side, for example, autonomous robots interacting with the real physical world, such as autonomous driving vehicles, can constantly update their world models and form beliefs based on the environmental data provided by various sensors

大纲制定者：郑南宁教授(西安交通大学人工智能学院)

大纲审定：西安交通大学人工智能学院本科专业知识体系建设与课程设置工作组

6.6 "游戏AI设计与开发"课程大纲

课程名称：游戏AI设计与开发

Course: Game Artificial Intelligence

先修课程：计算机程序设计、人工智能的现代方法、强化学习与自然计算

Prerequisites: Computer Programming, Modern Approaches of Artificial Intelligence, Reinforcement Learning and Natural Computing

学分：1

Credits: 1

6.6.1 课程目的和基本内容(Course Objectives and Basic Content)

本课程是人工智能学院本科生选修课。

This course is an elective course for undergraduates in College of Artificial Intelligence.

游戏技术涉及许多与现代游戏开发、设计和制作相关的核心技术领域。这些领域大多是由关键的人工智能技术驱动的，例如专家领域知识系统、搜索和最优化以及游戏中的计算智能。本课程的主要目标是理解、设计、实现和使用基本和新的AI技术，以在游戏中生成有效的智能行为。

本课程旨在向学生介绍基础和高级游戏人工智能主题的理论，并提供按照商业标准开发游戏AI算法的实践经验。其核心目标包括：使学生熟悉并能够理解基本和高级游戏人工智能技术以及提高学生按照商业标准制作开发游戏智能方法的能力。

本课程涵盖的主题包括：AI/游戏AI的历史、游戏开发背景下的AI方法、使用AI玩游戏、使用AI生成内容、使用AI模拟玩家、前沿动态和前景展望等。

Game technology incorporates a number of core technical fields that are relevant for modern game development, design and production. Most of these areas are driven by key artificial intelligence techniques such as expert domain-knowledge systems, search and optimization, and computational intelligence in games. The primary goal of this unit is the understanding, design, implementation and use of basic and nouvelle AI techniques for generating efficient intelligent behaviors in games.

The course aims to introduce students to the theory of basic and advanced game artificial intelligence topics and provide hands-on experience on the implementation of popular algorithms on commercial-standard games. The core aims of the unit are as follows: students get familiar with and are able to theorize upon basic and advanced game artificial intelligence techniques; students develop intelligent game agents for commercial-standard productions.

The topics covered in this unit include: history of AI/game AI, AI methods in games context, using AI to Play Games, using AI to Generate Contents, using AI to Model Players, frontiers and outlook.

6.6.2 课程基本情况(Course Arrangements)

<table>
<tr><td>课程名称</td><td colspan="8">游戏 AI 设计与开发
Game Artificial Intelligence</td></tr>
<tr><td rowspan="2">开课时间</td><td colspan="2">一年级</td><td colspan="2">二年级</td><td colspan="2">三年级</td><td colspan="2">四年级</td></tr>
<tr><td>秋</td><td>春</td><td>秋</td><td>春</td><td>秋
春</td><td>小学
期</td><td>秋</td><td>春</td></tr>
<tr><td>课程定位</td><td colspan="8">本科生人工智能核心课程群选修课</td></tr>
<tr><td>学　　分</td><td colspan="8">1 学分</td></tr>
<tr><td>总 学 时</td><td colspan="8">22 学时(授课 16 学时、
实验 6 学时)</td></tr>
<tr><td>授课学时
分配</td><td colspan="8">课堂讲授(15 学时),
课程设计报告(1 学时)</td></tr>
<tr><td>先修课程</td><td colspan="8">计算机程序设计、人工智能的现代方法、强化学习与自然计算</td></tr>
<tr><td>后续课程</td><td colspan="8"></td></tr>
<tr><td>教学方式</td><td colspan="8">课堂讲授、大作业与实验、综述报告</td></tr>
<tr><td>考核方式</td><td colspan="8">课程结束笔试成绩占 60%,大作业占 20%,实验成绩占 10%,综述报告占 10%</td></tr>
<tr><td>参考教材</td><td colspan="8">Georgios N. Y, Julian Togelius. Artificial Intelligence and Games. Berlin: Springer, 2018</td></tr>
<tr><td>参考资料</td><td colspan="8"></td></tr>
<tr><td>其他信息</td><td colspan="8"></td></tr>
</table>

<table>
<tr><td colspan="2">人工智能核心</td></tr>
<tr><td rowspan="4">必修
(学分)</td><td>人工智能的现代方法(5)</td></tr>
<tr><td>自然语言处理(2)</td></tr>
<tr><td>计算机视觉与模式识别(4)</td></tr>
<tr><td>强化学习与自然计算(4)</td></tr>
<tr><td rowspan="3">选修
(学分)
3 选 2</td><td>人工智能的科学理解(1)</td></tr>
<tr><td>游戏 AI 设计与开发(1)</td></tr>
<tr><td>虚拟现实与增强现实(2)</td></tr>
</table>

6.6.3 教学目的和基本要求(Teaching Objectives and Basic Requirements)

(1) 了解游戏 AI 的定义、发展历史、人工智能与游戏的联系;

(2) 了解并掌握游戏开发背景下的人工智能方法;

(3) 了解使用 AI 玩游戏的动机,掌握应用于玩游戏的基于规划方法、强化学习、监督学习、混合方法;

(4) 了解使用AI生成游戏内容的动机，掌握应用于游戏内容生成的基于搜索的方法、基于求解器的方法、基于语法的方法、元胞自动机、噪声与分形与机器学习方法；

(5) 了解使用AI建模玩家的定义与动机，掌握应用于玩家建模的监督/无监督学习以及强化学习方法；

(6) 了解游戏AI设计与开发的前沿进展。

6.6.4 课程大纲和知识点(Syllabus and Key Points)

第一章 概述与AI方法回顾(Overview and Revisiting AI methods)

章节序号 Chapter Number	章节名称 Chapters	课时 Class Hour	知识点 Key Points
1.1	概述 Overview	0.5	(1) 游戏AI的定义与发展历史 (2) 游戏开发与AI研究的联系 (3) 学术界与工业界的进展 (1) Definition and history of game AI (2) Benefits of AI for games (3) The academic and industrial development
1.2	游戏开发背景下的AI方法回顾 Revisiting AI methods in games context	1.5	(1) 知识表示、目标功能及学习 (2) 寻路算法：A*算法及导航网格、人工势场 (3) 领域知识专家系统：有限状态机与行为树 (4) 搜索：基本搜索、最小-最大搜索、树搜索和蒙特卡罗搜索 (5) 游戏中的计算智能：进化计算，监督/无监督学习，强化学习 (1) Knowledge representation, utility and learning (2) Pathfinding: A* and beyond-navigation meshes, artificial potential fields (3) Expert domain-knowledge systems: finite state machines, behavior trees (4) Search: basic search, min-max search, tree-search, Monte-carlo tree search (5) Computational intelligence for games: evolutionary computation, Supervised/unsupervised learning, reinforcement learning

第二章　使用AI玩游戏(Using AI to Play Games)

章节序号 Chapter Number	章节名称 Chapters	课时 Class Hour	知识点 Key Points
2.1	引言 Introduction	0.5	(1) AI玩游戏的动机： (2) AI可以扮演玩家角色或非玩家角色以在游戏中取得胜利或获得游戏经验 (3) 目标与定位： (a) 以玩家身份在游戏中取得胜利 (b) 以非玩家身份在游戏中取得胜利 (c) 以玩家身份获取游戏经验 (d) 以非玩家身份获取游戏经验 (1) Motivation (2) AI could be playing a game to win or for the experience of play either by taking the role of the player or the role of a non-player character (3) Summary of AI game-playing goals and roles (a) Playing to win in the player role (b) Playing to win in a non-player role (c) Playing for experience in the player role (d) Playing for experience in a non-player role
2.2	游戏设计与AI设计准则 Game design and AI design considerations	0.5	(1) 游戏特征：可观察性、随机性及时间粒度 (2) AI算法设计特征 (a) 游戏状态如何表示 (b) 是否存在前向模型 (c) 是否有足够训练时间 (d) 是否设计通用AI玩家 (1) Characteristics of games：observability，stochasticity and time granularity (2) Characteristics of AI algorithms design (a) How is the game state represented (b) Is there a forward model (c) Do you have time to train (d) How many games are you playing

续表

章节序号 Chapter Number	章节名称 Chapters	课时 Class Hour	知识点 Key Points
2.3	应用于玩游戏的AI方法 AI applied in game playing	2.5	(1) 基于规划的方法：经典树搜索、随机树搜索、进化规划，基于符号表示规划 (2) 强化学习：经典与深度强化学习、进化深度学习 (3) 监督学习：游戏状态表示、近似函数学习 (4) 混合方法：动态脚本、分类器学习系统 (1) Planning-based approaches: classic tree search, stochastic tree search, evolutionary planning, planning with symbolic representations (2) Reinforcement learning: classic and deep reinforcement learning, evolutionary reinforcement learning (3) Supervised learning: game state representation, function approximator training (4) Chimeric game players: dynamic scripting, learning classifier system
2.4	适用范围 Application scopes	0.5	(1) 适用范围分类：对抗式规划、隐藏信息 (1) Taxonomy: adversarial planning, hidden information

第三章　使用AI生成游戏内容(Using AI to Generate Contents)

章节序号 Chapter Number	章节名称 Chapters	课时 Class Hour	知识点 Key Points
3.1	引言 Introduction	0.5	(1) 使用AI生成游戏内容的动机：生成新类型游戏、适应玩家的游戏、理解设计与创造性 (2) 内容、方法及其定位的分类 (a) 内容：必须还是可选择的 (b) 方法：随机还是确定性 可控还是不可控 建设性还是生成-测试架构 (c) 定位：自治还是混合驱动 经验不可知还是经验驱动

续表

章节序号 Chapter Number	章节名称 Chapters	课时 Class Hour	知识点 Key Points
3.1	引言 Introduction		(1) Motivation: generate new types of games, player-adaptive games, understand design and creativity (2) Taxonomy for content, methods and roles (a) Taxonomy for content Type: necessary versus optional (b) Taxonomy for methods Determinism: stochastic versus deterministic Controllability: controllable versus non-controllable Iterativity: constructive versus generate-and-test (c) Taxonomy of roles Autonomy: autonomous versus mixed-initiative Adaptivity: experience-agnostic versus experience-driven
3.2	应用于游戏内容生成的AI方法 AI applied in game contents generating	3	(1) 基于搜索的方法：内容表征、评估函数(直接、基于仿真、交互) (2) 基于求解器的方法：约束求解器 (3) 基于语法的方法：语法、L-系统 (4) 元胞自动机：摩尔邻域、纽曼邻域 (5) 噪声与分形：中点位移算法、D-S算法、Perlin噪声 (6) 机器学习：生成对抗式网络、变分自编码器、n-gram、马尔科夫模型 (1) Search-based methods: contents representation, evaluation function (direct, simulation-based, interaction) (2) Solver-based methods: constraint solvers (3) Grammar-based methods: grammar, L-system (4) Cellular automata: Moore and Neumann neighborhood (5) Noise and fractals: midpoint displacement algorithms, Diamond-Square algorithm, Perlin noise (6) Machine Learning: generative adversarial networks (GAN), variational autoencoders, n-grams, Markov models

续表

章节序号 Chapter Number	章节名称 Chapters	课时 Class Hour	知识点 Key Points
3.3	内容生成器评估 Evaluating content generators	0.5	(1) 功能与美学评估：内容的客观性与主观性 (2) 可视化评估方法：热图、数据压缩 (3) AI 评估：游玩测试、程序角色 (4) 人类玩家评估：量化用户研究、游玩测试 (1) Functional and aesthetic evaluation: objectivity and subjectivity of the content (2) Evaluation by visualization: heatmaps, data compression, (3) Evaluation by AI: playtest, procedural personas (4) Evaluation by human players: quantitative user studies and playtesting

第四章　使用 AI 建模玩家(Using AI to Model Players)

章节序号 Chapter Number	章节名称 Chapters	课时 Class Hour	知识点 Key Points
4.1	引言 Introduction	0.5	(1) 定义与动机：对手建模、玩家建模与玩家分析、理解玩家体验、理解玩家行为 (2) 基于模型的方法：心理学和情感科学、神经科学、游戏研究 (3) 数据驱动方法：玩家输入、玩家状态、游戏数据挖掘 (4) 混合方法 (1) Definition and motivation: opponent modeling, player modeling and player profiling, understanding player experience, understanding player behavior (2) Model-based approaches: psychology and affective sciences, neuroscience, and game studies and game research (3) Model-free approaches: player input, player output, game data mining (4) Hybrid

续表

章节序号 Chapter Number	章节名称 Chapters	课时 Class Hour	知识点 Key Points
4.2	交互接口 Players interface	0.5	(1) 玩家模型输入：游戏数据、驱动目标、游戏上下文、玩家分析、关联数据 (2) 玩家模型输出：行为建模、经历建模、无输出 (1) Input of player models: gameplay, objective, game context, player profile, linked data (2) Output of player models: modeling behavior, modeling experience, no output
4.3	应用于玩家建模的AI方法 AI applied in players modeling	2	(1) 监督学习：回归、分类、偏好学习 (2) 强化学习：策略学习、游戏记录 (3) 无监督学习：聚类、高频模式挖掘 (1) Supervised learning: regression, classification, preference learning (2) Reinforcement learning: policy learning, game trace (3) Unsupervised learning: clustering, frequent pattern mining
4.4	建模对象 Modeling of players	1	(1) 玩家行为：玩家聚类、行为预测、自组织地图、矢量量化、层次聚类、现象学调试 (2) 玩家体验：神经进化偏好学习、视觉线索 (1) Player behavior: clustering of players, behavior prediction, self-organizing map, vector quantization, hierarchical clustering, phenomenological debugging (2) Player experience: neuroevolutionary preference learning, visual cues

第五章　前沿与展望(Frontiers and Outlook)

章节序号 Chapter Number	章节名称 Chapters	课时 Class Hour	知识点 Key Points
5.1	前沿与展望 Frontiers and outlook	1	(1) 游戏 AI 的全景 (a) 方法角度 (b) 终端用户角度 (c) 玩家-游戏交互角度 (2) 研究前沿：通用游戏 AI (a) 通用游玩 (b) 通用游戏生成 (c) 通用游戏情感回路 (3) 展望 (1) Panoramic views of game AI (a) Methods perspective (b) End user perspective (c) Player-game interaction perspective (2) Frontiers of game AI research: general game AI (a) General play (b) General game generation and orchestration (c) General game affective loop (3) Outlook

6.6.5　实验环节(Experiments)

序号 Num.	实验内容 Experiment Content	课时 Class Hour	知识点 Key Points
1	"吃豆人"AI 玩家开发 Ms Pac-Man AI players development	2	(1) 游戏 AI 的交互接口 (2) 基于动态规划的 AI 玩家 (3) 基于深度强化学习的 AI 玩家 (4) 基于进化算法的 AI 玩家 (5) 基于符号方法的 AI 玩家 (1) Interface for AI players (2) Dynamic programming based AI player (3) Deep Q-learning based AI player (4) Evolutionary algorithms based AI player (5) Symbolic methods based AI player

续表

序号 Num.	实验内容 Experiment Content	课时 Class Hour	知识点 Key Points
2	迷宫生成 Maze generation	2	(1) 基于图论的迷宫生成 (2) 基于元胞自动机的迷宫生成 (3) 基于生成式对抗网络的迷宫生成 (1) Graph theory based maze generation (2) Cellular automaton for maze generation (3) Generative adversarial nets for maze generation
3	玩家行为建模 Player behavior modeling	2	(1) 基于 K-means 的玩家聚类 (2) 基于隐马尔科夫模型的玩家行为建模 (3) 基于长短时记忆网络的玩家行为分类 (1) Player clustering by K-means (2) Hidden Markov Model based player behavior modeling (3) LSTM based player behavior classification

大纲指导者：Georgios N. Yannakakis 教授(马耳他大学数字游戏研究所)
大纲制定者：张驰助理研究员(西安交通大学认知科学与工程国际研究中心)
大纲审定：西安交通大学人工智能学院本科专业知识体系建设与课程设置工作组

6.7 "虚拟现实与增强现实"课程大纲

课程名称：虚拟现实与增强现实

Course：Virtual Reality and Augmented Reality

先修课程：计算机程序设计、计算机视觉与模式识别

Prerequisites：Computer Programming，Computer Vision and Pattern Recognition

学分：2

Credits：2

6.7.1 课程目的和基本内容(Course Objectives and Basic Content)

本课程是人工智能学院本科生选修课。

This course is an elective course for undergraduates in College of Artificial Intelligence.

虚拟现实与增强现实是使用视觉或多模态人工传感刺激(视觉、听觉、触觉等),引导有机体(通常为人类用户)做出目标交互行为的计算机技术。其中虚拟现实的目标是使用户完全沉浸在由这些虚拟信息合成的环境中,对外在真实世界扰动无知觉;而增强现实的目标是将虚拟信息与用户对真实世界的感知组合起来,使其认为这些虚拟信息为真实世界自然的一部分。综合来说,虚拟现实与增强现实是一门受人类感知机理启发,综合利用计算机图形学、计算机视觉等技术,重建或增强人类感官体验的工程性学科。

本课程主要讲述虚拟现实与增强现实的定义、关键概念、共同问题及其各自的核心技术。关键概念涉及虚拟-现实世界的表示、建模及协同。共同问题主要介绍虚实世界的表示与建模、虚实跟踪注册、虚实交互等问题的数学原理和算法描述。此外,增强现实的课程内容还包括虚实一致性等核心技术。

本课程目的是培养学生的思考、综合和解决虚拟现实与增强现实领域具体问题的能力,需要阅读一定的文献资料、完成指定的课程实验,以奠定学生对虚拟现实与增强现实领域的基础知识和基本技术能力。

Virtual reality and augmented reality are computer technologies which use visual or multimodal artificial sensing stimuli (visual, auditory, tactile, etc.) to guide an organism (usually a human user) to make targeted interactions. The goal of virtual reality is to completely immerse users in the environment synthesized by these virtual information, and to be unaware of the real world. The goal of augmented reality is to combine virtual information with the user's perception of the real world, considering these virtual information as part of the real world nature. In summary, virtual reality and augmented reality are an engineering discipline inspired by the human perception mechanism, which comprehensively utilizes computer graphics, computer vision and other technologies to reconstruct or enhance the human sensory experience.

This course focuses on the definition, key concepts, common problems of virtual reality and augmented reality, and their own core technologies respectively. Key concepts involve virtual-real world representation, modeling, and collaboration. The common problems mainly involve the mathematical principles and algorithm descriptions of the representation and modeling of the virtual and real world, virtual and real tracking and registration, and virtual and real interaction. In addition, the content of augmented reality course also includes core technologies such as visual coherence.

The purpose of this course is to develop students' ability to think, integrate and solve specific problems in virtual reality and augmented reality. It is necessary to read certain literature materials and complete specified course experiments toenlarge students'basic knowledge and to strengthen their basic technical capabilities of virtual reality and augmented reality.

6.7.2　课程基本情况(Course Arrangements)

课程名称	虚拟现实与增强现实 Virtual Reality and Augmented Reality							
开课时间	一年级		二年级		三年级		四年级	
	秋	春	秋	春	秋	春下	秋	春
课程定位	本科生人工智能核心课程群选修课							
学　　分	2学分							
总学时	38学时(授课32学时、实验6学时)							
授课学时分配	课堂授课(30学时),综述报告(2学时)							
先修课程	计算机程序设计、计算机视觉与模式识别							
后续课程								
教学方式	课堂教学、大作业、实验与综述报告							
考核方式	课程结束笔试成绩占60%,大作业成绩占20%,实验、综述报告占20%							
参考教材	1. Steven M. LaValle. Virtual Reality. Cambridge: Cambridge University Press, 2019 2. Dieter Schmalstieg, Tobias Hollerer. Augmented Reality: Principles and Practice. New Jersey: Addison Wesley Professional, 2016							
参考资料								
其他信息								

人工智能核心	
必修(学分)	人工智能的现代方法(5)
	自然语言处理(2)
	计算机视觉与模式识别(4)
	强化学习与自然计算(4)
选修(学分)3选2	人工智能的科学理解(1)
	游戏AI设计与开发(1)
	虚拟现实与增强现实(2)

6.7.3 教学目的和基本要求(Teaching Objectives and Basic Requirements)

(1) 理解虚拟现实与增强现实的定义、基本概念与研究范围,了解其发展历史及应用技术;

(2) 理解人类感知机理对虚拟现实与增强现实的技术启发;

(3) 掌握虚拟现实及增强现实的系统架构;

(4) 掌握虚拟世界的几何表示与建模;

(5) 掌握相机、显示设备标定方法;

(6) 理解并掌握跟踪注册的基本问题和方法;

(7) 会用视觉跟踪注册的常用方法;

(8) 理解虚实交互问题,并掌握常见解决方案;

(9) 理解视觉虚实一致性的基本概念与方法。

6.7.4 课程大纲和知识点(Syllabus and Key Points)

第一章 概述(Overview)

章节序号 Chapter Number	章节名称 Chapters	课时 Class Hour	知识点 Key Points
1	概述 Overview	4	(1) 虚拟现实与增强现实的定义 (2) 基本概念、研究范围、系统架构及理论技术发展历程 (3) 虚拟现实、增强现实与人类感知机理的联系 (1) Definition of virtual reality and augmented reality (2) Basic concepts, research scope, system architecture and development of theoretical technology (3) The connection between virtual reality, augmented reality and human perception mechanism

第二章 虚拟世界的表示、建模与场景管理(Representations, Modeling and Management of Virtual World)

章节序号 Chapter Number	章节名称 Chapters	课时 Class Hour	知识点 Key Points
2.1	几何建模 Geometric modeling	1.5	(1) 3D造型的三角网格表示 (2) 位置、方向变换及空间变换链 (3) 旋转的轴角表示 (1) 3D triangular meshes (2) Transformation of position and orientation, and chaining the transformations (3) Axis-Angle representations of rotation
2.2	运动建模 Kinematics modeling	1.5	(1) 基本运动原理:速度与加速度、刚体运动、3D角速度与角加速度 (2) 前庭系统:生理学基础、线性加速感知、角加速度感知 (3) 相对运动错觉:错觉类型,前庭误匹配,影响感知的因素 (1) Kinematics: velocity and acceleration, rigid body motion, 3D angular velocity and angular acceleration (2) Vestibular system: physiology, sensing linear acceleration, sensing angular acceleration (3) Mismatched motion and vection: types of vections, vestibular mismatch, factors that affect sensitivity
2.3	物理建模 Physical modeling	1.5	(1) 虚拟世界物理引擎的构建需求 (2) 数值仿真:龙格-库塔法、时不变动力系统 (3) 碰撞检测:距离函数、碰撞测试 (1) Requirements for building physics engines in the virtual world (2) Numerical simulation: Runge-Kutta integration, time-invariant dynamical system (3) Collision detection: distance functions, collision tests
2.4	场景图 Scene graph	1.5	(1) 虚拟世界空间结构的对象管理 (2) 场景图的层次结构 (1) Object management of virtual world (2) Fundamentals of scene graphs

第三章 虚实跟踪注册(Tracking and Registration)

章节序号 Chapter Number	章节名称 Chapters	课时 Class Hour	知识点 Key Points
3.1	传感器标定 Sensor calibration	1	(1) 基本标定问题 (2) 相机标定：相机内参数、修正镜头畸变 (3) 显示设备标定：单点主动对齐、手眼标定 (1) Formulation of calibration problem (2) Camera calibration: camera internal parameters, correction lens distortion (3) Display calibration: single point active alignment, hand-eye calibration
3.2	跟踪注册 Tracking and registration	4	(1) 跟踪系统的基本问题：标定、积分、注册及漂移偏差 (2) 3D方向跟踪及六自由度刚体跟踪：倾斜校正、偏航校正、头部模型、n点透视问题，基于相机与激光的实现 (3) 基本注册问题：几何量测偏差、误差传播、滤波与预测 (4) 基于硬件的跟踪：眼动跟踪、前向运动学、逆向运动学、运动捕捉系统 (1) General problems of tracking system: calibration, integration, registration and drift errors (2) 3D orientation tracking and 6 DOF rigid body tracking: tilt correction, yaw correction, head model, the perspective-n-point problem, implementation based on camera and laser (3) Formulation of registration problem: geometric measurement distortions, error propagation, filtering and prediction (4) Tracking attached bodies: eye tracking, forward kinematics, inverse kinematics, motion capture systems

续表

章节序号 Chapter Number	章节名称 Chapters	课时 Class Hour	知识点 Key Points
3.3	视觉跟踪 Visual tracking	4	(1) 有标记跟踪：相机模型、标记检测、基于单应矩阵的姿态估计、姿态优化 (2) 多相机跟踪：点对应关系、三角化 (3) 自然特征跟踪：特征点检测与匹配，鲁棒姿态估计 (4) 增量跟踪：主动搜索、卡纳德-卢卡斯-托马西跟踪、零均值-归一化交叉相关、层次搜索 (5) SLAM：基于本质矩阵的五点法、光束平差法、平行跟踪与地图构建、重定位与回环 (1) Marker tracking: camera model, marker detection, pose estimation from homography, pose refinement (2) Multi-camera tracking: point correspondences establishment, triangulation (3) Natural feature tracking: detection and matching based on feature points, robust pose estimation (4) Incremental tracking: active search, Kanade-Lucas-Tomasi tracking, zero-mean-normalized cross-correlation, hierarchical search (5) SLAM: five-point algorithm for essential matrix, bundle adjustment, parallel tracking and mapping, relocalization and loop closure
3.4	传感器融合 Sensor fusion	1	(1) 常见滤波方法：卡尔曼滤波、扩展卡尔曼滤波、无损卡尔曼滤波、粒子滤波 (2) 多传感融合策略：补充性、竞争性、协作性传感器融合 (1) Kalman filtering, extended Kalman filtering, unscented Kalman filtering, particle filtering (2) Multi-sensor fusion strategy: complementary, competitive and collaborative sensor fusion

第四章　虚实交互(Interactions between Virtual and Real Worlds)

章节序号 Chapter Number	章节名称 Chapters	课时 Class Hour	知识点 Key Points
4.1	虚实交互概述及常见虚实交互设备 Overview and the interaction devices	0.5	(1) 交互输出模态及设备 (2) 交互输入模态及设备 (1) Output modalities (2) Input modalities
4.2	虚拟现实中的交互问题 Interactions in VR	2	(1) 操纵规划及重映射：移动的神经生理学，学习操纵规划 (2) 用户移动：重定向行走、变换方向问题、减少相对运动错觉 (3) 操纵：选择、放置与重映射 (4) 社会交互：香农通信模型、从替身到视觉捕捉、变换的社会交互 (1) Motor programs and remapping: neurophysiology of movement, learning motor programs (2) Locomotion: redirected walking, issues with changing direction, vection reduction (3) Manipulation: selection, placement, and remapping (4) Social interaction: Shannon-Weaver communication, from avatar to visual capture, transformed social interaction
4.3	增强现实中的交互问题 Interactions in AR	1.5	(1) 有形接口：表面、通用形状、特殊形状及透明的有形交互 (2) 多视图接口：多显示聚焦与上下文、共享空间 (1) Tangible interfaces: surfaces, general shapes, special shapes, and transparent tangibles (2) Multi-view interface: multi-display focus and context, shared space

第五章 虚实一致性(Visual Coherence)

章节序号 Chapter Number	章节名称 Chapters	课时 Class Hour	知识点 Key Points
5.1	遮挡一致性 Occlusion	1	(1) 遮挡优化的基本思想 (2) 概率遮挡模型 (3) 数据驱动的遮挡方法 (1) Occlusion refinement (2) Probabilistic occlusion (3) Model-free occlusion
5.2	光度学配准 Photometric registration	1	(1) 基于图像的照明：辐射度、辐照度 (2) 光照探针：主动、被动探针 (3) 光度学配准：基于静态图像、镜面反射、漫反射、阴影的光度学配准方法 (1) Image-based lighting: radiance, irradiance (2) Light probe: active, passive light probe (3) Photometric registration: photometric registration from static images, specular reflection, diffuse reflection, shadow
5.3	常见光照 Common illumination	1	(1) 差分渲染：重光照 (2) 实时全局光照：辐射度缓存 (3) 阴影：阴影体、阴影映射、双重阴影问题 (4) 漫反射全局光照 (5) 镜面反射全局光照 (1) Differential rendering: relighting (2) Real-time global illumination: radiance cache (3) Shadow: shadow volume, shadow mapping, double shadowing (4) Diffuse global illumination (5) Specular global illumination
5.4	成像仿真 Camera simulation	1	(1) 镜头畸变、模糊、噪声 (2) 光晕、色差 (3) Bayer 伪影、色调映射伪影 (1) Lens distortion, blur, noise (2) Vignetting, chromatic aberrations (3) Bayer Pattern artifacts, tone mapping artifacts

第六章　前沿问题及进展(Frontiers)

章节序号 Chapter Number	章节名称 Chapters	课时 Class Hour	知识点 Key Points
6.1	虚拟现实前沿展望 Frontiers of VR	1	(1) 触觉：体感系统，两点敏锐度，纹理感知，触觉感知 (2) 嗅觉与味觉：嗅觉、味觉生理学及感知，嗅觉、味觉接口 (3) 机器人接口：远程操作、远程在位、遥控与自治 (4) 脑机接口：量测方法、虚拟现实中的脑机接口、研究挑战 (1) Touch and proprioception: the somatosensory system, two-point acuity, texture perception, haptic perception (2) Smell and Taste: Physiology and perception of smell and taste, olfactory and gustatory interface (3) Robot interface: teleoperation, telepresence, remote control versus autonomy (4) Brain-machine interface: measurement methods, BMI in VR, research challenges
6.2	增强现实前沿展望 Frontiers of AR	1	(1) AR 传感器技术：多相机、宽幅相机、红外传感 (2) 室外 AR 的挑战：受限情况下的 AR 研究 (3) 增强人类：头戴式显示设备、脑电设备、可穿戴技术 (1) Sensors for AR: multiple camera, wide-field of view camera, infrared camera (2) Outdoor AR challenge: AR research in limited circumstances (3) Augmented humans: head-mounted display, electroencephalogram(EEG) devices, wearable sensors

6.7.5　实验环节(Experiments)

序号 Num.	实验内容 Experiment Content	课时 Class Hour	知识点 Key Points
1	基于深度特征的视觉跟踪方法实现 Visual tracking based on deep features	2	(1) 基于卷积神经网络的深度预测 (2) 相机姿态估计与姿态图优 (3) 关键帧初始化 (4) 同步定位与地图构建 (1) Depth prediction by CNN (2) Camera pose estimation and pose graph optimization (3) Key-frame initialization (4) Simultaneous localization and mapping(SLAM)
2	基于移动摄像头的有标记实景增强 Marker-based augmentation with a mobile camera	2	(1) 虚拟物体建模 (2) 基于 WebGL 的实时渲染 (3) 实时场景光照估计与重渲染 (4) 基于二维码标记的视觉跟踪 (1) Virtual object modeling (2) WebGL based real-time rendering (3) Real-time illumination estimation and relighting (4) QR code based visual tracking
3	光度学配准方法实现 Photometric registration	2	(1) 基于球谐函数的环境光照估计 (2) 基于深度图像的结构恢复 (3) 基于辐射度迁移的差分渲染 (1) Environment illumination estimation by spherical harmonics (2) Structure recover based on depth maps (3) Radiance transfer based differential rendering

大纲指导者：刘跃虎教授(西安交通大学人工智能学院)

大纲制定者：张驰助理研究员(西安交通大学认知科学与工程国际研究中心)、王乐副教授(西安交通大学人工智能学院)

大纲审定：西安交通大学人工智能学院本科专业知识体系建设与课程设置工作组

第 7 章

认知与神经科学课程群

7.1 “认知心理学基础”教学大纲

课程名称：认知心理学基础

Course：Introduction to Cognitive Psychology

先修课程：无

Prerequisites：None

学分：3

Credits：3

7.1.1 课程目的和基本内容(Course Objectives and Basic Content)

本课程是人工智能学院本科生必修课。

This course is a compulsory course for undergraduates in College of Artificial Intelligence.

认知心理学是一门研究人类认知过程的学科，主要探索感知觉、注意、记忆、知识表征、意识、概念、逻辑推理、决策、问题解决等人类基本认知过程及其加工机制。本课程主要介绍认知心理学的研究方法、基本认知过程中涉及的理论模型和研究成果。主要内容共包括三部分。第一部分是导言与认知心理学研究方法，着重对实验认知心理学、认知神经心理学、计算认知科学、认知神经科学四种研究方法分别进行介绍。第二部分按章节分别讲解基本认知过程及其加工机制，包括感觉、知觉与注意(第二章)，记忆、遗忘与识记(第三章到第五章)、知识表征(第六章)、意识(第七章)、概念形成、逻辑推理与决策(第八章)以及问题解决、创造性与智力(第九章)。最后，第三部分介绍认知神经科学，包括大脑的基本构成、各个脑区的功能及认知神经科学研究的主要技术手段。

本课程以课堂授课为主，结合自学、讨论、小组报告、实验等教学手段，充分调动学生的主观能动性，培养学生查阅文献的能力，训练学生的科学思维和实验技能；使学生能够更好地建立关于认知心理学的知识框架，深入理解经典的认知心理学实验，掌握认知心理学研究所必须的基本技能，并能够运用基本理论和方法分析解释现实生活中的各种心理现象。

认知心理学作为目前心理学的主流研究领域之一，已经开始与越来越多的学科产生交叉。其中，人工智能是一个重要的交叉领域。通过本课程的学习，不仅能为学生储备认知心理学的理论知识和技能，还能激发学生通过认知心理学的理论去探寻新的人工智能理论，为开发人工智能技术和实践方法提供新的思路，更好地为人工智能研究服务。

Cognitive psychology is a discipline that studies the cognitive process of human beings. It mainly explores the basic cognitive processes and their processing mechanisms, such as perception, attention, memory, knowledge representation, consciousness, concept, logical reasoning, decision-making and problem solving. This course mainly consists of three parts. The first part is introduction and research methods of cognitive psychology, in which experimental cognitive psychology, cognitive neuropsychology, computational cognitive science, and cognitive neuroscience are introduced respectively. The second part introduces the basic cognitive processes and mechanisms by chapters, including sensation, perception and attention(Chapter 2), memory, forgetting, and remembering(Chapters 3, 4, and 5), knowledge representation(Chapter 6), consciousness(Chapter 7), concept formation, logic reasoning, and decision-making(Chapter 8), and problem solving, creativity, and intelligence(Chapter 9). Finally, the third part focuses on cognitive neuroscience, including basic structure of the brain, functions of various brain regions, and main techniques of cognitive neuroscience research.

Teaching method is mainly teaching in class supplemented with self-learning, discussion, group reports, and cognitive experiments on computers, in order to promote student's subjective initiative, train student's ability of literature searching and reading, and enhance student's theoretical thinking and experimental skills. The aims of the course are to help students establish a general framework of cognitive psychology, master the basic knowledge and skills in the field of cognitive psychology, have a deep understanding of the classical cognitive psychology experiments, as well as use the basic theory and method of cognitive psychology to analyze psychological phenomenon in real life.

Cognitive psychology, as one of the main research fields of psychology, has begun to cross with more and more disciplines. Among them, artificial intelligence is an important cross cutting field. Through the study of this course, not only the theoretical knowledge and skills of cognitive psychology can be reserved for students, but also the theory of cognitive psychology can stimulate students to explore new artificial intelligence theory, provide new ideas for the development of artificial intelligence technology and practical methods, and better serve the research of artificial intelligence.

7.1.2 课程基本情况(Course Arrangements)

课程名称	认知心理学基础 Introduction to Cognitive Psychology							
开课时间	一年级		二年级		三年级		四年级	
	秋	春	秋	春	秋	春	秋	春
课程定位	本科生认知与神经科学课程群必修课							
学　　分	3 学分							
总 学 时	56 学时(授课 48 学时、实验 8 学时)							
授课学时分配	课堂讲授(46 学时),大作业、讨论、综述报告(2 学时)							
先修课程	无							
后续课程	计算神经工程							
教学方式	课堂教学、大作业与实验、小组讨论、综述报告							
考核方式	课程结束笔试成绩占 60%,平时成绩占 15%,实验成绩占 10%,综述报告占 10%,考勤占 5%							
参考教材	Robert L. Solso,et al. 认知心理学(第 8 版). 北京:机械工业出版社,2010							
参考资料	Robert S. Feldman. 普通心理学(第 11 版). 北京:人民邮电出版社,2015							
其他信息								

认知与神经科学	
必修(学分)	认知心理学基础(3)
	神经生物学与脑科学(2)
	计算神经工程(1)
选修	/

7.1.3 教学目的和基本要求(Teaching Objectives and Basic Requirements)

(1) 理解认知心理学的基本问题和研究方法;

(2) 掌握感觉和知觉的概念及相关的经典实验研究及理论;

(3) 了解注意的定义、功能和机制以及自动化加工;

(4) 重点掌握记忆的模型和短时记忆的特点;

(5) 重点掌握记忆的理论和长时记忆研究的主要发现;

(6) 了解遗忘与识记研究的主要发现；
(7) 重点掌握知识表征的两种主要形式；
(8) 了解意识的本质与功能、意识状态、无意识的基本概念；
(9) 掌握概念形成、逻辑和决策研究的经典发现；
(10) 了解问题解决和推理的概念和理论；
(11) 熟悉认知神经科学的基本研究方法。

7.1.4　课程大纲和知识点(Syllabus and Key Points)

第一章　导言与认知心理学研究方法(Introduction and Research Methods)

章节序号 Chapter Number	章节名称 Chapters	课时 Class Hour	知识点 Key Points
1.1	导言 Introduction	2	(1) 认知心理学的定义 (2) 认知心理学的历史 (3) 认知心理学的主要观点 (4) 认知模型的特点 (5) 认知心理学与认知科学的关系 (1) The definition of cognitive psychology (2) The history of cognitive psychology (3) Perspectives of cognitive psychology (4) The characteristics of cognitive model (5) The relationship between cognitive psychology and cognitive science
1.2	认知心理学研究方法 Research methods	2	(1) 认知心理学的主要研究方法 (2) 实验认知心理学的经典研究方法 (3) 认知神经心理学的理论假设 (4) 计算认知科学的计算建模技术 (5) 认知神经科学的主要技术手段 (1) The main research methods of cognitive psychology (2) The empirical research methods of experimental cognitive psychology (3) The theoretical hypothesis of cognitive neuropsychology (4) The computational modelling technique of computational cognitive science (5) The main technological methods of cognitive neuroscience

第二章　感觉、知觉与注意(Sensation, Perception and Attention)

章节序号 Chapter Number	章节名称 Chapters	课时 Class Hour	知识点 Key Points
2.1	感觉 Sensation	2	(1) 感觉的定义 (2) 五种主要感觉的特点 (3) 感觉的绝对阈限和差别阈限的区别 (4) 感觉适应 (1) The definition of sensation (2) The characteristics of five main senses (3) The difference between absolute thresholds and difference thresholds (4) Sensory adaptation
2.2	知觉 Perception	2	(1) 知觉的定义 (2) 知觉组织的原则 (3) 自下而上加工和自上而下加工的区别 (4) 深度知觉 (5) 运动知觉 (6) 错觉 (7) 知觉恒常性 (1) The definition of perception (2) The principles of perceptual organization (3) The difference between bottom-up processing and top-down processing (4) Depth perception (5) Motion perception (6) Perceptual illusions (7) Perceptual constancy
2.3	模式识别 Object recognition	2	(1) 模式识别的主要研究问题 (2) 模板匹配理论 (3) 几何离子理论 (4) 特征分析理论 (5) 原型匹配理论 (1) The main issues regarding object recognition (2) Template matching theory (3) Geon theory (4) Feature analysis theory (5) Prototype formation theory

续表

章节序号 Chapter Number	章节名称 Chapters	课时 Class Hour	知识点 Key Points
2.4	注意 Attention	2	(1) 注意的定义 (2) 选择性注意的定义 (3) 选择性注意的过滤器模型 (4) 选择性注意的衰减器模型 (5) 视觉注意 (6) 自动化加工 (1) The definition of attention (2) The definition of selective attention (3) The filter model of selective attention (4) The attenuation model of selective attention (5) Visual attention (6) Automatic processing

第三章　记忆模型与短时记忆(Memory Model and Short-Term Memory)

章节序号 Chapter Number	章节名称 Chapters	课时 Class Hour	知识点 Key Points
3.1	记忆模型 Memory models	2	(1) 记忆的定义和三个基本过程 (2) 记忆的三阶段模型 (3) 二元记忆模型 (4) 记忆的首因效应和近因效应 (1) The definition and three basic processes of memory (2) The three-stage model of memory (3) Dualist models of memory (4) The primacy and recency effects of memory

续表

章节序号 Chapter Number	章节名称 Chapters	课时 Class Hour	知识点 Key Points
3.2	短时记忆 Short-term memory	2	(1) 短时记忆的定义和特点 (2) 短时记忆的容量 (3) 短时记忆和组块 (4) 短时记忆的信息编码和信息提取 (5) 工作记忆的定义 (6) 巴德利的工作记忆模型 (1) Definition and characteristic of short-term memory (2) Capacity of short-term memory (3) Short-term memory and chunks (4) Coding and retrieval of information from short-term memory (5) The definition of working memory (6) Baddeley's working memory model

第四章　记忆理论与长时记忆(Memory Theories and Long-Term Memory)

章节序号 Chapter Number	章节名称 Chapters	课时 Class Hour	知识点 Key Points
4.1	长时记忆 Long-term memory	2	(1) 长时记忆的定义 (2) 长时记忆的容量、保持时间和存储形式 (3) 程序性记忆与陈述性记忆的区别 (4) 语义记忆与情节记忆的区别 (1) The definition of long-term memory (2) The capacity, duration, and storage codes of long-term memory (3) The difference between procedural memory and declarative memory (4) The difference between semantic memory and episodic memory

续表

章节序号 Chapter Number	章节名称 Chapters	课时 Class Hour	知识点 Key Points
4.2	记忆理论 Memory theories	2	(1) 记忆的信息加工模型——基于加工水平和回忆水平的影响 (2) 记忆的信息加工模型——基于回忆水平的影响 (3) 自我关联效应 (4) 记忆的连接主义模型 (1) Information processing models of memory-effects of levels-of-processing and levels-of-recall (2) Information processing models of memory-effects of levels-of-recall (3) Self-reference effect (4) Connectionist models of memory

第五章　遗忘与识记(Forgetting and Remembering)

章节序号 Chapter Number	章节名称 Chapters	课时 Class Hour	知识点 Key Points
5.1	遗忘 Forgetting	2	(1) 艾宾浩斯遗忘曲线 (2) 影响遗忘的因素：干扰和消退 (3) 前摄干扰 (4) 后摄干扰 (5) 错误记忆 (1) Ebbinghaus Forgetting Curve (2) Factors affecting forgetting：interference and decay (3) Proactive interference (4) Retroactive interference (5) False memory
5.2	识记 Remembering	2	(1) 研究识记的主要方法 (2) 常用的记忆术 (3) 超凡记忆力举例 (1) The main research methods for studying remembering (2) Mnemonic techniques (3) Examples of extraordinary memories

第六章　知识的表征(The Representation of Knowledge)

章节序号 Chapter Number	章节名称 Chapters	课时 Class Hour	知识点 Key Points
6.1	知识的言语表征 The verbal representation of knowledge	2	(1) 集合-理论模型 (2) 语义特征-比较模型 (3) 语义网络模型 (4) 激活扩散模型 (5) 命题网络 (6) 连接主义与知识表征 (1) Set-theoretical model (2) Semantic feature-comparison model (3) Semantic network models (4) Spreading activation model (5) Propositional networks (6) Connectionism and the representation of knowledge
6.2	知识的视觉表征 The visual representation of knowledge	2	(1) 知识的视觉表征的研究历史 (2) 心理表象 (3) 双重编码假说 (4) 概念命题假说 (5) 功能等价假说 (6) 认知地图 (1) History of visual representation of knowledge research (2) Mental imagery (3) Dual-coding hypothesis (4) Conceptual-propositional hypothesis (5) Functional-equivalency hypothesis (6) Cognitive maps

第七章　意识(Consciousness)

章节序号 Chapter Number	章节名称 Chapters	课时 Class Hour	知识点 Key Points
7.1	意识 Consciousness	2	(1) 意识的发展史 (2) 意识的功能 (3) 意识的理论模型 (1) History of consciousness (2) Functions of consciousness (3) Models of consciousness
7.2	意识状态 States of consciousness	2	(1) 无意识加工 (2) 睡眠和梦的基本过程 (3) 意识控制的方法 (1) Unconscious processing (2) The basic process of sleep and dream (3) Methods of consciousness control

第八章　概念形成、逻辑推理与决策(Concept Formation, Logic Reasoning, and Decision Making)

章节序号 Chapter Number	章节名称 Chapters	课时 Class Hour	知识点 Key Points
8.1	概念形成 Concept formation	2	(1) 概念的含义、类型和功能 (2) 概念的组织的理论 (3) 概念学习的理论 (4) 概念形成使用的策略 (1) The definition, types, and function of concept (2) Concept organization theories (3) Concept learning theories (4) Strategies of concept formation
8.2	逻辑推理 Logic reasoning	2	(1) 三段论推理 (2) 演绎推理 (3) 归纳推理 (1) Syllogistic reasoning (2) Deductive reasoning (3) Inductive reasoning

续表

章节序号 Chapter Number	章节名称 Chapters	课时 Class Hour	知识点 Key Points
8.3	决策 Decision making	2	(1) 决策的定义 (2) 决策框架 (3) 概率估计 (4) 贝叶斯定理和决策 (1) The definition of decision making (2) Decision frames (3) Estimating probabilities (4) Bayes's theorem and decision making

第九章 问题解决、创造性与智力(Problem Solving, Creativity, and Human Intelligence)

章节序号 Chapter Number	章节名称 Chapters	课时 Class Hour	知识点 Key Points
9.1	问题解决 Problem solving	2	(1) 问题解决的定义 (2) 问题解决的过程和阶段 (3) 问题解决的内部表征模型 (4) 格式塔心理学和问题解决 (5) 问题解决的策略 (1) The definition of problem solving (2) The process and stages of problem solving (3) Internal representation model of problem solving (4) Gestalt psychology and problem solving (5) Strategies of problem solving
9.2	创造性 Creativity	2	(1) 创造的过程 (2) 创造性和功能固着 (3) 创造的投资理论 (4) 创造性的判定 (1) The process of creativity (2) Creativity and functional fixedness (3) Investment theory of creativity (4) Judging creativity

续表

章节序号 Chapter Number	章节名称 Chapters	课时 Class Hour	知识点 Key Points
9.3	智力 Human intelligence	2	(1) 智力的定义 (2) 智力的主要理论 (3) 晶体智力和流体智力的区别 (4) 智力差异的形成原因 (5) 智力的测量方法 (1) The definition of intelligence (2) The theories of intelligence (3) The differences between crystallized intelligence and fluid intelligence (4) The determinants of variations in intellectual ability (5) Intelligence accessing tests

第十章　认知神经科学(Cognitive Neuroscience)

章节序号 Chapter Number	章节名称 Chapters	课时 Class Hour	知识点 Key Points
10.1	神经系统 Nervous system	2	(1) 神经元 (2) 神经系统的基本构成和工作原理 (3) 大脑的解剖结构 (4) 脑区的功能定位 (1) Neuron (2) The basic structure and working principle of the nervous system (3) The anatomy of the brain (4) Cortical functioning of the brain

续表

章节序号 Chapter Number	章节名称 Chapters	课时 Class Hour	知识点 Key Points
10.2	认知神经科学研究方法 Cognitive neuroscience research methods	2	(1) 脑电图技术 (2) 计算机辅助轴向断层扫描技术 (3) 正电子发射断层扫描技术 (4) 磁共振扫描技术和功能磁共振扫描技术 (5) 脑磁图技术 (6) 穿颅磁刺激技术 (1) EEG (2) CT (3) PET (4) MRI and fMRI (5) MEG(6) TMS

7.1.5 实验环节(Experiments)

序号 Num.	实验内容 Experiment Content	课时 Class Hour	知识点 Key Points
1	视知觉和注意实验 Visual perception and attention experiments	2	(1) 方向知觉(朝向判断实验) (2) 运动知觉(生物运动实验) (3) 颜色知觉(颜色知觉实验) (4) 面孔加工(人脸情绪识别实验) (5) 视觉空间注意(多物体追踪实验) (1) Direction perception(direction judgment experiment) (2) Motion perception(biological motion experiment) (3) Color perception(color perception experiment) (4) Face Processing(face emotion recognition experiment) (5) Visual spatial attention (multiple object tracking experiment)

续表

序号 Num.	实验内容 Experiment Content	课时 Class Hour	知识点 Key Points
2	记忆实验 Memory experiments	2	(1) 视觉空间工作记忆(视觉空间记忆实验) (2) 工作记忆容量(变化盲实验) (3) 如何操纵工作记忆负荷(N-back 实验) (4) 长时记忆与遗忘(回忆和再认实验) (1) Visual spatial working memory(visual spatial memory experiment) (2) Working memory capacity(change blindness experiment) (3) How to manipulate the working memory load(N-back experiment) (4) Long-term memory and forgetting (recall and recognition experiments)
3	知识表征实验 Knowledge representation experiments	2	(1) 知识的视觉表征(心理旋转实验) (2) 知识的言语表征(人工字形学习实验) (1) Visual representation of knowledge (mental rotation experiment) (2) Speech representation of knowledge(artificial orthography learning experiment)
4	认知神经科学实验 Cognitive neuroscience experiments	2	(1) 脑电图 (2) 事件相关电位 (3) 听觉刺激诱发的事件相关电位(失匹配负波实验) (4) 视觉刺激诱发的事件相关电位(N170 实验) (1) Electroencephalogram(EEG) (2) Event-related potential(ERP) (3) Auditory ERPs(Mismatch Negativity experiment) (4) Visual ERPs(N170 experiment)

大纲指导者：郑南宁教授（西安交通大学人工智能学院）
大纲制定者：赵晶晶教授（陕西师范大学心理学院）
大纲审定：西安交通大学人工智能学院本科专业知识体系建设与课程设置工作组

7.2 "神经生物学与脑科学"教学大纲

课程名称：神经生物学与脑科学
Course：Neurobiology and Brain Science
先修课程：无
Prerequisites：None
学分：2
Credits：2

7.2.1 课程目的和基本内容（Course Objectives and Basic Content）

本课程是人工智能学院本科生必修课。

This course is a compulsory course for undergraduates in College of Artificial Intelligence.

神经生物学是20世纪70年代新兴的一门重要学科，它被认为是生命科学的重要支柱学科。作为一个多学科交叉的学科，该学科涉及解剖学、生理学、生物学、电子学、信息科学、数理科学以及自动化等相关学科，其任务是研究神经系统的结构和功能，直至最复杂的脑高级功能（认识脑）。因此，该学科的发展必然为人类战胜各种神经精神疾病提供科学原理和可能途径（保护脑），并为开发和利用人类智力创造条件，促进人工神经网络、人工智能技术和计算机科学的发展（模拟脑）。

本课程以理论讲课为主，讲授神经系统的解剖结构、神经传导通路、神经元和神经胶质细胞的结构和功能、神经系统中信号的产生、信号传导、突触传递以及突触可塑性等方面的基本知识，使学生了解神经系统的结构与功能及其相互关系。结合自学、讨论与基于问题的学习（Problem Based Learning，PBL），充分调动学生的主观能动性，训练学生查询相关文献的能力；使学生理解脑如何感知外界信息，脑如何控制运动，生物电信号如何沿着神经传导通路进行信号传递，信号在中枢神经系统如何整合，又如何形成感知、行为、认知、语言、思维等脑的高级功能。通过神经生物学与脑科学的学习，不仅能为学生学习相关课程和今后从事相关专业工作或研究奠定必要的理论基础，还能够激发学生利用脑科学的理论去探寻新的人工智能理论，为开发人工智能技术和实践方法提供新的思路。

Neurobiology is an important discipline emerging in the 1970s. It is considered as an important pillar of life science. As a multidisciplinary discipline, the discipline involves anatomy, physiology, biology, electronics, information science, mathematics and physics, automation and other related disciplines. Its task is to study the structure and function of the nervous system as well as the most complex brain advanced function (recognition of brain). Therefore, the development of this discipline will inevitably provide scientific principles and possible ways for human beings to overcome various neuropsychiatric diseases(protection of brain), and create conditions for the development and utilization of human intelligence, and promote the development of artificial neural networks, artificial intelligence techniques and computer science(simulation of brain).

This course mainly focuses on theoretical lectures and teaches the basic knowledge of the anatomical structure of nervous system, the conductive pathway of nervous system, the structure and function of individual neurons and neuroglial cells, signal generation in the nervous system, signal conduction, synaptic transmission and synaptic plasticity in nervous system, so that students can understand the structure and function of nervous system and their interrelationship. Combining self-study, discussion and problem-based learning(PBL), students are encouraged to exert their own subjective initiative in learning and trained to look up relevant literatures, so that students can understand how the brain perceives external stimulus information, how the brain controls movement, how the bioelectrical signals are transmitted along the nerve conduction pathway, how the bioelectrical signals are integrated in the central nervous system, and then how to form the brain advanced function of perception, behavior, cognition, language, thinking and so on. Through the study of neurobiology and brain science, it can not only lay the necessary theoretical foundation for students to study related courses and engage in related professional work or research in the future, but also encourage students to explore new artificial intelligence theory by using the theory of brain science, and provide new ideas for the development of artificial intelligence techniques and practical methods.

7.2.2 课程基本情况(Course Arrangements)

课程名称	神经生物学与脑科学 Neurobiology and Brain Science							
开课时间	一年级		二年级		三年级		四年级	
	秋	春	秋	春	秋	春	秋	春
课程定位	本科生认知与神经科学课程群必修课							
学　　分	2 学分							
总 学 时	32 学时(授课 32 学时、实验 0 学时)							
授课学时分配	课堂讲授(32 学时)							
先修课程	无							
后续课程	计算神经工程							
教学方式	课堂讲授、基于问题的学习、讨论、平时作业							
考核方式	课程结束笔试成绩占 80%,平时作业与考勤占 20%							
参考教材	John G. Nicholls. 神经生物学—从神经元到脑(第 5 版). 杨雄里,等译. 北京:科学出版社,2015							
参考资料	1. 丁斐. 神经生物学(第三版). 北京:科学出版社,2017 2. Mark F. Bear,Barry W. Connors,et al. 神经科学——探索脑(第 2 版). 王建军,等译. 北京:高等教育出版社,2004 3. 柏树令,应大君,等. 系统解剖学(第 8 版). 北京:人民卫生出版社,2013 4. 姚泰. 生理学(第 2 版). 北京:人民卫生出版社,2010							
其他信息								

认知与神经科学	
必修(学分)	认知心理学基础(3)
	神经生物学与脑科学(2)
	计算神经工程(1)
选修	/

7.2.3 教学目的和基本要求(Teaching Objectives and Basic Requirements)

(1) 认识和掌握神经系统的解剖学基础和神经系统对机体生命活动的调控作用及其机制,了解“脑”活动的奥秘和规律;

(2) 掌握神经系统的解剖学基础;

(3) 认识神经系统信号运作、组构原理和信号传递过程;

(4) 了解和掌握离子通道的结构和功能及物质的跨膜转运机制;

(5) 掌握静息电位和动作电位的离子基础以及电传导过程;

(6) 了解和掌握突触传递的直接和间接机制及递质的释放原理;

（7）了解神经胶质细胞的膜特性及其功能；
（8）了解突触传递的细胞和分子的生物化学机制及中枢神经递质的作用；
（9）掌握突触可塑性及其机制。

7.2.4　课程大纲和知识点（Syllabus and Key Points）

章节序号 Chapter Number	章节名称 Chapters	课时 Class Hour	知识点 Key Points
1	绪论和神经系统的解剖学基础 Introduction and anatomical basis of nervous system	4	（1）神经生物学的概念 （2）神经生物学的重要性 （3）神经系统的构成（大脑、间脑、脑干、小脑、脊髓、脑神经和脊神经） （4）神经传导通路（感觉传导通路和运动传导通路） （1）The concept of neurobiology （2）Importance of neurobiology （3）Structure of the nervous system(cerebrum, diencephalon, brain stem, cerebellum, spinal cord, cranial nerve and spinal nerve) （4）Conductive pathway of nervous system (sensory pathway and motor pathway)
2	信号运作和组构原理 Principles of signaling and organization	2	（1）简单神经元回路（膝腱反射） （2）复杂神经元回路（视觉传导通路） （3）视网膜的组构（神经元的外形和连接，细胞体、树突和轴突，连接的复杂性） （4）神经细胞的信号传递（电信号的普遍性、电极记录神经元信号的技术、整合机制、动作电位传送信息的复杂性） （1）Simple neuronal circuits(knee jerk reflex) （2）Complex neuronal circuitry(visual pathway) （3）Organization of the retina (shapes and connections of neurons, cell body, axons, and dendrites, complexity of connections) （4）Signaling in nerve cells (universality of electrical signals, techniques for recording signals from neurons with electrodes, integrative mechanisms, complexity of the information conveyed by action potentials)

续表

章节序号 Chapter Number	章节名称 Chapters	课时 Class Hour	知识点 Key Points
3	离子通道和信号传递 Ion channels and signaling	2	(1) 离子通道的概念 (2) 离子通道的特性(神经细胞膜,通道选择性,通道激活模式) (3) 单通道电流的测量(微电极细胞内记录,膜片钳记录) (4) 通道电导(电导和通透性、平衡电位、能斯特方程、非线性电流-电压关系) (1) The concept of ion channels (2) Properties of ion channels(the nerve cell membrane, channel selectivity, modes of activation) (3) Measurement of single-channel currents(intracellular recording with microelectrodes, patch clamp recording) (4) Channel conductance(conductance and permeability, equilibrium potential, the Nernst equation, nonlinear current-voltage relations)
4	离子通道的结构 Structure of ion channels	2	(1) 配体激活的离子通道(烟碱型 ACh 受体,其他烟碱型 ACh 受体) (2) 电压激活通道(电压激活钠通道,电压激活钙通道,电压激活钾通道,离子选择性和电导) (3) 亚基的多样性 (1) Ligand-activated channels(the nicotinic acetylcholine receptor, other nicotinic ACh receptors) (2) Voltage-activated channels (the voltage-activated sodium channel, the voltage-activated calcium channels, the voltage-activated potassium channels, selectivity and conductance) (3) Diversity of subunits

续表

章节序号 Chapter Number	章节名称 Chapters	课时 Class Hour	知识点 Key Points
5	跨细胞膜转运 Ion transport across cell membranes	2	(1) 细胞膜的化学组成和分子结构 (2) 细胞膜的物质转运(被动转运和主动转运) (3) 钠-钾交换泵 (4) 钙泵 (5) 钠-钙交换 (6) 氯转运 (7) 神经递质的转运 (1) The chemical composition and molecular structure of cell membrane (2) Material transport of cell membrane(passive transport and active transport) (3) Sodium-potassium exchange pump (4) Calcium pumps (5) Sodium-calcium exchange (6) Chloride transport (7) Transport of neurotransmitters
6	静息膜电位的离子基础 Ionic basis of the resting potential	2	(1) 基本概念(静息电位、去极化、超极化等) (2) 静息电位产生的机制 (3) 模式细胞(离子平衡、电中性) (4) 乌贼轴突的膜电位(恒场方程、膜的电路模型、钠-钾泵对膜电位的贡献) (5) 膜电位的变化 (1) The basic concepts(resting potential, depolarization, hyperpolarization, etc) (2) The mechanism of resting potential (3) A model cell(ionic equilibrium, electrical neutrality) (4) Membrane potentials in squid axons(the constant field equation, an electrical model of the membrane, contribution of the sodium-potassium pump to the membrane potential) (5) Changes in membrane potential

续表

章节序号 Chapter Number	章节名称 Chapters	课时 Class Hour	知识点 Key Points
7	动作电位的离子基础 Ionic basis of the action potential	2	(1) 基本概念(动作电位,阈电位,阈强度等) (2) 动作电位的机制 (3) 钠电流和钾电流 (4) 电压钳实验(钠、钾电导的定量描述,动作电位的重构,阈值和不应期,动作电位的特点,门控电流,激活和失活的分子机制) (5) 兴奋中钙的作用(钙动作电位、钙离子和兴奋性) (1) The basic concepts (action potential, threshold potential, threshold intensity, etc) (2) The mechanism of action potential (3) Sodium currents and potassium currents (4) Voltage clamp experiments(quantitative description of sodium and potassium conductance, reconstruction of action potential, threshold and refractory period, characteristics of action potential, gating currents, molecular mechanisms of activation and inactivation) (5) The role of calcium in excitation (calcium action potentials, calcium ions and excitability)
8	神经元作为电导体 Neurons as conductors of electricity	2	(1) 细胞膜的被动电学性质(膜电容、膜电阻及时间常数) (2) 动作电位传播 (3) 树突中的传导 (4) 细胞之间的电流通路 (1) Electrical properties of cell membranes (membrane capacitance, membrane resistance, time constant) (2) Action potential propagation (3) Conduction in dendrites (4) Pathways for current flow between cells
9	神经胶质细胞的特性与功能 Properties a nd functions of neuroglial cells	2	(1) 神经胶质细胞的分类与特征 (2) 神经胶质细胞膜的生理特性 (3) 神经胶质细胞的功能 (4) 神经元活动对神经胶质细胞的作用 (1) Classification and properties of neuroglial cell (2) Physiological properties of neuroglial cell membranes (3) Functions of neuroglial cells (4) Effects of neuronal activity on neuroglial cells

续表

章节序号 Chapter Number	章节名称 Chapters	课时 Class Hour	知识点 Key Points
10	直接性突触传递的原理 Mechanisms of direct synaptic transmission	2	(1) 神经细胞与突触连接(突触的概念、自主神经系统和神经肌肉接头的化学突触传递) (2) 电突触传递 (3) 化学突触传递(突触的结构、突触的分类、突触传递的过程、突触传递的特征、兴奋性突触后电位和抑制性突触后电位) (4) 直接性突触抑制(抑制性电位的翻转、突触后抑制、突触前抑制、失敏) (1) Nerve cells and synaptic connections (the concept of synapse, chemical synaptic transmission in autonomic nervous system and neuromuscular junction) (2) Electrical synaptic transmission (3) Chemical synaptic transmission (synaptic structure, classification of synapses, process of synaptic transmission, characteristics of synaptic transmission, excitatory postsynaptic potential and inhibitory postsynaptic potential) (4) Direct synaptic inhibition (reversal of inhibitory potentials, postsynaptic inhibition, presynaptic inhibition, desensitization)
11	突触传递的间接机制 Indirect mechanisms of synaptic transmission	2	(1) 代谢型受体和G蛋白 (2) G蛋白对通道功能的直接调制(G蛋白激活钾通道和G蛋白抑制钙通道) (3) G蛋白激活胞内第二信使系统 (4) 钙作为胞内第二信使 (5) 间接递质作用的长时间进程 (1) Metabotropic receptors and G proteins (2) Direct modulation of ion channel function by G proteins (G protein activation of potassium channels and G protein inhibition of calcium channels) (3) G Protein activation of cytoplasmic second messenger systems (4) Calcium as an intracellular second messenger (5) Prolonged time course of indirect transmitter action

续表

章节序号 Chapter Number	章节名称 Chapters	课时 Class Hour	知识点 Key Points
12	递质的释放 Release of neurotransmitters	2	(1) 递质释放的特征(轴突终末去极化和递质释放、突触延迟、释放需要钙的证据等) (2) 量子释放(多分子量子的自发释放、终板电位的波动、终板电位的统计学分析) (3) 囊泡与递质释放(神经末梢的超微结构、胞吐作用的形态学证据、在活细胞中监测胞吐及胞吞) (1) Characteristics of transmitter release(axon terminal depolarization and release, synaptic delay, evidence that calcium is required for release, etc) (2) Quantal release(spontaneous release of multimolecular quanta, fluctuations in the end-plate potential, statistical analysis of the end-plate potential) (3) Vesicles and transmitter release(ultrastructure of nerve terminals, morphological evidence for exocytosis, monitoring exocytosis and endocytosis in living cells)
13	突触传递的细胞和分子的生物化学机制及递质 Cellular and molecular biochemistry of synaptic transmission	2	(1) 神经递质(神经递质和神经调质的概念、戴尔原则、神经递质的分类) (2) 神经递质的合成(乙酰胆碱、去甲肾上腺素、多巴胺、5-羟色胺、γ-氨基丁酸、谷氨酸和神经肽) (3) 递质在突触囊泡中的贮存 (4) 轴浆运输 (5) 递质释放和囊泡的循环利用 (6) 神经递质从突触间隙的去除 (1) Neurotransmitters(the concepts of neurotransmitters and neuromodulators, Dale's principle and classification of neurotransmitters) (2) Neurotransmitter synthesis(acetylcholine, norepinephrine, dopamine, 5-HT, GABA, glutamate, and neuropeptides) (3) Storage of transmitters in synaptic vesicles (4) Axonal transport (5) Transmitter release and vesicle recycling (6) Removal of transmitters from the synaptic cleft

续表

章节序号 Chapter Number	章节名称 Chapters	课时 Class Hour	知识点 Key Points
14	中枢神经递质 Neurotransmitters in the central nervous system	2	(1) 重要递质分布的定位(乙酰胆碱、谷氨酸、γ-氨基丁酸和甘氨酸等) (2) CNS 中的肽类递质(P 物质与阿片肽) (3) 生物胺对中枢神经系统功能的调节(去甲肾上腺素、多巴胺、5-羟色胺和组胺) (1) Mapping key transmitter distribution (acetylcholine, glutamate, GABA and glycine, etc) (2) Peptides in central nervous system (substance P and opioid peptides) (3) Regulation of central nervous system function by biogenic amines (norepinephrine, dopamine, serotonin and histamine)
15	突触可塑性 Synaptic plasticity	2	(1) 信号传递的短时程变化(易化、抑制、增强和强直后增强) (2) 信号传递的长时程变化(长时程增强、海马锥体细胞的联合型 LTP、LTP 诱导的机制、寂静突触、突触前的 LTP、长时程压抑、小脑的 LTD、突触效能变化的意义) (1) Short-term changes in signaling (facilitation, depression, augmentation and post-tetanic potentiation (PTP)) (2) Long-term changes in signaling (Long-term potentiation (LTP), associative LTP in hippocampal pyramidal cells, mechanisms underlying the induction of LTP, silent synapses, presynaptic LTP, long-term depression, LTD in the cerebellum, significance of changes in synaptic efficacy)

大纲制定者：李延海副教授(西安交通大学生命科学与技术学院)

大纲审定：西安交通大学人工智能学院本科专业知识体系建设与课程设置工作组

7.3 “计算神经工程”教学大纲

课程名称：计算神经工程

Course：Computational Neural Engineering

先修课程：概率统计与随机过程、认知心理学基础、神经生物学与脑科学、数字信号处理

Prerequisites：Probability Theory and Stochastic Process，Introduction to Cognitive Psychology，Neurobiology and Brain Science，Digital Signal Processing

学分：1

Credits：1

7.3.1 课程目的和基本内容（Course Objectives and Basic Content）

本课程是人工智能学院本科生必修课。

This course is a compulsory course for undergraduates in College of Artificial Intelligence.

计算神经工程是一门跨学科的新兴学科，综合了信息科学、物理学、数学、生物学、认知心理学等众多领域的成果。由于其发展的时间并不长，至今有关计算神经工程学尚没有一个具有权威性的定义。一般认为，计算神经工程把大脑看成一个信息处理的器件，以数学和计算为主要手段探明神经系统的功能，揭示神经系统编码和处理信息的机制，研究如何通过脑机接口、神经修复等途径对神经系统的功能缺失与异常等问题寻找有效的解决方法。

迄今为止，人们对大脑的探索还只停留在冰山一角，因此计算神经工程的研究面临的是一个充满未知的新领域，必须在基本原理和计算理论方面进行更深刻的探索。对人脑神经系统的结构、信息加工、记忆和学习机制进行计算建模和仿真，有助于揭示人脑的工作机理和提出智能科学的新思想、新方法。此外，脑机接口技术作为神经工程研究领域的一个重要方向，主要探索大脑意念与外部设备进行直接双向通信的创新技术，为基于意念的“脑控”和“控脑”应用提供支持。科幻电影中脑控的机甲战士和控脑的阿凡达成为脑机接口技术未来发展成果的形象体现。

信息科学与现代神经科学真正结合起来是一个很大的挑战。计算神经工程是二者之间的重要桥梁，在类脑计算、人工智能和脑机接口的发展中起关键作用。本课程围绕计算神经工程介绍其基本概念、方法和理论，主要包括神经科学基础、大脑信号的记录和刺激技术、脑信号处理、神经信息编解码以及脑机接口等。理解和掌握计算神

经工程基本原理和理论，有助于学生运用物理、数学以及工程学的概念和分析工具来研究大脑的功能，同时有利于培养出大批类脑智能工程技术人才。

Computational Neural Engineering(CNE) is a new interdisciplinary discipline, which combines the achievements of information science, physics, mathematics, biology, cognitive psychology and many other fields. Because of its short development, there is no authoritative definition of Computational Neural Engineering up to now. It is generally believed that Computational Neural Engineering regards the brain as a device for information processing, and uses the mathematics and computation as the main means to explore the function of the nervous system, reveal the mechanism of information processing in the nervous system, and study how to find effective solutions to the problems of functional deficiency and abnormality of the nervous system through Brain Computer Interface(BCI), nerve repair and so on.

So far, the exploration of the brain is only at the tip of the iceberg, so the research of Computational Neural Engineering is facing a new field full of unknown, and it is necessary to make more profound exploration in basic principles and computational theory. The computational modeling and simulation of the structure, information processing, memory and learning mechanism of human brain nervous system, can help us to reveal the working mechanism of human brain and put forward new ideas and new methods of intelligent science. In addition, as an important direction in the field of neural engineering, Brain Computer Interface explores innovative technologies for direct two-way communication between brain and external devices. Brain-controlled machine-armored warriors and Avatar in science fiction movies represent the future development of Brain Computer Interface technology.

The combination of information science and modern neuroscience is a great challenge. Computational Neural Engineering is an important bridge between them and plays a key role in the development of brain-like computing, artificial intelligence and Brain Computer Interface. This course introduces the basic concepts, methods and theories of Computational Neural Engineering, including basic neuroscience, recording and stimulating techniques of brain signals, brain signal processing, coding and decoding of nervous information and Brain Computer Interface. Understanding and mastering the basic principles and theories of Computational Neural Engineering is helpful for students to use concepts and analysis tools of physics, mathematics and engineering to study the functions of the brain, and to cultivate brain-like intelligence oriented engineering and technology talents.

7.3.2 课程基本情况(Course Arrangements)

<table>
<tr><td>课程名称</td><td colspan="8">计算神经工程
Computational Neural Engineering</td></tr>
<tr><td rowspan="2">开课时间</td><td colspan="2">一年级</td><td colspan="2">二年级</td><td colspan="2">三年级</td><td colspan="2">四年级</td></tr>
<tr><td>秋</td><td>春</td><td>秋</td><td>春</td><td>秋
下</td><td>春</td><td>秋</td><td>春</td></tr>
<tr><td>课程定位</td><td colspan="8">本科生认知与神经科学课程群必修课</td></tr>
<tr><td>学　　分</td><td colspan="8">1 学分</td></tr>
<tr><td>总 学 时</td><td colspan="8">16 学时(授课 16 学时、实验 0 学时)</td></tr>
<tr><td>授课学时分配</td><td colspan="8">课堂讲授(16 学时)</td></tr>
<tr><td>先修课程</td><td colspan="8">概率统计与随机过程、认知心理学基础、神经生物学与脑科学、数字信号处理</td></tr>
<tr><td>后续课程</td><td colspan="8">脑信号处理实验</td></tr>
<tr><td>教学方式</td><td colspan="8">课堂教学、大作业、小组讨论</td></tr>
<tr><td>考核方式</td><td colspan="8">课程结束笔试成绩占 70%,大作业占 20%,考勤占 10%</td></tr>
<tr><td>参考教材</td><td colspan="8">1. Rajesh P. N. Rao. 脑机接口导论. 陈民铀,译. 北京:机械工业出版社,2016
2. Sanchez J C, Principe J C. Brain-machine Interface Engineering, Williston: Morgan & Claypool Publishers, 2007</td></tr>
<tr><td>参考资料</td><td colspan="8">1. Dayan P, Abbott L F. Theoretical Neuroscience: Computational and Mathematical Modeling of Neural Systems. Cambridge: The MIT Press, 2001
2. Sanei S, Chambers J A. EEG signal processing. New Jersey: John Wiley & Sons, 2008
3. Principe J C. Information theoretic learning: Renyi's entropy and kernel perspectives. Berlin: Springer, 2010
4. Jonathan R W, Elizabeth W W. Brain-Computer Interfaces: Principles and Practice, Oxford: Oxford University Press, 2012</td></tr>
<tr><td>其他信息</td><td colspan="8"></td></tr>
</table>

<table>
<tr><td colspan="2">认知与神经科学</td></tr>
<tr><td rowspan="3">必修
(学分)</td><td>认知心理学基础(3)</td></tr>
<tr><td>神经生物学与脑科学(2)</td></tr>
<tr><td>计算神经工程(1)</td></tr>
<tr><td>选修</td><td>/</td></tr>
</table>

7.3.3 教学目的和基本要求(Teaching Objectives and Basic Requirements)

(1) 回顾和了解神经科学基本概念;

(2) 了解记录大脑信号和刺激大脑的基本方法;

(3) 掌握脑信号处理与分析基本方法;

（4）熟悉神经信息编解码基本概念和模型；

（5）熟悉脑机接口的基本概念、主要类型、应用和道德规范。

7.3.4　课程大纲和知识点（Syllabus and Key Points）

第一章　概述（Introduction）

章节序号 Chapter Number	章节名称 Chapters	课时 Class Hour	知识点 Key Points
1.1	概述 Overview	1	（1）神经工程基本术语 （2）神经编解码 （3）脑机接口基本概念 （1）Basic terminologies of neural engineering （2）Neural coding and decoding （3）Basic concepts of brain computer interfaces

第二章　神经科学基础回顾（Review on Fundamentals of Neural Science）

<table>
<tr><th>章节序号
Chapter Number</th><th>章节名称
Chapters</th><th>课时
Class Hour</th><th>知识点
Key points</th></tr>
<tr><td>2.1</td><td>神经元基本生物物理特性
Basic biophysical properties of neurons</td><td rowspan="2">1</td><td>（1）神经元
（2）突触
（3）锋电位

（1）Neurons
（2）Synapses
（3）Spikes</td></tr>
<tr><td>2.2</td><td>神经连接的调节
Regulation of neural connections</td><td>（1）突触可塑性

（1）Synaptic plasticity</td></tr>
<tr><td>2.3</td><td>大脑组织、解剖结构和功能
Brain tissue, anatomy, and function</td><td>1</td><td>（1）中枢神经系统
（2）外周神经系统
（3）皮层

（1）Central nervous system
（2）Peripheral nervous system
（3）Cortex</td></tr>
</table>

第三章 记录大脑信号和刺激大脑(Recording the Brain Signal and Stimulating the Brain)

章节序号 Chapter Number	章节名称 Chapters	课时 Class Hour	知识点 Key points
3.1	记录大脑信号 Recording brain signals	1	(1) 脑电图 (2) 脑磁图 (3) 功能性磁共振成像 (1) EEG (2) MEG (3) fMRI
3.2	刺激大脑 Stimulating brain	1	(1) 微电极 (2) 经颅磁刺激 (3) 神经芯片 (1) Microelectrodes (2) Transcranial magnetic stimulation (3) Neurochip
3.3	同步记录和刺激 Synchronous recording and stimulation		

第四章 脑信号处理(Brain Signal Processing)

章节序号 Chapter Number	章节名称 Chapters	课时 Class Hour	知识点 Key points
4.1	频域分析 Frequency domain analysis	3	(1) 傅里叶分析 (2) 频谱特征 (3) 自回归模型 (4) 卡尔曼滤波 (5) 共空间模式 (1) Fourier analysis (2) Spectrum characteristics (3) Autoregressive model (4) Kalman filter (5) Common spatial patterns
4.2	时域分析 Time domain analysis		
4.3	空间滤波 Spatial filtering		

续表

章节序号 Chapter Number	章节名称 Chapters	课时 Class Hour	知识点 Key points
4.4	伪迹去除 Artifacts removal	2	(1) 线性模型 (2) 主成分分析 (3) 独立分量分析 (4) 自适应滤波 (1) Linear model (2) Principal component analysis (3) Independent component analysis (4) Adaptive filtering

第五章 神经信息编解码(Neural Coding and Decoding)

章节序号 Chapter Number	章节名称 Chapters	课时 Class Hour	知识点 Key Points
5.1	神经信息编解码 Neural information coding and decoding	1	(1) 神经编码 (2) 神经解码 (1) Neural coding (2) Neural decoding
5.2	神经解码模型 Neural decoding model	2	(1) 神经元网络 (2) 自适应滤波器 (3) 信息理论学习 (1) Neural networks (2) Adaptive filters (3) Information theory learning

第六章　脑机接口(Brain-Computer Interface)

章节序号 Chapter Number	章节名称 Chapters	课时 Class Hour	知识点 Key Points
6.1	构建脑机接口 Construct brain computer interfaces	1	(1) 条件反射 (2) 运动想象 (3) 刺激诱发 (1) Conditioned reflex (2) Motor imagery (3) Stimulus induction
6.2	脑机接口主要类型 Main types of brain computer interfaces	1	(1) 侵入式脑机接口 (2) 半侵入式脑机接口 (3) 非侵入式脑机接口 (1) Intrusive brain computer interfaces (2) Semi-intrusive brain computer interfaces (3) Non-intrusive brain computer interfaces
6.3	脑机接口应用 Applications of brain computer interfaces	1	(1) 医学领域应用 (2) 非医学领域应用 (3) 安全性和隐私性 (1) Medical applications (2) Non-medical applications (3) Security and privacy
6.4	脑机接口伦理 Ethics of brain computer interfaces		

大纲指导者：郑南宁教授(西安交通大学人工智能学院)

大纲制定者：陈霸东教授(西安交通大学人工智能学院)

大纲审定：西安交通大学人工智能学院本科专业知识体系建设与课程设置工作组

第8章

先进机器人技术课程群

8.1 “机器人学基础”教学大纲

课程名称：机器人学基础

Course：Introduction to Robotics

先修课程：线性代数与解析几何、大学物理、现代控制工程

Prerequisites：Linear Algebra and Analytic Geometry，Physics，Modern Control Engineering

学分：3

Credits：3

8.1.1 课程目的和基本内容(Course Objectives and Basic Content)

本课程是人工智能学院本科生必修课。

This course is a compulsory course for undergraduates in College of Artificial Intelligence.

机器人学是一门高度交叉的前沿学科，其内涵和外延都在不断地发展变化。本课程立足已被广泛应用的典型工业机器人，兼顾服务机器人与军事机器人的应用，系统地介绍机器人建模与控制的相关基础知识。理解和掌握本课程的内容，不仅可以使学生全面系统地了解已被广泛应用的各类机器人系统(工业机器人、轮式移动机器人和旋翼无人机)，也能够为日后进一步学习研究机器人学打下基础。

通过本课程的学习，使学生系统地了解机器人学的基础理论知识，特别是机器人设计、建模、控制等方面的相关知识，较为深入地学习串联、并联机器人以及轮式移动机器人的运动学和动力学特性，初步掌握机器人控制系统设计的基本思路和方法，为进一步的学习和应用打下基础。本课程以课堂教学为主，配合教学实验、课堂讨论、读

书报告等教学环节，系统地培养学生进行机器人分析、建模、控制的能力，以及机器人系统设计和应用开发的基本技能。

本课程以机器人的运动学和动力学建模为主线，系统地介绍了刚体的运动描述、空间坐标变换、正向/逆向运动学、动力学分析等基础知识，以及关节型串联机器人、并联机器人、轮式移动机器人等典型机器人系统的设计与分析。第一章概括介绍了机器人学的发展历程；第二章重点介绍了刚体的运动描述；第三章到第六章以关节型串联机器人（机械臂）为背景，详细介绍了机器人运动学/动力学分析与控制的基础知识；第七章以 Delta 机器人为例介绍了并联机器人的结构特点和建模分析；第八章主要介绍了轮式移动机器人的结构和模型，并对旋翼无人机的动力学建模与控制进行了简单介绍。

Robotics is a cutting-edge interdiscipline, and its intension and extension are evolving constantly. Based on the industrial manipulator that has been widely used, taking account of service robots and military robots, this course systematically introduces the basic knowledge of robotic modeling and control. By understanding and mastering the content of this course, students will have a comprehensive and systematic understanding of the robots that have been widely used, such as industrial manipulator, wheeled mobile robots and drones, and build the foundation for study of robotics in the future.

This course helps students systematically understand the basic theory of robotics, especially the knowledge of robotic design, modeling and control, deeply comprehend the kinematics and dynamics of serial robots, parallel robots and wheeled mobile robots, preliminarily grasp the ideas and methods of robotic control, which build a knowledge framework for further study and application. This course develops the students' ability to perform robotic analysis, modeling and control, trains the students' skill in the design and application of robotic system by classroom teaching in addition with experiments, discussions, reading reports.

This course focuses on the kinematics and dynamics modeling of robots. It systematically introduces the basic knowledge of rigid body motion description, space coordinate transformation, forward/inverse kinematics and dynamics, and the design and analysis of typical robot systems such as serial robots, parallel robots, wheeled mobile robots. Chapter 1 gives an overview of the evolution of robotics. Chapter 2 focuses on the motion description of rigid bodies. Chapters 3 - 6 introduce the kinematics/dynamics analysis and control of a manipulator. Chapter 7 introduces the structural characteristics and modeling of parallel robots by taking Delta robot as an example. Chapter 8 mainly introduces the structure and model of wheeled mobile robots, in addition to the modeling and control of drones.

8.1.2　课程基本情况(Course Arrangements)

<table>
<tr><td>课程名称</td><td colspan="8">机器人学基础
Introduction to Robotics</td></tr>
<tr><td rowspan="2">开课时间</td><td colspan="2">一年级</td><td colspan="2">二年级</td><td colspan="2">三年级</td><td colspan="2">四年级</td></tr>
<tr><td>秋</td><td>春</td><td>秋</td><td>春</td><td>秋</td><td>春</td><td>秋</td><td>春</td></tr>
<tr><td>课程定位</td><td colspan="8">本科生先进机器人技术课程群必修课</td></tr>
<tr><td>学　　分</td><td colspan="8">3 学分</td></tr>
<tr><td>总 学 时</td><td colspan="8">52 学时(授课 44 学时、实验 8 学时)</td></tr>
<tr><td>授课学时分配</td><td colspan="8">课堂讲授(44 学时)</td></tr>
<tr><td>先修课程</td><td colspan="8">线性代数与解析几何、大学物理、现代控制工程</td></tr>
<tr><td>后续课程</td><td colspan="8">认知机器人、仿生机器人</td></tr>
<tr><td>教学方式</td><td colspan="8">课堂教学、大作业、实验、读书报告</td></tr>
<tr><td>考核方式</td><td colspan="8">闭卷考试成绩占 70%，作业成绩占 10%，实验成绩占 10%，报告成绩占 10%</td></tr>
<tr><td>参考教材</td><td colspan="8">1. 蔡自兴. 机器人学(第三版). 北京：清华大学出版社，2015
2. Siegwart R，et al. 自主移动机器人导论(第 2 版). 李人厚，宋青松，译. 西安：西安交通大学出版社，2013</td></tr>
<tr><td>参考资料</td><td colspan="8"></td></tr>
<tr><td>其他信息</td><td colspan="8"></td></tr>
</table>

<table>
<tr><td colspan="2">先进机器人技术</td></tr>
<tr><td rowspan="2">必修
(学分)</td><td>机器人学基础(3)</td></tr>
<tr><td>多智能体与人体混合智能(2)</td></tr>
<tr><td rowspan="2">选修
(学分)
2 选 1</td><td>认知机器人(1)</td></tr>
<tr><td>仿生机器人(1)</td></tr>
</table>

8.1.3　教学目的和基本要求(Teaching Objectives and Basic Requirements)

(1) 理解机器人学的基本概念；

(2) 掌握串联机器人(机械臂)的运动学与动力学描述方法；

(3) 了解机器人位置、速度、作用力控制的基本方法；

(4) 掌握 Delta 并联机构机器人的分析与设计方法；

(5) 掌握轮式移动机器人的运动建模与控制；

(6) 了解旋翼无人机的运动建模与控制。

8.1.4 教学内容及安排(Syllabus and Key Points)

第一章 绪论(Introduction)

章节序号 Chapter Number	章节名称 Chapters	课时 Class Hour	知识点 Key Points
1.1	绪论 Introduction	2	(1) 机器人学的起源与发展 (2) 机器人的相关定义、特点、分类 (3) 机器人的相关术语与主题 (4) 机器人的应用 (1) The origins and development of robotics (2) Definition, characteristics and classification of robots (3) Terminologies and research topics of robotics (4) Applications of robots

第二章 数学基础(Mathematics Foundation)

章节序号 Chapter Number	章节名称 Chapters	课时 Class Hour	知识点 Key Points
2.1	数学基础 Mathematics foundation	2	(1) 位姿与坐标系描述 (2) 平移与旋转坐标系映射 (3) 平移与旋转齐次坐标变换 (4) 物体的变换和变换方程 (5) 通用旋转变换 (1) Representation of position, attitude and coordinate frames (2) Mapping of transfer and rotation coordinate systems (3) Homogeneous transformation of transfer and rotation (4) Transformation of object and its equations (5) General rotation transformation

第三章　串联机器人(Serial Robots)

章节序号 Chapter Number	章节名称 Chapters	课时 Class Hour	知识点 Key Points
3.1	串联机器人 Serial robots	2	(1) 串联机器人的结构 (2) 执行系统与传动系统 (3) 典型机械臂的坐标系统 (4) 连杆与关节 (1) Serial robot architecture (2) Actuator and transmission (3) Classification by coordinate system (4) Links and joints

第四章　机械臂运动学(Manipulator Kinematics)

章节序号 Chapter Number	章节名称 Chapters	课时 Class Hour	知识点 Key Points
4.1	运动学方程的表示 Representation of kinematical equation of manipulator	2	(1) 姿态的不同坐标表示 (2) 平移的不同坐标表示 (3) 广义连杆、广义变换矩阵、连杆坐标系的建立 (1) Representation of pose (2) Representation of transfer (3) Generalized link, generalized transformation matrix, link coordinate setting
4.2	运动学方程的求解 Solving kinematical equations of manipulator	2	(1) 解的存在性和多解性问题 (2) 代数解法 (3) 几何解法 (1) Existence of solutions, multiple solutions (2) Algebraic solution (3) Geometric solution
4.3	运动分析与综合 Analysis and synthesis for manipulator motion	2	(1) 正向运动学分析(问题描述及分析示例) (2) 逆向运动学分析(问题描述及分析示例) (1) Forward kinematic of manipulator (2) Inverse kinematic of manipulator

续表

章节序号 Chapter Number	章节名称 Chapters	课时 Class Hour	知识点 Key Points
4.4	机械臂的雅可比公式 Jacobian of manipulator	2	(1) 微分运动 (2) 连杆间的速度传递 (3) 雅可比矩阵的定义和计算 (4) 奇异性 (1) Differential motion (2) Velocity propagation from link to link (3) Definition and solving of Jacobian matrix (4) Singularities
4.5	静力分析 Static forces	2	(1) 静力与力矩 (2) 等效关节力矩 (3) 力域中的雅可比 (1) Static forces and moments (2) Equivalent joint torques (3) Jacobian in the force domain

第五章　机械臂动力学(Manipulator Dynamics)

章节序号 Chapter Number	章节名称 Chapters	课时 Class Hour	知识点 Key Points
5.1	牛顿-欧拉迭代动力学方程 Iterative Newton-Euler dynamic formulation	2	(1) 刚体的惯性 (2) 牛顿-欧拉方程 (3) 牛顿-欧拉迭代动力学方程 (1) Inertia of rigid body (2) Newton-Euler formulation (3) Iterative Newton-Euler dynamic formulation
5.2	机械臂动力学的拉格朗日公式 Lagrangian formulation of manipulator dynamics	2	(1) 动能与位能 (2) 动力学的拉格朗日公式 (1) Kinetic energy and potential energy (2) Lagrangian formulation of dynamics

续表

章节序号 Chapter Number	章节名称 Chapters	课时 Class Hour	知识点 Key Points
5.3	笛卡儿空间的动力学方程 Dynamics formulation in Cartesian spaces	2	(1) 笛卡儿空间的动力学方程 (2) 机械臂的正向动力学 (3) 机械臂的逆向动力学 (1) Dynamics formulation in Cartesian space (2) Forward dynamics of manipulator (3) Inverse dynamics of manipulator
5.4	机械臂的动态特性 Dynamic properties of manipulator	2	(1) 稳定性 (2) 空间分辨率 (3) 精度 (4) 重复性 (1) Stability (2) Spatial resolution (3) Accuracy (4) Repeatability

第六章　机械臂的位置和力控制(Position and Force Control of Manipulator)

章节序号 Chapter Number	章节名称 Chapters	课时 Class Hour	知识点 Key Points
6.1	位置与力传感器 Rosition and force sensor	2	(1) 传感器分类 (2) 位置传感器 (3) 速度、加速度传感器 (4) 力传感器 (1) Sensor classification (2) Position sensors (3) Velocity,acceleration sensors (4) Force sensors
6.2	间接力控制 Indirect force control	2	(1) 被动柔顺与主动柔顺 (2) 自然约束与人工约束 (3) 刚性控制、阻抗控制 (1) Passive compliance and active compliance (2) Natural constraints and artificial constraints (3) Stiffness control,impedance control

续表

章节序号 Chapter Number	章节名称 Chapters	课时 Class Hour	知识点 Key Points
6.3	力和位置混合控制 Hybrid position/force control	2	(1) 雷伯特-克雷格位置/力混合控制 (1) Raibert-Craig hybrid position/force control
6.4	分解运动控制 Resolved motion control	2	(1) 分解运动控制原理 (2) 分解运动速度控制、分解运动加速度控制、分解运动力控制 (1) Principle of resolved motion control (2) Resolved motion rate control, resolved motion acceleration control and resolved motion force control

第七章 并联机器人基础(Introduction to Parallel Robots)

章节序号 Chapter Number	章节名称 Chapters	课时 Class Hour	知识点 Key Points
7.1	并联机器人介绍 Introduction to parallel robots	2	(1) 定义、特点、构型 (1) Definition, characteristics, and architecture
7.2	并联机器人的运动学分析示例 Example for kinematics of parallel robots	2	(1) Delta 机器人的逆向运动学 (2) Delta 机器人的正向运动学 (1) Inverse kinematics of delta robots (2) Direct kinematics of delta robots
7.3	并联机器人的动力学分析示例 Example for dynamics of parallel robots	2	(1) Delta 机器人的逆向动力学 (1) Inverse dynamics of delta robots

第八章　移动机器人基础(Introduction to Mobile Robots)

章节序号 Chapter Number	章节名称 Chapters	课时 Class Hour	知识点 Key Points
8.1	移动机器人介绍 Introduction to mobile robots	2	(1) 运动问题 (2) 足式机器人的构造与稳定性 (3) 轮式机器人的轮子结构与配置 (4) 稳定性、机动性、可控性 (1) Locomotion (2) Configurations and stability of legged mobile robots (3) Wheel types and configuration of wheeled mobile robots (4) Stability, maneuverability, controllability
8.2	轮式机器人的运动学与动力学示例 Example for wheeled robot kinematics and dynamics	2	(1) 阿克曼转向轮式机器人的运动学建模 (2) 橡胶轮胎阿克曼转向轮式机器人的动力学建模 (1) Kinematic modeling for Ackermann steering wheeled robots (2) Dynamic modeling for rubber-tired Ackermann steering wheeled robots
8.3	旋翼无人机的建模与控制 Modeling and control of drone	2	(1) 四旋翼无人机的动力学建模 (2) 四旋翼无人机的运动控制 (1) Dynamic modeling of a quadcopter (2) Motion control of a quadcopter

8.1.5　实验环节(Experiments)

序号 Num.	实验内容 Experiment Content	课时 Class Hour	知识点 Key Points
1	串联机器人运动学实验 Experiment for serial robots	2	(1) Matlab 机器人工具箱的使用 (2) 使用 D-H 参数描述机械臂 (3) 机械臂的正向与逆向运动学 (4) 机械臂的工作空间分析 (1) Usage of robotic toolbox for MATLAB (2) Defining a manipulator by using Denavit and Hartenberg parameters (3) Forward and inverse kinematics of manipulator (4) Analyzing the workspace of a manipulator

续表

序号 Num.	实验内容 Experiment Content	课时 Class Hour	知识点 Key Points
2	机械臂控制实验 Experiment for control of manipulator	2	(1) 机械臂的位置与力传感器 (2) 间接力控制 (3) 力和位置混合控制 (1) Position and force sensors for manipulator (2) Indirect force control (3) Hybrid position/force control
3	并联机器人运动学实验 Experiment for parallel robots	2	(1) 机器人操作系统(ROS)的使用 (2) 使用 URDF 描述一款 Delta 机器人 (3) Delta 机器人的正向与逆向运动学 (4) 绘制 Delta 机器人的工作空间 (1) Usage of ROS(Robotic Operating System) (2) Defining a delta robot by using unified robot description format (3) Forward and inverse kinematics of delta robots (4) Plotting the workspace of delta robots
4	四旋翼无人机仿真与控制实验 Experiment for simulation and control of quadcopter	2	(1) 四旋翼无人机建模与仿真(在 MATLAB 或 ROS 环境中) (2) 四旋翼无人机控制器设计(基于 PID 或其他控制算法) (1) Simulation of aquadcopter(MATLAB or ROS) (2) Design of the controller for quadcopter(PID-Based or Others)

大纲制定者：徐林海高级工程师(西安交通大学人工智能学院)

大纲审定：西安交通大学人工智能学院本科专业知识体系建设与课程设置工作组

8.2 “多智能体与人机混合智能”教学大纲

课程名称：多智能体与人机混合智能

Course：Multi-agent and Human-machine Hybrid Intelligence

先修课程：人工智能的现代方法

Prerequisites：Modern Approaches of Artificial Intelligence

学分：2

Credits：2

8.2.1 课程目的和基本内容(Course Objectives and Basic Content)

本课程是人工智能学院本科生必修课，课程由两个部分组成，第一部分为多智能体(Multi-agent)，第二部分为人机混合智能(Human-machine Hybrid Intelligence)。

This course is a compulsory course for undergraduates in College of Artificial Intelligence. It consists of two parts: Multi-agent, and Human-machine Hybrid Intelligence.

第一部分旨在理解多智能体系统的信息融合与协同控制的基础理论和研究成果，回顾多智能体的出现及发展，并重新认识其对人机混合智能发展的贡献。20世纪70年代末期，智能体(Agent)概念初现并迅速发展，20世纪90年代多智能系统体涌现出自主性、社会能力、反应性等特点，因此成为机器人领域、控制领域等众多领域的研究热点。多智能体系统通过信息融合与协作可以完成超出它们各自能力范围的任务，使得系统整体能力大于个体能力之和，根本任务在于其对多个个体的信息进行融合以及协同控制。

Part 1 aims to understand the basic theories and research results of information fusion and collaborative control of multi-agent systems, review the emergence and development of multi-agents, and re-recognize its contribution to the development of human-computer hybrid intelligence. In the late 1970s, the concept of Agent was first developed and developed rapidly. In the 1990s, many intelligent systems emerged with autonomy, social ability, and reactivity. Therefore, they became the research hotspots in many fields such as robotics and control. Multi-agent systems can accomplish tasks beyond their respective capabilities through information fusion and collaboration, making the overall system capacity greater than the sum of individual capabilities. The fundamental task is to integrate and coordinate the information of multiple individuals.

第二部分旨在理解将人的作用引入到智能系统的回路中的人机混合智能，它把人对模糊、不确定问题分析与响应的高级认知机制与机器智能系统紧密耦合，使得两者相互适应，协同工作，形成双向的信息交流与控制。把人的感知、认知能力和计算机强大的运算和存储能力相结合，可以形成"1＋1＞2"的增强智能形态，从而实现大规模的非完整、非结构化知识信息的处理，同时避免由于当前人工智能技术的局限性而带来的决策风险和系统的失控等问题。启发学生在修完人工智能核心专业课程后，理解认知计算的基本框架，进一步思考如何使将机器学习、知识库和人类决策更好地结合起来，使计算机能在人类参与度降低的情况下仍能以较高的准确度和置信度完成大部分工作。

Part 2 aims to understand the human-machine hybrid intelligence that introduces the human role into the loop of the intelligent system. It closely couples the advanced cognitive mechanism of fuzzy and uncertain problem analysis and response with the machine intelligence system, so that the two adapt and work together to form two-way information exchange and control. Combining human perception, cognitive ability and powerful computing and storage capabilities of the computer can form an enhanced intelligent form of "1＋1＞2", thereby realizing large-scale processing of non-holistic and unstructured knowledge information. Avoid problems such as decision-making risks and system out-of-control due to the limitations of current artificial intelligence technologies. Inspire students to understand the basic framework of cognitive computing after completing the core courses of artificial intelligence, and further think about how to better combine machine learning, knowledge base and human decision making, and the computers can accomplish most of the work with high accuracy and confidence, even the human participation is reduced.

8.2.2　课程基本情况(Course Arrangements)

<table>
<tr><td>课程名称</td><td colspan="10">多智能体与人机混合智能
Multi-agent and Human-machine Hybrid Intelligence</td></tr>
<tr><td rowspan="2">开课时间</td><td colspan="2">一年级</td><td colspan="2">二年级</td><td colspan="2">三年级</td><td colspan="2">四年级</td><td colspan="2">先进机器人技术</td></tr>
<tr><td>秋</td><td>春</td><td>秋</td><td>春</td><td>秋</td><td>春</td><td>秋</td><td>春</td><td rowspan="3">必修
(学分)</td><td>机器人学基础(3)</td></tr>
<tr><td>课程定位</td><td colspan="8">本科生先进机器人技术课程群必修课</td><td rowspan="2">多智能体与人体混合智能(2)</td></tr>
<tr><td>学　　分</td><td colspan="8">2学分</td></tr>
<tr><td>总 学 时</td><td colspan="8">40学时(授课32学时、实验8学时)</td><td rowspan="2">选修
(学分)
2选1</td><td>认知机器人(1)</td></tr>
<tr><td>授课学时分配</td><td colspan="8">课堂讲授(32学时)</td><td>仿生机器人(1)</td></tr>
<tr><td>先修课程</td><td colspan="10">人工智能的现代方法</td></tr>
<tr><td>后续课程</td><td colspan="10"></td></tr>
<tr><td>教学方式</td><td colspan="10">课堂教学、大作业与实验、小组讨论</td></tr>
<tr><td>考核方式</td><td colspan="10">课程结束笔试成绩占60%,平时成绩占15%,实验成绩占10%,调研综述报告占10%,考勤占5%</td></tr>
<tr><td>参考教材</td><td colspan="10">1. Nanning Zheng, et al. Hybrid-augmented intelligence: collaboration and cognition. Frontiers of IT & EE, 2017, 18(2): 153-179.
2. 王崇骏,等. 多智能体系统及应用. 北京:清华大学出版社,2018</td></tr>
<tr><td>参考资料</td><td colspan="10">1. 陈杰,等. 多智能体系统的协同群集运动控制. 北京:科学出版社,2017
2. 范波,等. 多智能体机器人系统信息融合与协调. 北京:科学出版社,2015
3. Gordan Jezic et al. Agent and Multi-Agent Systems: Technologies and Applications. Berlin: Springer, 2014
4. Dennis Jarvis. Multiagent Systems and Applications. Berlin: Springer, 2012</td></tr>
<tr><td>其他信息</td><td colspan="10"></td></tr>
</table>

8.2.3　教学目的和基本要求(Teaching Objectives and Basic Requirements)

第一部分　多智能体

(1) 掌握智能体与多智能体系统的概念与特性,了解多智能体系统的发展和现状;

(2) 掌握人机混合智能的基本概念,了解多智能体与人机混合智能技术的发展和现状;

(3) 理解多智能体协作的理论与方法；
(4) 掌握基于证据推理的多智能体分布式决策方法；
(5) 熟悉多智能体系统的协同控制方法。

第二部分 人机混合智能
(1) 掌握人在回路的混合增强智能基本理论与方法；
(2) 掌握基于认知计算的混合增强智能基本理论与方法；
(3) 熟悉人机混合增强智能的典型应用。

8.2.4 课程大纲和知识点(Syllabus and Key Points)

第一部分 多智能体(Multi-agent)

章节序号 Chapter Number	章节名称 Chapters	课时 Class Hour	知识点 Key Points
1	多智能体与人机混合智能概论 Introduction to Multi-agent and Human-Machine Hybrid Intelligence	2	(1) 智能体与多智能体系统的概念与特性 (2) 多智能体系统的发展和现状 (3) 人机混合智能的基本概念 (4) 人机混合智能技术的发展和现状 将人的作用或人的认知模型引入到人工智能系统中，形成混合智能的形态，这种形态是人工智能或机器智能的可行的、重要的成长模式 (1) The concept and characteristics of agents and multi-agent systems (2) Development and current status of multi-agent systems (3) The basic concept of human-computer hybrid intelligence (4) Development and current status of human-machine hybrid intelligent technology The human role or human cognitive model is introduced into the artificial intelligence system to form a hybrid intelligent form, which is a feasible and important growth mode of artificial intelligence or machine intelligence

续表

章节序号 Chapter Number	章节名称 Chapters	课时 Class Hour	知识点 Key Points
2	多智能体协作的理论与方法 Theories and methods of multi-agent collaboration	4	(1) 多智能体协作的基本理论与方法 (2) 多智能体协作模型 (3) 多智能体协作的信息融合模型：慎思型智能体、反应型智能体、混合型智能体 (4) 多智能体协作的学习模型与方法：强化学习、马尔科夫决策过程、Q-学习算法 (5) 多智能体强化学习函数设计方法：强化学习的奖惩函数；基于平均报酬模型的强化学习算法；一种基于知识的强化函数设计方法 在不确定性、脆弱性和开放性条件下多智能体系统求解问题的关键在于智能体之间的协作，传统的优化控制方法在处理问题时存在一定的局限性，重点掌握强化学习和马尔科夫决策过程 (1) Basic theory and method of multi-agent collaboration (2) Multi-agent collaboration model (3) Multi-agent collaborative information fusion model: Shensi-type agent, reactive agent, hybrid agent (4) Multi-agent collaborative learning models and methods: reinforcement learning, Markov decision process, Q learning algorithm (5) Multi-agent reinforcement learning function design method: reinforcement learning reward and punishment function; reinforcement learning algorithm based on average reward model; a knowledge-based reinforcement function design method The key to solving the problem of multi-agent system under the conditions of uncertainty, vulnerability and openness lies in the cooperation between agents. The traditional optimization control method has certain limitations in dealing with problems, focusing on reinforcement learning and Markov decision making process

续表

章节序号 Chapter Number	章节名称 Chapters	课时 Class Hour	知识点 Key Points
3	基于证据推理的多智能体分布式决策 Multi-agent distributed decision based on evidence reasoning	6	(1) 证据推理理论：概率的几种解释及其性质、证据理论的基本概念、登普斯特组合规则和证据决策规则 (2) 基于证据推理的智能体信息模型 (3) 可传递信息模型 (4) 基于多智能体的分布式决策融合框架及算法：系统框架、融合中心、决策中心 (5) 多智能体分布式决策融合策略：异构融合、可靠性分配和融合处理 证据推理理论是一种不确定性信息处理理论，建立在概率论的基础上。理解利用它来设计多智能体信息模型、基于可传递信息模型的思想，构建多智能体分布式的决策框架并分析相应算法 (1) Evidence reasoning theory: several interpretations of probability and its properties, basic concepts of evidence theory, Dempster combination rules and evidence decision rules (2) Intelligent agent information model based on the evidence reasoning (3) Deliverable information model (4) Multi-agent-based distributed decision fusion framework and algorithm: system framework, fusion center, decision center (5) Multi-agent distributed decision fusion strategy: heterogeneous convergence, reliability allocation and fusion processing Evidence theory is an uncertainty information processing theory based on probability theory. Understand the multi-agent information model designed by it, construct the multi-agent distributed decision-making framework based on the idea of transferable information model and analyze the corresponding algorithm

续表

章节序号 Chapter Number	章节名称 Chapters	课时 Class Hour	知识点 Key Points
4	多智能体系统的协同控制 Cooperative control of multi-agent systems	6	(1) 多智能体系统群集运动控制：连通性保持条件下多智能体系统群集运动控制、基于代数连通度估计的多智能体系统群集运动控制 (2) 多智能体系统群集运动与避障控制：分布式拓扑控制和分布式运动控制 (3) 多智能体系统一致性控制：低阶积分器多智能体一致性控制、高阶线性多智能体系统一致性控制和高阶非线性多智能体一致性控制 (4) 多智能体协同编队控制：多任务约束协调与求解、多任务切换与编队控制器设计 (5) 多智能体非合作行为检测与补偿：一阶多智能体系统非合作行为检测与隔离，基于领域相关状态的多智能体非合作行为检测与隔离 理解系统连通性保持、模型参数不确定、多任务约束等诸多限制条件下，基于代数连通度估计、基于骨干网络等多种分布式群集运动控制方法 (1) Multi-agent system cluster motion control: Multi-agent system cluster motion control under connectivity condition, multi-agent system cluster motion control based on algebraic connectivity estimation (2) Multi-agent system cluster motion and obstacle avoidance control: distributed topology control and distributed motion control (3) Multi-agent system consistency control: low-order integrator multi-agent consistency control, high-order linear multi-agent system consistency control and high-order nonlinear multi-agent consistency control (4) Multi-agent collaborative formation control: multi-task constraint coordination and solution, multi-task switching and formation controller design (5) Detection and compensation of multi-agent non-cooperative behavior: detection and isolation of non-cooperative behavior of first-order multi-agent systems, detection and isolation of multi-agent non-cooperative behavior based on domain-related states Under the constraints of system connectivity, model parameters uncertainty, multi-task constraints, etc., based on algebraic connectivity estimation, based on backbone network and other distributed cluster motion control methods

第二部分　人机混合智能(Human-machine Hybrid Intelligence)

章节序号 Chapter Number	章节名称 Chapters	课时 Class Hour	知识点 Key Points
1	人在回路的混合增强智能 Human-in-the-loop hybrid enhanced intelligence	6	(1) 人在回路的混合增强智能的基本概念 (2) 智能组件(Intelligent-ware)建模与计算 (3) 人在回路的情境计算与理解 (4) 人机交互模型与计算 (5) 人在回路的机器学习方法 掌握人在回路的混合增强智能的概念及功能，思考如何建立任务或概念推动的机器学习方法，使机器不仅能从海量训练样本学习，还能从人类知识中学习，并利用学习的知识完成高度智能化的任务 (1) The basic concept of human being in the loop to enhance intelligence (2) Intelligent-ware modeling and calculation (3) The situation calculation and understanding of people in the loop (4) Human-computer interaction model and calculation (5) Human in the loop of machine learning methods Master the concept and function of people's hybrids in the loop, and think about how to build a task or concept-driven machine learning method, so that the machine can not only learn from the massive training samples, but also learn from human knowledge, and use the knowledge of learning to complete the height. Intelligent task
2	基于认知计算的混合增强智能 Hybrid enhanced intelligence based on cognitive computing	6	(1) 基于认知计算的混合增强智能的计算装置和计算过程 (2) 认知计算框架的基本组成：感知、注意、理解、证实、规划和评测 (3) 直觉推理与因果模型 (4) 记忆与知识演化 (5) 基于记忆与推理的视觉场景理解 认知计算的过程就是根据满足目标任务所需要的信息与外界不断交互，逐渐将事物展开的思维活动(计算)，而非孤立地限制于“基于确定知识的处理”。发展受生物智能启发的混合-增强智能的关键问题是要形成有效的认知计算框架

续表

章节序号 Chapter Number	章节名称 Chapters	课时 Class Hour	知识点 Key Points
2	基于认知计算的混合增强智能 Hybrid enhanced intelligence based on cognitive computing	6	(1) Cognitive computing based hybrid enhanced intelligent computing device and computing process (2) The basic components of a cognitive computing framework: perception, attention, understanding, validation, planning, and evaluation (3) Intuitive reasoning and causal models (4) Memory and knowledge evolution (5) Visual scene understanding based on memory and reasoning The process of cognitive computing is to continuously interact with the outside world according to the information needed to meet the target task, and gradually limit the thinking activities (calculations) of things, rather than being isolated, to "processing based on certain knowledge." The key to developing a hybrid-enhanced intelligence inspired by biointelligence is to form an effective cognitive computing framework
3	人机混合增强智能的典型应用 Typical application of human-machine hybrid enhanced intelligence	2	(1) 产业的复杂性与风险管理 (2) 企业的协作决策 (3) 在线智能学习 (4) 智能医疗与保健 (5) 公共安全与安防 (6) 人机共驾 (7) 云机器人 了解人机混合增强智能的典型应用 (1) Industry complexity and risk management (2) Collaborative decision making (3) Online intelligent learning (4) Smart medical care and health care (5) Public safety and security (6) Human-machine driving (7) Cloud Robot Learn the typical application of human-machine hybrid enhanced intelligence

8.2.5 实验环节(Experiments)

序号 Num.	实验内容 Experiment Content	课时 Class Hour	知识点 Key Points
1	多任务智能组件筛选与融合技术 Multi-task intelligent component screening and fusion technology	2	(1) 面向多任务的智能组件筛选机制 (2) 基于多任务深度学习的智能组件融合技术 (3) 多智能体分布式协同感知和学习方法 (1) Intelligent component filtering mechanism for multitasking (2) Intelligent component fusion technology based on multi-task deep learning (3) Multi-agent distributed collaborative sensing and learning method
2	事件触发的任务动态重分配与决策 Event-triggered task dynamic reallocation and decision making	3	(1) 面向复杂任务和态势的事件触发机制 (2) 基于事件触发的任务动态实时分配与调度机理 (3) 基于事件触发的分布式协同决策方法 (1) Event triggering mechanism for complex tasks and situations (2) Event-triggered task dynamic real-time allocation and scheduling mechanism (3) Event-triggered distributed collaborative decision making method
3	基于强化学习的多智能体协同控制 Multi-agent collaborative control based on reinforcement learning	3	(1) 多智能组件融合的人机协同模型 (2) 基于分布式协同的强化学习算法的实现 (3) 多智能体系统的交互和协同控制 (1) Human-computer collaboration model of multi-intelligent component fusion (2) Implementation of reinforcement learning algorithm based on distributed collaboration (3) Multi-agent system interaction and collaborative control

大纲指导者：郑南宁教授(西安交通大学人工智能学院)

大纲制定者：刘跃虎教授(西安交通大学人工智能学院)、王乐副教授(西安交通大学人工智能学院)

大纲审定：西安交通大学人工智能学院本科专业知识体系建设与课程设置工作组

8.3 “认知机器人”教学大纲

课程名称：认知机器人

Course：Cognitive Robots

先修课程：计算机程序设计、数据结构与算法、概率统计与随机过程、计算机科学与人工智能的数学基础、人工智能的现代方法、机器人学基础

Prerequisites：Computer Programming, Data Structure and Algorithm, Probability Theory and Stochastic Process, Math Foundation of Computer Science and Artificial Intelligence, Modern Approaches of Artificial Intelligence, Introduction to Robotics

学分：1

Credits：1

8.3.1 课程目的和基本内容(Course Objectives and Basic Content)

本课程是人工智能学院本科生选修课，课程由两个主题(Topic)组成，包括主题1：认知机器人(Cognitive Robots)和主题2：机器人规划(Robot Planning)。

This course is an elective course for undergraduates in College of Artificial Intelligence. It consists of two topics: Cognitive Robots, and Robot Planning.

主题1旨在通过介绍认知机器人的基本知识和方法，进一步讨论先进机器人技术的发展。认知机器人是一种具有类似人类的高层认知能力，并能适应复杂环境，完成复杂任务的新一代机器人。基于认知的思想，机器人能有效克服传统机器人的多种缺点，智能水平进一步提高。认知机器人依赖于脑科学、生命科学和心理学等学科的发现，因此，该主题将首先介绍认知计算的基础知识。然后，讨论认知计算与人工智能领域的深度学习技术的关联。在此基础上进一步简述基于机器人技术的认知系统和机器人的认知智能等。最后，介绍Google和IBM等公司的认知智能系统相关成果。该主题采用课堂授课、小组讨论、综述报告等教学手段，促使学生了解认知机器人领域的专业知识和系统，并掌握本领域算法开发的基本能力。

Topic 1 aims to further discuss the development of advanced robots by introducing the basic knowledge and methods of cognitive robots. Cognitive robot is a new gencration of robots with high-level cognitive ability similar to human beings and able to adapt to complex environments and complete complex tasks. Based on the idea of cognition, robots can effectively overcome the shortcomings of traditional robots, and the level of intelligence is further improved. Cognitive robots rely on the discovery of other disciplines such as brain science, life science, and psychology. Therefore, this topic will first introduce the basic knowledge of cognitive computing. Then, the relationship between cognitive computing and deep learning techniques is discussed. On this basis, the cognitive system based on robot technology and the cognitive intelligence of robots are further described. Finally, this topic will introduce some representative cognitive intelligence systems from the companies Google and IBM. This topic adopts a group learning model supplemented by classroom discussions and summary reports to encourage students to understand the latest knowledge and systems in the field of cognitive robots, and to master the basic capabilities of algorithm development in this field.

主题 2 旨在介绍机器人规划的基本知识和方法，讨论离散、连续以及不确定情况下的规划方法。规划是提高机器人自主能力的核心部分，负责决定机器人下一步要运行到哪里、执行什么动作以及如何执行等。该主题将首先介绍机器人规划的基础知识，然后分别讨论基于搜索的离散规划方法、基于地图和采样的规划方法和基于决策理论的规划方法。讲述中将结合无人驾驶汽车、移动机器人、机械臂等具体机器人系统对相关概念进行介绍。该主题采用课堂授课、小组讨论、综述报告等教学手段，促使学生了解认知机器人领域的专业知识和系统，并掌握本领域算法开发的基本能力。

Topic 2 aims to introduce the basic knowledge and methods of robot planning, and to discuss discrete and continuous planning, and planning under uncertainty. Planning is one of the core components that enable robots to be autonomous. Robot planning is responsible for deciding in real-time what the robot should do next, how to do it, where the robot should move next and how to move there. This topic will first introduce the basic concepts of robot planning, and then discuss search-based discrete programming methods, map-based and sampling-based planning methods, and decision-making theory based planning methods. The topic will introduce related concepts in combination with specific robot systems such as autonomous vehicles, mobile robots, and robot arms. This topic adopts a group learning model supplemented by classroom discussions and summary reports to encourage students to understand the latest knowledge and systems in the field of cognitive robots, and to master the basic capabilities of algorithm development in this field.

8.3.2 课程基本情况(Course Arrangements)

<table>
<tr><td>课程名称</td><td colspan="8">认知机器人
Cognitive Robots</td></tr>
<tr><td rowspan="2">开课时间</td><td colspan="2">一年级</td><td colspan="2">二年级</td><td colspan="2">三年级</td><td colspan="2">四年级</td></tr>
<tr><td>秋</td><td>春</td><td>秋</td><td>春</td><td>秋</td><td>春</td><td>秋</td><td>春</td></tr>
<tr><td>课程定位</td><td colspan="8">本科生先进机器人技术课程群选修课</td></tr>
<tr><td>学　　分</td><td colspan="8">1学分</td></tr>
<tr><td>总 学 时</td><td colspan="8">16学时(授课16学时、实验0学时)</td></tr>
<tr><td>授课学时分配</td><td colspan="8">课堂讲授(16学时)</td></tr>
<tr><td>先修课程</td><td colspan="8">计算机程序设计、数据结构与算法、概率统计与随机过程、计算机科学与人工智能的数学基础、人工智能的现代方法、机器人学基础</td></tr>
<tr><td>后续课程</td><td colspan="8"></td></tr>
<tr><td>教学方式</td><td colspan="8">课堂讲授、文献阅读与小组讨论、大作业</td></tr>
<tr><td>考核方式</td><td colspan="8">课程结束笔试成绩占60%,平时成绩占15%,调研综述报告占15%,考勤占10%</td></tr>
<tr><td>参考教材</td><td colspan="8">1. 陈敏.认知计算导论.华中科技大学出版社,2017
2. Steven M. LaValle. Planning Algorithms. Cambridge: Cambridge University Press,2006</td></tr>
<tr><td>参考资料</td><td colspan="8">麻省理工学院 *Cognitive Robotics* 课程材料</td></tr>
<tr><td>其他信息</td><td colspan="8"></td></tr>
</table>

<table>
<tr><td colspan="2">先进机器人技术</td></tr>
<tr><td rowspan="2">必修
(学分)</td><td>机器人学基础(3)</td></tr>
<tr><td>多智能体与人体混合智能(2)</td></tr>
<tr><td rowspan="2">选修
(学分)
2选1</td><td>认知机器人(1)</td></tr>
<tr><td>仿生机器人(1)</td></tr>
</table>

8.3.3 教学目的和基本要求(Teaching Objectives and Basic Requirements)

主题1 认知机器人

(1) 了解认知计算的基本概念与原理;

(2) 熟悉深度学习在认知计算中的应用;

(3) 熟悉基于机器人技术的认知系统;

(4) 熟悉机器人的认知智能技术。

主题2 机器人规划

(1) 了解机器人规划与学习的基本概念;

(2) 掌握最短路径等离散规划方法;

(3) 掌握基于采样和地图的规划方法;

(4) 掌握不确定条件下的规划方法。

8.3.4 课程大纲和知识点(Syllabus and Key Points)

主题 1 认知机器人(Cognitive Robots)

章节序号 Chapter Number	章节名称 Chapters	课时 Class Hour	知识点 Key Points
1	认知计算概述 Cognitive computing overview	1	(1) 认知计算的基本概念 (2) 认知数据 (3) 触觉与认知 理解认知计算的基本概念与方法,并与机器人系统建立密切联系 (1) Basic concepts of cognitive computing (2) Cognitive data (3) Tactile and cognitive profiles Understanding the basic concepts and methods of cognitive computing, and establishing close relationship between cognitive computing and robots
2	深度学习在认知计算中的应用 Applications of deep learning in cognitive computing	2	(1) 认知系统与深度学习的关联 (2) 深度学习模仿人的感知的过程 (3) 深度学习模仿人类直觉的过程 深度学习的强大能力和天然的网络化结构,使得其成为人类认知系统建模的重要工具,通过自顶向下和自底向上的信息传递,实现对人脑功能的模拟 (1) Relationship between cognitive systems and deep learning (2) How deep learning imitates the process of human perception (3) How deep learning imitates the process of human intuition Deep learning is an important tool for human cognitive system modeling because its strong computation power and natural network structure. It simulates the function of human brain through information passing in both top-down and bottom-up directions

续表

章节序号 Chapter Number	章节名称 Chapters	课时 Class Hour	知识点 Key Points
3	基于机器人技术的认知系统 Cognitive system based on robot technology	2	(1) 机器人系统、认知系统 (2) 基于认知计算的认知系统结构 (3) 机器人与认知系统的融合 理解机器人系统和认知系统的区别与联系，建立实现认知计算的系统，并通过恰当的方式使人类认知系统与机器人进行有效融合 (1) Introduction to robot systems and cognitive systems (2) Cognitive systems based on cognitive computing (3) Integration of robots and cognitive systems Understanding the relationship and differences between robot system and cognitive system, establishing system for cognitive computing, and fusion human cognitive system and robots via appropriate methods
4	机器人的认知智能 Cognitive intelligence of robot	2	(1) 机器人认知智能的支撑技术 (2) 具有认知智能的机器人的体系架构 理解机器人认知智能的支撑技术，并从体系结构的角度了解具有认知智能的机器人系统 (1) Technologies of robotic cognitive intelligence (2) Architecture of robots with cognitive intelligence Understanding the fundamental technologies of cognitive intelligence, as well as the robot system that have cognitive intelligence from the perspective of architecture
5	认知机器人实例介绍 Introduction to practical cognitive robots	1	(1) Google 公司认知智能系统的相关成果及原理 (2) IBM 公司认知智能系统的相关成果及原理 (1) Examples and principles of Google cognitive intelligence systems (2) Examples and principles of IBM cognitive intelligence systems

主题 2　机器人规划(Robot Planning)

章节序号 Chapter Number	章节名称 Chapters	课时 Class Hour	知识点 Key Points
1	机器人规划概述 Introduction of robot planning	1	(1) 机器人规划的基本概念 (2) 机器人规划的应用与发展 机器人的一个基本需求就是将高层任务指令转化为低层运动的描述 (1) Basic concepts of robot planning (2) Applications and development of robot planning A fundamental need in robots is to have algorithms that convert high-level specifications of tasks into low-level descriptions of how to move
2	离散规划方法 Discrete programming	2	(1) 离散规划的基本概念 (2) 迪科斯特拉算法 (3) A* 算法 在状态空间有限的情况下进行规划,不用考虑采用几何模型或者差分方程对离散规划问题建立模型,也不用考虑不确定因素。所有的模型是完全已知和可预测的 (1) Basic concepts of discrete programming (2) Dijkstra algorithm (3) A* algorithm As the state space is finite, no geometric models or differential equations will be needed to characterize the discrete planning problems, and no forms of uncertainty will be considered. All the models are completely known and predictable
3	运动规划方法 Motion planning	2	(1) 基于地图的规划方法 (2) 采样、基于采样的规划方法 运动规划是指机器人在包含障碍物的 2D 或者 3D 空间中运动时,确定其到达目标的合适路线,并不与障碍物发生碰撞 (1) Map-based programming (2) Sampling, Sampling-based programming Motion planning refers to motions of a robot in a 2D or 3D world that contains obstacles. A motion plan involves determining what motions are appropriate for the robot so that it reaches a goal state without colliding into obstacles

续表

章节序号 Chapter Number	章节名称 Chapters	课时 Class Hour	知识点 Key Points
4	不确定情况下的规划方法 Planning under uncertainty	3	(1) 决策理论的基本概念 (2) 马尔科夫决策过程的基本原理 (3) 卡尔曼滤波与粒子滤波 机器人规划的不确定性体现在两个方面：预测和感知。这可以采用马尔科夫决策理论进行建模 (1) Basic concept of decision-making theory (2) Principle of Markov decision-making (3) Kalman filter and particle filter Uncertainties generally interfere with two aspects of planning, predictability and sensing, and these can be modeled with Markov decision-making theory

大纲指导者：兰旭光教授(西安交通大学人工智能学院)、徐林海高级工程师(西安交通大学人工智能学院)

大纲制定者：张雪涛副教授(西安交通大学人工智能学院)、杨勐副教授(西安交通大学人工智能学院)

大纲审定：西安交通大学人工智能学院本科专业知识体系建设与课程设置工作组

8.4 "仿生机器人"教学大纲

课程名称：仿生机器人——仿生技术与机器人的结合

Course: Bionic Robots—Biomimetic Technology in Robot

先修课程：计算机程序设计、现代控制工程、机器人学基础

Prerequisites: Computer Programming, Modern Control Engineering, Introduction to Robotics

学分：1

Credits: 1

8.4.1 课程目的和基本内容(Course Objectives and Basic Content)

本课程是人工智能学院本科生选修课。

This course is an elective course for undergraduates in College of Artificial Intelligence.

本课程由三个章节组成,分别介绍仿生学与仿生思想,双足仿生机器人控制技术,以及软体仿生机器人智能化驱动与感知学习。

第一章旨在阐述自然对机器人研究的启发,将生物功能引入先进机器人中,设计具有仿生特征的机器人功能模块。早在三国时期,中国就设计了木牛流马,这是我国具有仿生特征的机器人雏形。而1485年达芬奇设计的扑翼飞机则是世界上第一个按照技术规程进行设计的仿生机器人。纵观仿生机器人发展历程,到现在为止大致经历了三个阶段。第一阶段是原始探索时期,该阶段主要集中在对生物形态的原始模仿,比如模拟鸟类的翅膀扑动的飞行器。由于技术局限,该阶段主要靠人力驱动。至20世纪中后期,由于计算机技术的出现以及驱动装置的革新,仿生机器人进入到第二个阶段,即宏观仿形与运动仿生阶段。该阶段主要是利用机电系统实现诸如行走、跳跃、飞行等生物功能,并实现了一定程度的人为控制。进入21世纪,随着人类对生物系统功能特征、形成机理认识的不断深入,以及计算机技术的发展,仿生机器人进入了第三个阶段,机电系统开始与生物性能进行部分融合,如传统结构与仿生材料的融合以及仿生驱动的运用。当前,随着生物机理认识的深入、智能控制技术的发展,仿生机器人正向第四个阶段发展,即结构与生物特性一体化的类生命系统,强调仿生机器人不仅具有生物的形态特征和运动方式,同时具备生物的感知、响应和驱动等性能特性,更接近生物原型。

第二章以双足机器人为例,讲授机器人驱动与控制技术。双足机器人是模仿灵长类的机器人案例,有望在多个领域代替人类执行任务。本章从双足机器人关节构成开始,介绍双足机器人关节的传动系统及其动力学特性,建立传动系统动力学模型。接着,针对双足机器人关节驱动柔顺性要求,讲授仿生机器人关节电机的PID控制技术、阻抗驱动技术等;在关节伺服驱动技术的基础上,讲授双足机器人的阻抗控制技术.最后,以双足机器人足底力对双足机器人运动特性影响为背景,讲授双足机器人运动过程的力感知与交互控制技术。通过上述技术的介绍,让学生系统性地认识双足机器人,了解双足机器人的关键技术,扩展学生视野。

第三章主要介绍软体仿生机器人的特点,并引入新一代机器人技术与人工智能的结合发展趋势。软体机器人是21世纪以来具有变革特性的机器人,由于材料体系的变化，传统的驱动/感知/控制技术的在新材料体系内的简单移植受到限制，而以软体生物原理为特征的软体机器人技术却得到了发展。软体机器人具有良好的环境与人体的适应性和兼容性，基于此有望开展高度的智能化、群体化、人机交互特性的技术发展，让软体机器人成为未来机器人领域的新一代变革技术的载体。本章节将紧扣科技发展前沿，将多尺度机器人变形适应性，柔性触觉电子皮肤，强化映射学习等新型人工智能的先进技术在软体机器人上的应用进行阐述，突出强调软体机器人与人或者环境的共融交互特征，引导学生对未来机器人的形态和功能进行大胆的设想与展望，设计构造新一代机器人的产品。

This course consists of three chapters, including biomimetics and bionic principles, biped bionic robot control technology, intelligent soft bionic robot actuation and perceptual learning.

Chapter 1 aims to introduce inspiration of nature to the research of advanced robots, and to design robotic functional modules with biomimetic features. In early stage, during the Three Kingdoms period in China, the wooden cows were designed. This is an early prototype of a robot with bionic features. The Da Vinci-designed flapping-wing aircraft drawings in 1485 were the first bionic robot that designed according to technical regulations. Throughout the development of the bionic robots, it has gone through three stages so far. The first phase is the primitive exploration period, which focuses on the original imitation of the biological prototype, such as an aircraft that simulates the flapping of birds' wings. Due to technical limitations, this phase is mainly driven by manpower. In the middle and late 20th century, due to the emergence of computer technology and the innovation of the actuation device, the bionic robot entered the second stage, namely the macroscopic profiling and the motion bionic phase. This stage mainly uses the electromechanical system to realize biological functions such as walking, jumping, flying, etc., and achieves a certain degree of artificial control. In the 21st century, with the explorations of human understanding of the functional characteristics and formation mechanism of biological systems, and the development of computer technology, bionic robots have entered the third stage, when electromechanical systems have begun to partially integrate with biological properties, such as traditional structures and bionics. Functional materials are integrated in biomimetic actuation. At present, with the deepening of the understanding of biological mechanisms and the development of intelligent control technology, bionic robots are developed in the fourth stage, that is, the life-like system integrating structure and biological characteristics, emphasizing that bionic robots do not only have biological morphological characteristics and locomotion, it also has the performance characteristics of biological perception, response and actuation, and is closer to the biological prototype.

Chapter 2 introduces servo drive control technology of robots with the biped robot as an example. Biped robot is a robotic case that mimics primates and is expected to perform tasks in place of humans in multiple fields. In this chapter, starting from the biped robot joint composition, the biped robot transmission system of joint and its dynamic characteristics are introduced, and the transmission system dynamics model is established. Then, for the biped robot joint drive flexibility requirement, how to meet the requirement based on control is explicated, and the typical PID controller and impendence control technology is introduced; On the basis of joint servo drive technology, the whole body impedance control technology of biped robot is introduced in detail. And finally, take the influence of environment into consideration, the foot interaction force sensing method and its control method is studied.

Through the introduction of the above technology, students can systematically understand the biped robot, understand the key technology of the biped robot, and expand the student's vision.

Chapter 3 introduces the features of soft bionic robots, especially the connection of new robot techniques and AI in development. Soft bionic robots are robots with revolutional characteristics since the 21st century. Due to changes in material systems, the simple migration of traditional drive/perception/control techniques has been limited, and new robotics with biological principles have been developed. In particular, its high degree of intelligence, grouping, and human-machine interaction also make soft bionic robots as the future development trend of robots, owing to its great comopliance to the enviorment and human body. This section will closely follow the development frontier of science and technology, and embody the advanced technologies of multi-scale deformation, flexible tactile electronic skin, enhanced learning and other new artificial intelligence on soft bonic robots, highlighting the inclusive interaction characteristics between robots and human/environment. This section guides students to make bold assumptions and prospects for the shape and function of future robots, and design and construct products for next-generation robots.

8.4.2 课程基本情况(Course Arrangements)

<table>
<tr><td>课程名称</td><td colspan="10">仿生机器人——仿生技术与机器人的结合
Bionic Robots—Biomimetic Technology in Robot</td></tr>
<tr><td rowspan="2">开课时间</td><td colspan="2">一年级</td><td colspan="2">二年级</td><td colspan="2">三年级</td><td colspan="2">四年级</td><td colspan="2">先进机器人技术</td></tr>
<tr><td>秋</td><td>春</td><td>秋</td><td>春</td><td>秋</td><td>春</td><td>秋</td><td>春</td><td rowspan="3">必修
(学分)</td><td>机器人学基础(3)</td></tr>
<tr><td>课程定位</td><td colspan="8">本科生先进机器人技术课程群选修课</td><td rowspan="2">多智能体与人体混合智能(2)</td></tr>
<tr><td>学　分</td><td colspan="8">1学分</td></tr>
<tr><td>总学时</td><td colspan="8">16学时(授课16学时、实验0学时)</td><td rowspan="2">选修
(学分)
2选1</td><td>认知机器人(1)</td></tr>
<tr><td>授课学时分配</td><td colspan="8">课堂讲授(16学时)</td><td>仿生机器人(1)</td></tr>
<tr><td>先修课程</td><td colspan="10">计算机程序设计、现代控制工程、机器人学基础</td></tr>
<tr><td>后续课程</td><td colspan="10"></td></tr>
<tr><td>教学方式</td><td colspan="10">课堂讲授、文献阅读与小组讨论、大作业</td></tr>
<tr><td>考核方式</td><td colspan="10">课程结束笔试成绩占60%,大作业占40%</td></tr>
<tr><td>参考教材</td><td colspan="10">1. 张春林. 仿生机械学. 北京:机械工业出版社,2018
2. 陈贵敏,等. 柔顺机构设计理论与实例. 北京:高等教育出版社,2015
3. 陈恳,付成龙. 仿人机器人理论与技术. 北京:清华大学出版社,2010
4. 任露泉,梁云虹. 仿生学导论. 北京:科学出版社,2016
5. Toshio Fukuda. Multi-Locomotion Robotic Systems: New Concepts of Bio-inspired Robotics. Berlin: Springer Tracts in Advanced Robotics,2012
6. Bruno Siciliano,Oussama Khatib. Handbook of Robotics. Berlin: Springer,2016</td></tr>
<tr><td>参考资料</td><td colspan="10">1. Laschi C,Cianchetti M. Soft Robotics: New Perspectives for Robot Bodyware and Control,Frontiers in bioengineering and biotechnology,2014,2(7): 3
2. Vincent J F V. Biomimetics—A Review. Proceedings of the institution of mechanical engineers,part H: Journal of Engineering in Medicine,2009
3. Rus D,Tolley M T. Design,Fabrication and Control of Soft Robots. Nature,2015, 521(7553): 467-475</td></tr>
<tr><td>其他信息</td><td colspan="10"></td></tr>
</table>

8.4.3 教学目的和基本要求(Teaching Objectives and Basic Requirements)

(1) 仿生机器人简介;

(2) 仿生机器人的仿生学基础；
(3) 仿生机器人发展趋势与挑战；
(4) 双足仿生机器人关节传动与动力学分析；
(5) 双足仿生机器人的阻抗控制与智能控制技术；
(6) 双足仿生机器人的环境交互；
(7) 软体仿生机器的发展与智能体特征；
(8) 软体仿生驱动技术；
(9) 软体仿生的感知与智能学习技术。

8.4.4 课程大纲和知识点(Syllabus and Key Points)

第一章 仿生学与仿生思想(Biomimetics and Bionic Principles)

章节序号 Chapter Number	章节名称 Chapters	课时 Class Hour	知识点 Key Points
1.1	仿生学机器人简介 Basic concepts of biomimetics	1	(1) 介绍仿生机器人定义与特征、仿生机器人的系统组成、仿生机器人的研究范围 (2) 仿生机械学的发展历史 理解自然与机器人的关系，明白生物灵感对与现代学科的产生和发展的重要性；仿生的核心是向自然学习并促进社会与自然的和谐发展 (1) Introduce the definition and characteristics of bionic robots, the system components of bionic robots, and the research scope of bionic robots (2) The history of bionic mechanism Understanding the relationship between nature and robots, and understanding the importance of biological inspiration to the emergence and development of modern disciplines; the core of bionics is to learn from nature and promote the harmonious development of society and nature

续表

章节序号 Chapter Number	章节名称 Chapters	课时 Class Hour	知识点 Key Points
1.2	仿生机器人的仿生学基础 Bionics foundation of bionic robot	1.5	(1) 机械仿生 (2) 感知仿生 (3) 信息与控制仿生 仿生的核心来自于对自然的学习，并伴随着科技的发展，仿生机器人的水平也越发成熟，在对仿生学基础的介绍中理解仿生机器人的要回归到自然社会的融合而不是对自然的破坏 (1) Mechanical bionic (2) Perceptual bionics (3) Information and control bionics The core of bionics comes from the study of nature, and with the development of science and technology, the level of bionic robots is becoming more and more mature. In the introduction of bionics, the understanding of bionic robots is to return to the fusion of natural society rather than damage the nature
1.3	仿生机器人发展趋势与挑战 Bionic robot development trends and challenges	1.5	(1) 仿生机器人的"形似而神不似"，远未达到工业和社会应用程度 (2) 介绍当前研究存在的问题，以及仿生机器人从宏观到微观与生物都存在较大差异 仿生机器人正向着刚柔混合结构、仿生结构、材料、驱动一体化、神经元精细控制、高效的能量转换的类生命系统方向发展 (1) The bionic robots are on the morphological mode, far from the actual application level (2) Problems in current research, and there are big differences between bionic robots from macro to micro and biology Bionic robots are moving towards rigid-flexible hybrid structures, biomimetic structures, materials, drive integration, neuron fine control, and efficient energy-switching life-like systems

第二章　双足仿生机器人控制技术(Biped Bionic Robot Control Technology)

章节序号 Chapter Number	章节名称 Chapters	课时 Class Hour	知识点 Key Points
2.1	双足仿生机器人关节传动与动力学分析 Joint transmission and dynamics analysis of biped bionic robot	2	(1) 双足机器人传动系统及其动力学特性 (2) 传动系统动力学模型 (3) PID控制原理、伺服驱动器的动力学设计方法 从双足机器人关节组成开始,介绍双足机器人传动系统及其动力学特性,建立传动系统动力学模型,针对双足机器人关节驱动柔顺性要求,讲授仿生机器人关节驱动器设计方法 (1) Biped robot transmission system and its dynamic characteristics (2) Dynamics model of transmission system (3) PID control principle, servo drive design method Starting from the biped robot joint composition, the biped robot transmission system and its dynamic characteristics are introduced, and the transmission system dynamics model is established. For the biped robot joint drive flexibility requirements, the bionic robot joint drive control design method is taught
2.2	双足仿生机器人的阻抗控制与智能控制技术 Impedance Control and Intelligent Control Technology for Biped Bionic Robot	2	(1) 阻抗控制技术 (2) 智能控制技术 针对双足机器人的控制技术的难点,简单介绍两种控制技术,为学生建立非线性系统的控制策略,解决那些用传统方法难以解决的复杂系统的控制问题。智能控制研究对象的主要特点是具有不确定性的数学模型、高度的非线性和复杂的任务要求 (1) Impedance control technology (2) Intelligent control technology Targeting at the difficulty of the control technology of the biped robot, the two control technologies are briefly introduced to establish a control strategy for the nonlinear system for students to solve the control problems of complex systems that are difficult to solve by traditional methods. The main characteristics of intelligent control research objects are mathematical models with uncertainties, high nonlinearity and complex task requirements

续表

章节序号 Chapter Number	章节名称 Chapters	课时 Class Hour	知识点 Key Points
2.3	双足仿生机器人的环境交互 Environmental interaction of biped bionic robot	2	(1) 快速传感反射平衡控制方法 (2) 双足机器人的整体步行模型与稳定性 基于快速传感反射平衡控制方法,无须机器人数理模型即可调节踝、膝、腰等关键部位,解决了复杂环境下突发扰动等平衡控制难题,显著提高了仿人机器人适应环境变化的能力和反应速度 (1) Fast sensing reflection balance control method (2) The overall walking model and stability of biped robot Based on the fast sensing reflection balance control method, key parts such as squat, knee and waist can be adjusted without robot mathematical model, which solves the problem of balance control such as sudden disturbance in complex environment, and significantly improves the ability of robot to adapt to environmental changes in reaction speed

第三章 软体仿生机器人智能化驱动与感知学习(Intelligent Soft Bionic Robot Actuation and Perceptual Learning)

章节序号 Chapter Number	章节名称 Chapters	课时 Class Hour	知识点 Key Points
3.1	软体仿生机器的发展与智能体特征 Development and intelligent features of soft bionic robot	2	(1) 软体机器人的概念与内涵 (2) 软机器人的发展与智能化程度 软体机器人的发展得益于材料系统的变革,也带来了诸多新颖的技术发展,带来从简单的机器人到自主共融智能体的变革潮流 (1) The concept and connotation of soft robot (2) The development and intelligence of soft robots The development of soft robots has benefited from the transformation of material systems, and has also brought about a number of novel technological developments, bringing about a revolutionary trend from simple robots to self-integrating entity

续表

章节序号 Chapter Number	章节名称 Chapters	课时 Class Hour	知识点 Key Points
3.2	软体仿生驱动技术 Soft bionic actuation technology	2	(1) 人工肌肉与软体驱动 (2) 智能机器人集群与驱动控制 以人工肌肉为例介绍现有软体仿生驱动的技术，强调类肌肉的电致变形与功能化模块集成。明确驱动肌肉群的协同工作与智能机器人的群体智能控制特征 (1) Artificial muscle and soft actuation (2) Intelligent robot group and control Taking artificial muscle as an example to introduce the existing soft bionic driving technology, emphasizing the electro-deformation of muscle-like and functional module integration. Defining the collaborative work of muscle groups in the intelligent control of intelligent robots
3.3	软体仿生的感知与人工智能学习技术 Bionic perception and AI learning	2	(1) 基于皮肤的仿生感知功能设计 (2) 面向机器人的感知学习功能的集成与应用 机器人的感知是其必不可少的功能模块，基于仿生技术可获得多种感知效果，也为机器人在人工智能中感知学习功能的提升提供了技术平台。讨论未来软体机器人的智能化与社会服务的关系 (1) Skin-based bionic sensing function design (2) Integration and application of sensory functions for robot services The perception of robots is an indispensable functional module. Based on bionic technology, a variety of perceptual effects can be obtained, which also provides a technical platform for the enhancement of robotic bionic features in AI learning. Then, to discuss the relationship between the intelligence of future soft robots and social services

大纲指导者：兰旭光教授（西安交通大学人工智能学院）、徐林海高级工程师（西安交通大学人工智能学院）

大纲制定者：赵飞副研究员（西安交通大学机械工程学院）、李博副教授（西安交通大学机械工程学院）

大纲审定：西安交通大学人工智能学院本科专业知识体系建设与课程设置工作组

第9章

人工智能与社会课程群

9.1 “人工智能的哲学基础与伦理”教学大纲

课程名称：人工智能的哲学基础与伦理

Course：The Philosophical Foundation and Ethics of Artificial Intelligence

先修课程：无

Prerequisites：None

学分：1

Credits：1

9.1.1 课程目的和基本内容(Course Objectives and Basic Content)

本课程是人工智能学院本科生必修课。

This course is a compulsory course for undergraduates in College of Artificial Intelligence.

课程旨在培养学生对人工智能研究中所涉及的核心概念、主要流派背后的哲学基础形成深刻的理解，建立起学生对本学科研究的宏观构架；同时引导学生积极思考人工智能技术的应用领域的扩展所引发的伦理问题，培养负责任的科学家和工程师。

本课程将分别介绍人工智能所涉及的基本哲学问题和在现实应用中引发的道德难题。具体而言，在课程的前半部分，将讨论当前人工智能哲学的研究传统与发展趋势，并着重讨论当前思想界对强人工智能提出的理论反驳和辩护以及人与机器的意识问题，启发学生追问和反思人工智能中的核心概念，鼓励学生对现有人工智能哲学的基本认识提出挑战。在课程的后半部分，将向学生展示在人工智能的最新应用中已经或可能显现的道德难题，介绍在学术界、产业界和政策规划中已经确立的伦理规范并反思其背后的价值基础，进而引导学生思考人工智能与人类道德的一般关系，其中包括：人工智能与社会正义的关系；算法与机器学习的伦理问题；人类道德规范是否应嵌入人工智能系统；人工智能系统如何做出道德决策、如何承担道德责任；以及强人工智能是否具有道德能动性等问题。

The course aims to train students to have a deep understanding of the core concepts involved in the research of artificial intelligence and the philosophical basis behind the main approaches, and to establish a macro framework for the research of this discipline. At the same time, it guides students to actively think about the ethical issues caused by the expansion of the application of artificial intelligence technology, and trains responsible scientists and engineers.

This course will introduce the basic philosophical issues involved in artificial intelligence and the moral dilemmas arising from its practical application. Specifically, the first half of the course discusses the current research of philosophy of artificial intelligence, and focuses on strong artificial intelligence and the consciousness of human and machine, which aims at inspiring the student to understand the key concepts of artificial intelligence, and encouraging them to challenge the basic understanding of the existing philosophy of artificial intelligence. The second half of the course shows the latest applications of artificial intelligence and the moral dilemmas of artificial intelligence; introduces the established ethical norms in academia, industry and policy planning and reflects on the value basis behind them; then leads students to think about artificial intelligence and general relations of human morality, which include: the relationship between artificial intelligence and social justice; ethical issues of algorithms and machine learning; whether human ethics should be embedded in the system of artificial intelligence; how does the artificial intelligence system make the moral decision and how to assign the moral responsibility; and whether strong artificial intelligence has moral agency.

9.1.2　课程基本情况(Course Arrangements)

<table>
<tr><td>课程名称</td><td colspan="8">人工智能的哲学基础与伦理
The Philosophical Foundation and Ethics of Artificial Intelligence</td></tr>
<tr><td rowspan="2">开课时间</td><td colspan="2">一年级</td><td colspan="2">二年级</td><td colspan="2">三年级</td><td colspan="2">四年级</td></tr>
<tr><td>秋</td><td>春</td><td>秋</td><td>春</td><td>秋</td><td>春</td><td>秋</td><td>春</td></tr>
<tr><td>课程定位</td><td colspan="8">本科生人工智能与社会课程群必修课</td></tr>
<tr><td>学　　分</td><td colspan="8">1 学分</td></tr>
<tr><td>总 学 时</td><td colspan="8">16 学时(授课 16 学时、实验 0 学时)</td></tr>
<tr><td>授课学时分配</td><td colspan="8">课堂讲授(14 学时),讨论(2 学时)</td></tr>
<tr><td>先修课程</td><td colspan="8">无</td></tr>
<tr><td>后续课程</td><td colspan="8">人工智能的社会风险与法律</td></tr>
<tr><td>教学方式</td><td colspan="8">课堂教学、小组讨论、课堂报告</td></tr>
<tr><td>考核方式</td><td colspan="8">考察:论文考核成绩占 70%,平时成绩占 10%,课堂报告成绩占 20%</td></tr>
<tr><td>参考教材</td><td colspan="8">无</td></tr>
<tr><td>参考资料</td><td colspan="8">1. 徐英瑾. 心智、语言和机器——维特根斯坦哲学和人工智能科学的对话. 北京: 人民出版社,2013
2. Wendell Wallach, Colin Allen. Moral Machines: Teaching Robots Right from Wrong. Oxford: Oxford University Press,2009
3. Vincent C Müller. Fundamental Issues of Artificial Intelligence, Switzerland: Springer International Publishing,2016
4. Jack Copeland. Artificial Intelligence: A Philosophical Introduction. New Jersey: Wiley-Blackwell,1993
5. Derek Leben. Ethics for Robots: How to Design a Moral Algorithm. London: Routledge,2018</td></tr>
<tr><td>其他信息</td><td colspan="8"></td></tr>
</table>

<table>
<tr><td colspan="2">人工智能与社会</td></tr>
<tr><td rowspan="2">必修
(学分)</td><td>人工智能的哲学基础与伦理(1)</td></tr>
<tr><td>人工智能的社会风险与法律(1)</td></tr>
<tr><td>选修</td><td>/</td></tr>
</table>

9.1.3　教学目的和基本要求(Teaching Objectives and Basic Requirements)

(1) 掌握人工智能哲学研究的代表人物及其核心思想;

(2) 了解当前认知科学哲学对人工智能的基本观点;

(3) 了解强人工智能的界定与相关哲学论证;

(4) 掌握当前人工智能发展所面临的核心道德困境及各国相关伦理规范;

(5) 熟悉算法歧视的概念、来源和规避方式；
(6) 熟悉机器学习的基本伦理问题；
(7) 了解自动驾驶、智能医疗、自主武器系统等领域的伦理问题；
(8) 理解人工智能系统的道德决策、道德责任及道德能动性问题。

9.1.4 课程大纲和知识点(Syllabus and Key Points)

导论(Introduction)

章节序号 Chapter Number	章节名称 Chapters	课时 Class Hour	知识点 Key Points
0.1	导论 Introduction	2	(1) 当前人工智能哲学的研究议题 (2) 人工智能关涉哪些伦理问题 (1) Current research topics in the philosophy of AI (2) Ethical issues related with AI

第一章 人工智能的一般哲学问题(General Philosophical Issues of AI)

章节序号 Chapter Number	章节名称 Chapters	课时 Class Hour	知识点 Key Points
1.1	图灵测试 Turing Test	1	(1) 图灵测试的基本陈述 (2) 对图灵测试的三个反驳：人类中心主义、残忍的专家反驳、香农-麦卡锡反驳 (1) Basic statements of Turing Test (2) Three objections to the Test：Anthropocentrism，Fiendish expert objections，The Shannon-McCarthy objection
1.2	中文屋论证 The Chinese Room Argument	1	(1) 四种版本的中文屋论证：香草版、户外版、模拟器版、健身房版 (1) Four principal versions of the Chinese room argument：the vanilla version，the outdoor version，the simulator version，and the gymnasium version

续表

章节序号 Chapter Number	章节名称 Chapters	课时 Class Hour	知识点 Key Points
1.3	超计算 Hypercomputation	1	(1) 谕示机 (2) 邱奇-图灵谬误 (3) 人工智能与等价谬误 (1) Oracle Machines (2) The Church-Turing Fallacy (3) AI and the Equivalence Fallacy
1.4	彭罗斯对人工智能的“哥德尔反驳” Penrose's “Gödel Objection” to AI	0.5	(1) 哥德尔不完备性定理 (2) 彭罗斯对哥德尔定理的改造 (1) Gödel's incompleteness theorem (2) Penrose's transformation of Gödel's theorem
1.5	德雷福斯对早期人工智能的批判 Dreyfus's critique of early AI	0.5	(1) 德雷福斯对符号主义人工智能的批判及其现象学构造 (1) Dreyfus's critique of symbolic AI and his phenomenological construction

第二章　强人工智能的哲学问题(Philosophy of Strong AI)

章节序号 Chapter Number	章节名称 Chapters	课时 Class Hour	知识点 Key Points
2.1	强人工智能的界定 The definition of strong AI	1	(1) 弱人工智能与强人工智能 (2) 强人工智能的辩护与反驳 (1) Strong AI and Weak AI (2) The defense and rebuttal of strong AI
2.2	强人工智能是否具有类人的“思维能力” Whether strong AI has human-like thinking ability	0.5	(1) 人类意识的认知科学与哲学研究前沿 (2) 人类意识与机器意识的对照研究 (1) The frontiers of cognitive science and philosophy of human consciousness (2) Human consciousness Vs. Machine consciousness

续表

章节序号 Chapter Number	章节名称 Chapters	课时 Class Hour	知识点 Key Points
2.3	强人工智能是否具有类人的“情感” Whether strong AI has human-like emotion	0.5	(1) 明斯基的“情感机器” (1) Marvin Minsky and “The Emotion Machine”

第三章　人工智能的伦理规范问题(The Ethical Norms of AI)

章节序号 Chapter Number	章节名称 Chapters	课时 Class Hour	知识点 Key Points
3.1	人工智能的道德约束机制 The moral restraint mechanism of AI	1	(1) 阿西莫夫的机器人原则 (2) IEEE 的人工智能伦理报告 (3) 德国自动驾驶伦理报告 (1) Asimov's principle of robotics (2) The ethical report of AI by IEEE (3) Germany's *Ethics Commission Automated and Connected Driving*
3.2	人类道德规范与人工智能系统 Human ethics and AI systems	1	(1) 人工智能是否需要人类道德规范 (2) 人工智能应载入“谁”的道德规范 (3) 如何确保人工智能道德的动态进步 (1) Whether AI need human ethics (2) Whose ethic code should be embedded in AI (3) How to ensure the dynamic progress of AI ethics
3.3	人工智能算法的伦理问题 The ethics of AI algorithms	1	(1) 算法是否有道德价值负载 (2) 算法歧视的概念、现实问题和规避方式 (3) 如何在智能系统设计中消除算法歧视 (1) Whether the algorithm is moral value-laden (2) The concept, realistic problems and avoiding ways of algorithmic discrimination (3) How to eliminate algorithmic discrimination in intelligent system design

续表

章节序号 Chapter Number	章节名称 Chapters	课时 Class Hour	知识点 Key Points
3.4	机器学习的伦理问题 The ethics of machine learning	1	(1) 机器学习与排名算法及预测算法 (2) 机器学习的三个阶段中的伦理问题：数据收集、模型建构、模型使用 (1) Machine learning and Ranking Algorithms, Predictive Algorithms (2) Ethical issues in the three phases of machine learning: data collection, model construction, model use
3.5	人工智能应用领域中的伦理问题 Ethical issues in the application of AI	1	(1) 自动驾驶汽车的伦理问题 (2) 智能医疗的伦理问题 (3) 自主武器系统的伦理问题 (1) The ethics of self-driving cars (2) The ethics of smart healthcare (3) The ethics of autonomous weapon system

第四章　人工智能系统的道德困境(The Moral Dilemma of AI Systems)

章节序号 Chapter Number	章节名称 Chapters	课时 Class Hour	知识点 Key Points
4.1	人工智能系统如何做出道德决策 How do AI systems make moral decisions	1	(1) 什么是道德决策 (2) 人类的道德决策与机器的道德决策 (1) What is moral decision (2) Human moral decision and machine moral decision
4.2	人工智能系统如何承担道德责任 How do AI systems undertake moral responsibility	1	(1) 什么是道德责任 (2) 制造商、使用者与机器自身的责任分配 (1) What is moral responsibility (2) The division of responsibility between the manufacturer, the user and the machine itself

续表

章节序号 Chapter Number	章节名称 Chapters	课时 Class Hour	知识点 Key Points
4.3	人工智能系统是否能够成为道德能动者 Whether AI system can become moral agent	1	(1) 什么是道德能动性 (2) 人工智能作为道德能动者的反驳与辩护 (3) 人工智能与道德进步 (1) What is moral agency (2) The objections and justifications on AI as moral agent (3) AI and moral progress

大纲指导者：郑南宁教授(西安交通大学人工智能学院)
大纲制定者：白惠仁副教授(西安交通大学人文社会科学学院)
大纲审定：西安交通大学人工智能学院本科专业知识体系建设与课程设置工作组

9.2 "人工智能的社会风险与法律"教学大纲

课程名称：人工智能的社会风险与法律
Course：The Social Risk and Law of Artificial Intelligence
先修课程：人工智能的哲学基础与伦理
Prerequisites：The Philosophical Foundation and Ethics of Artificial Intelligence
学分：1
Credits：1

9.2.1 课程目的和基本内容(Course Objectives and Basic Content)

本课程是人工智能学院本科生必修课。

This course is a compulsory course for undergraduates in College of Artificial Intelligence.

人工智能技术为社会经济发展提供了重要的机遇，同时对未来社会形态的塑造提出了巨大的挑战。因此，本课程的目的在于：帮助人工智能专业学生深刻理解人工智能时代的新特征，把握未来社会发展的新趋势，熟悉人工智能的社会风险和法律规制，培养适应于新时代的思维能力和广阔的全局视野。

本课程将从人工智能与人类社会的基本关系作为切入点，聚焦于：人工智能在未来社会秩序的塑造中所扮演的角色，包括经济、法律、社会治理等方面的影响；以及社会对人工智能的反向规制作用，包括智能系统的相关政策、人机共生关系及社会风险控制等问题。本课程将以一种面向未来的视角看待人工智能与社会之间的双向互动以及由此可能产生的各种理论和实践难题，从而启发学生将技术发展置于更宏观的人类社会视野中，使学生充分理解智能革命所带来的经济问题、社会问题及法律问题等，思考人工智能融入社会生活所造就的思维变革，把握人类社会对人工智能发展的边界限制。更进一步，通过本课程的学习，希望可以启发学生对未来社会形态的想象，进而反向作用于学生在专业学习和研究时的方向选择，使得学生以一种长远的整体视野和深切的人文关怀看待所从事的专业工作。

Artificial intelligence provides important opportunities for social and economic development and poses great challenges to the shaping of future social forms. Therefore, the purpose of this course is to help students deeply understand the new characteristics of the era of artificial intelligence, grasp the new trend of future social development, master the basic social risk and legal regulations of artificial intelligence, and cultivate the thinking ability and broad global vision to adapt to the new era.

This course will start from the basic relationship between artificial intelligence and human society, focusing on the role of artificial intelligence in shaping the future social order, including the impact of economic, legal and social governance; then turn to social regulation of artificial intelligence, including intelligent system related policies, human-machine symbiosis and social risk control, etc. This course will provide a future-oriented perspective on artificial intelligence and its related theoretical and practical problems, so as to make the students fully understand intelligent revolution brought about by the economic, social problems and legal problems, then grasp the development of human society on the artificial intelligence boundary constraints. Furthermore, through the study of this course, it is hoped that it can inspire students' imagination of future social forms, so that students can view their professional work with a long-term overall vision and deep humanistic care.

9.2.2 课程基本情况(Course Arrangements)

<table>
<tr><td>课程名称</td><td colspan="8">人工智能的社会风险与法律
The Social Risk and Law of Artificial Intelligence</td></tr>
<tr><td rowspan="2">开课时间</td><td colspan="2">一年级</td><td colspan="2">二年级</td><td colspan="2">三年级</td><td colspan="2">四年级</td></tr>
<tr><td>秋</td><td>春</td><td>秋</td><td>春</td><td>秋</td><td>春</td><td>秋</td><td>春</td></tr>
<tr><td>课程定位</td><td colspan="8">本科生人工智能与社会课程群必修课</td></tr>
<tr><td>学　　分</td><td colspan="8">1学分</td></tr>
<tr><td>总 学 时</td><td colspan="8">16学时(授课16学时、实验0学时)</td></tr>
<tr><td>授课学时分配</td><td colspan="8">课堂讲授(14学时),讨论(2学时)</td></tr>
<tr><td>先修课程</td><td colspan="8">人工智能的哲学基础与伦理</td></tr>
<tr><td>后续课程</td><td colspan="8"></td></tr>
<tr><td>教学方式</td><td colspan="8">课堂教学、小组讨论、课堂报告</td></tr>
<tr><td>考核方式</td><td colspan="8">考察:论文考核成绩占70%,平时成绩占20%,课堂报告成绩占10%</td></tr>
<tr><td>参考教材</td><td colspan="8">无</td></tr>
<tr><td>参考资料</td><td colspan="8">1. 腾讯研究院.人工智能.北京:中国人民大学出版社,2017
2. Ryan Caloi,Michael A Froomkin,Ian Kerr.人工智能与法律的对话.陈吉栋,等译.上海:上海人民出版社,2018
3. Corinne Cath,Sandra Wachter,Brent Mittelstadt,et al. Artificial intelligence and the "good society": the US,EU,and UK approach. Science and engineering ethics,2018,24(2):505-528
4. Greg Allen ,Taniel Chan. Artificial intelligence and national security. Cambridge,MA:Belfer Center for Science and International Affairs,2017
5. Ajay Agrawal, Joshua Gans, Avi Goldfarb. Economic Policy for Artificial Intelligence. Innovation Policy and the Economy,2019,19(1):139-159</td></tr>
<tr><td>其他信息</td><td colspan="8"></td></tr>
</table>

<table>
<tr><td colspan="2">人工智能与社会</td></tr>
<tr><td rowspan="2">必修
(学分)</td><td>人工智能的哲学基础与伦理(1)</td></tr>
<tr><td>人工智能的社会风险与法律(1)</td></tr>
<tr><td>选修</td><td>/</td></tr>
</table>

9.2.3 教学目的和基本要求(Teaching Objectives and Basic Requirements)

(1) 了解当前人文社会科学对人工智能的研究状况;

(2) 熟悉不同国家、文化对人工智能发展的影响;

(3) 掌握人工智能产业发展现状与当前主要应用领域;

(4) 掌握世界主要国家人工智能技术和产业发展的政策现状;

（5）了解人工智能可能造成的技术性失业问题；
（6）了解人工智能技术创新对经济发展的作用；
（7）熟悉人工智能可能带来的责任归属、隐私权等法律问题；
（8）了解现实的和未来可能的人机共生关系及社会治理方式。

9.2.4　课程大纲和知识点(Syllabus and Key Points)

导论(Introduction)

章节序号 Chapter Number	章节名称 Chapters	课时 Class Hour	知识点 Key Points
0.1	导论 Introduction	2	（1）历史上的颠覆性新技术与社会变革的关系 （2）人工智能概念形成的社会思想渊源 （1）The relationship between new technology breakthroughs and social change in human history （2）The social ideological origin of the formation of the concept of AI

第一章　人工智能的产业发展与政策规制(Industrial Development and Policy Regulation of AI)

章节序号 Chapter Number	章节名称 Chapters	课时 Class Hour	知识点 Key Points
1.1	人工智能产业发展现状 Current AI Industry	1	（1）国内外人工智能研究领军高校、研究机构和企业现状介绍 （1）Introduction of the leading universities, research institutions and enterprises of AI research
1.2	当前人工智能的核心应用领域 The present applications of AI	1	（1）自动驾驶汽车、智能机器人、智能医疗、自主武器系统 （1）Automated vehicle, Intelligent Robot, Intelligent Medicare, Autonomous Weapon System
1.3	人工智能发展的政策规制 Policy of AI	2	（1）世界主要国家人工智能技术和产业发展的政策现状 （1）Policy of AI technology and industrial development in major countries

第二章　人工智能的社会风险(The Social Risk of AI)

章节序号 Chapter Number	章节名称 Chapters	课时 Class Hour	知识点 Key Points
2.1	人工智能与非传统安全 AI and the Non-traditional security	1	(1) 什么是非传统安全 (2) 人工智能如何影响非传统安全 (1) What is so called non-traditional security (2) How does AI affect non-traditional security
2.2	人工智能的风险评估 The risk assessment of AI	1	(1) 技术的社会评估 (2) 如何将社会风险理论运用于人工智能 (1) Social assessment of technology (2) How to apply social risk theory to AI
2.3	智能时代的贫富分化 The gap between rich and poor in intelligent era	1	(1) 人工智能可能引发的社会财富分配不公正 (1) Unjust distribution of social wealth caused by AI

第三章　人工智能的法律挑战(The Legal Challenges of AI)

章节序号 Chapter Number	章节名称 Chapters	课时 Class Hour	知识点 Key Points
3.1	人工智能立法现状 The legislation of AI	1	(1) 各国对人工智能技术立法的现状 (1) The status quo of AI technology legislation
3.2	谁为机器人的行为负责? Who is responsible for the behavior of the robot	1	(1) 如何看待智能时代的法律责任 (2) 机器人的法律责任问题 (1) How to look upon legal liability in intelligent era (2) The legal responsibility of the robot
3.3	人工智能与隐私保护 AI and privacy protection	1	(1) 隐私与隐私权的概念 (2) 人工智能的具体应用可能产生的隐私权问题 (1) The concept of privacy and the right to privacy (2) The possible privacy problems caused by AI's applications

续表

章节序号 Chapter Number	章节名称 Chapters	课时 Class Hour	知识点 Key Points
3.4	人工智能技术发展的法律边界 The legal boundaries of AI technology	1	(1) 如何限制无人机、智能自主武器系统等的滥用 (1) How to limit the abuse of autonomous systems and so on

第四章 人工智能与未来社会(AI and the Future Society)

章节序号 Chapter Number	章节名称 Chapters	课时 Class Hour	知识点 Key Points
4.1	人工智能与未来就业 AI and future employment	1	(1) 人工智能取代了哪些职业 (2) 人工智能可能创造的新就业机会 (3) 人工智能时代的人类行业设置与教育制度 (1) What professions has AI replaced (2) What kind of new jobs AI could create (3) Human industry setting and education system in the era of AI
4.2	人工智能与新的经济形态 AI and the new economy	1	(1) 历史上重大技术创新与经济发展间的关系 (2) 人工智能对共享经济的影响 (1) The relationship between major technological innovation and economic development in history (2) The impact of AI on the sharing economy
4.3	未来社会可能的人机共生方式 The possible human-machine symbiosis in the future society	1	(1) 文学、影视科幻作品中的人工智能与人类关系 (2) 人工智能与人的协同演化的可能性 (1) The relationship between AI and human beings in science fiction literature and movies (2) The possibility of co-evolution of AI and human

大纲指导者：郑南宁教授(西安交通大学人工智能学院)
大纲制定者：白惠仁副教授(西安交通大学人文社会科学学院)
大纲审定：西安交通大学人工智能学院本科专业知识体系建设与课程设置工作组

第 10 章

人工智能工具与平台课程群

10.1 “机器学习工具与平台”教学大纲

课程名称：机器学习工具与平台

Course：Machine Learning Tools and Platforms

先修课程：线性代数与解析几何、计算机程序设计、数据结构与算法、人工智能的现代方法、计算机体系结构

Prerequisites：Linear Algebra and Analytic Geometry，Computer Programming，Data Structure and Algorithm，Modern Approaches of Artificial Intelligence，Computer Architecture

学分：2

Credits：2

10.1.1 课程目的和基本内容(Course Objectives and Basic Content)

本课程是人工智能学院本科生必修课。课程由两个部分构成：开源机器学习工具与平台，人工智能系统与应用。

This course is a compulsory course for undergraduates in College of Artificial Intelligence. It consists of two parts：Open Source Tools and Platforms of Machine Learning，AI System and Application.

第一部分：机器学习(Machine Learning，ML)工具与平台每一次的进步都极大地推动着人工智能研究的发展。本课程以经典机器学习工具及平台为主线，对工具平台的基本原理、基础构架和经典机器学习程序语言设计进行介绍，同时讨论机器学习尤其是深度学习框架以及分布式机器学习平台的应用。第一、二章分别讨论机器学习工具与平台的基本原理、基础构架、计算模式和机器学习经典程序语言，这部分内容的重

点是机器学习工具与平台的构架原理和机器学习经典的程序基础语法和方法。第三、四章主要讨论主流的机器学习尤其是深度学习工具框架。

Part 1: Every improvement in tools and platforms of machine learning (ML) promotes the development of AI. The course focuses on current tools and platforms of machine learning, including basic principles, architectures of tools and platforms for machine learning, and classic programming languages for machine learning. Moreover, it introduces basic frameworks of machine learning tools and distributed platform of machine learning. Chapter 1 and 2 discuss the basic principles, architectures, computing models and programming design for machine learning respectively. The focus of this part is the basic principles of tools and platforms of machine learning and the programming grammars and programming design methods of machine learning. Chapter 3 and 4 mainly discuss the current machine learning especially deep learning toolkits.

第二部分：本主题旨在介绍人工智能系统平台设计及应用。课程对人工智能平台化全生命周期实践中的模型训练部署与分布式训练系统、推断部署、作业调试与分析、大规模 GPU 集群调度、AI 平台集群部署运维的基本理论与实践方法展开讨论。第一章介绍人工智能系统平台概览，第二、三章介绍人工智能训练与推断系统设计与实践，第四章讨论人工智能平台资源管理与调度的基本方法。

Part 2: The topic introduces AI system design and application. It includes fundamental principle and theory on AI system and application, model training deployment and distributed training system, inference deployment, job debugging and analysis, large-scale GPU cluster scheduling, AI platform cluster deployment, operation and maintenance. Chapter 1 discusses AI system platform overview, Chapter 2 and 3 discusses AI training and inference system design and practice and Chapter 4 introduces basic method of resource management and scheduling for AI platform.

通过对机器学习工具与平台的基础框架和应用进行学习，帮助学生系统地掌握常用的机器学习工具与平台。课堂通过小组学习模式，训练学生使用机器学习的技术和程序设计的方法，通过实际使用机器学习工具，加深对机器学习的理解，通过实践进一步提高学生独立分析问题、解决问题的能力。

This course helps students build a knowledge framework for the tools and platforms of machine learning through the study of basic architectures, design methods, and applied techniques. Adapting group study method, the course makes student to learn the knowledge of machine learning and programming skills, acquire a clear understanding of machine learning. Moreover, it improves students' ability to analysis and solve the ML problem independently.

10.1.2 课程基本情况(Course Arrangements)

课程名称	机器学习工具与平台 Machine Learning Tools and Platforms							
开课时间	一年级		二年级		三年级		四年级	
	秋	春	秋	春	秋	春	秋	春
课程定位	本科生人工智能工具与平台课程群必修课							
学　　分	2学分							
总 学 时	40学时(授课32学时、实验8学时)							
授课学时分配	课堂讲授(30学时),大作业讨论(2学时)							
先修课程	线性代数与解析几何、计算机程序设计、数据结构与算法、人工智能的现代方法、计算机体系结构							
后续课程	强化学习与自然计算、人工智能的科学理解							
教学方式	课堂教学、大作业与实验、小组讨论、综述报告							
考核方式	课程结束笔试成绩占60%,实验成绩占35%,考勤占5%							
参考教材	无							
参考资料	1. Francois Chollet. Python深度学习. 张亮,译. 北京:人民邮电出版社,2018 2. Simon Rogers, Mark Girolami. 机器学习基础教程. 郭茂祖,等译. 北京:机械工业出版社,2014 3. Bjarne Stroustrup. C++程序设计语言. 裘宗燕,译. 北京:机械工业出版社,2018							
其他信息								

人工智能工具与平台	
必修(学分)	机器学习工具与平台(2)
选修(学分)3选2	三维深度感知(1)
	人工智能芯片设计导论(2)
	无人驾驶平台(1)

10.1.3 教学目的和基本要求(Teaching Objectives and Basic Requirements)

第一部分　开源机器学习工具与平台

(1) 掌握机器学习平台与工具的基本原理构架及其应用；

(2) 了解 GPU 与 CPU 模式的机器学习构架，了解并行模式；

(3) 熟悉机器学习的经典程序设计语言，包括 Python、C++、Matlab；

(4) 掌握经典程序设计的语法和方法；

(5) 了解开源机器学习工具和平台的经典框架；

(6) 掌握 Tensorflow 框架和实现方法；

(7) 掌握 PyTorch 框架和实现方法；

(8) 了解 Keras、MXNet 和 CNTK 等开源框架。

第二部分　人工智能系统与应用

(1) 掌握人工智能系统平台的基本概念及其实践的基本工具和方法，了解人工智能平台的基本架构与原理；

(2) 掌握人工智能训练系统的原理与应用；

(3) 了解人工智能推断系统的原理与应用；

(4) 熟悉人工智能平台系统资源管理调度方法；

(5) 熟悉使用 OpenPAI 等开源系统进行人工智能训练和推断任务的部署与调试。

10.1.4　课程大纲和知识点(Syllabus and Key Points)

第一部分　开源机器学习工具与平台(Open Source Tools and Platforms of Machine Learning)

绪论(Introduction)

章节序号 Chapter Number	章节名称 Chapters	课时 Class Hour	知识点 Key Points
0.1	绪论 Introduction	1	(1) 机器学习的基本术语 (2) 机器学习工具平台的基本概念 (1) Basic terminologies of machine learning (2) General principles of tools and platforms of machine learning

第一章　机器学习平台架构(Architectures of Machine Learning Platform)

章节序号 Chapter Number	章节名称 Chapters	课时 Class Hour	知识点 Key Points
1.1	机器学习平台 Platforms of machine learning	1	(1) 机器学习平台的基本架构 (2) CPU/GPU模式的机器学习架构 (3) CPU/GPU模式的机器学习配置方法 (1) Basic architectures of machine learning platform (2) Architecture of CPU/GPU based machine learning (3) Basic methods of CPU/GPU based machine learning configuration
1.2	机器学习平台的应用发展方向 Machine learning platform applicati-ons and suggestions		(1) 机器学习平台的应用 (2) 机器学习平台的发展方向 (1) Basic applications of machine learning platform (2) Suggestions of machine learning platform

第二章　机器学习程序设计技术(Programming Design of Machine Learning)

章节序号 Chapter Number	章节名称 Chapters	课时 Class Hour	知识点 Key Points
2.1	机器学习程序设计基础 Fundamental prog-ramming design of mac-hine learning	1	(1) 机器学习程序设计的基本概念 (2) 机器学习程序设计的性质 (1) Definition of machine learning programming (2) The properties of machine learning programming model
2.2	Matlab的机器学习程序与工具包 Toolkits and programming design of MATLAB machine learning	1	(1) Matlab的编程基础 (2) Matlab的机器学习工具包基础 (3) Matlab的机器学习程序设计 (1) Programming basics on MATLAB (2) Programming toolkits of machine learning on MATLAB (3) Programming design of machine learning on MATLAB

续表

章节序号 Chapter Number	章节名称 Chapters	课时 Class Hour	知识点 Key Points
2.3	C++的机器学习程序设计基础 Fundamental programming design of C++ machine learning	2	(1) C++的机器学习编程基础 (2) C++的机器学习程序设计 (1) Programming basics on C++ for machine learning (2) Programming design of machine learning on C++
2.4	Python 的深度学习程序设计基础 Fundamental programming design of Python for deep learning	3	(1) Python 的深度学习编程基础 (2) Python 的深度机器学习程序设计 (1) Programming basics on Python for deep learning (2) Programming design of deep learning on Python

第三章　机器学习框架与工具(Frameworks and Tools of Machine Learning)

章节序号 Chapter Number	章节名称 Chapters	课时 Class Hour	知识点 Key Points
3.1	机器学习工具与框架基础 Tools an frameworks of machine learning	1	(1) 机器学习框架和工具的基本概念 (2) Tensor 的基本概念和性质 (3) 并行计算的概念及性质 (1) Definition of machine learning tools and frameworks (2) Definition and properties of tensor (3) Definition and properties of parallel computing
3.2	Tensorflow 的机器学习基础框架 Basic framework of Tensorflow	2	(1) Tensorflow 框架的基本概念 (2) Tensorflow 框架的配置与调试 (3) Tensorflow 框架的深度学习应用 (1) Definition of Tensorflow framework (2) Basic configuration and debugging of Tensorflow framework (3) Applications of Tensorflow framework

续表

章节序号 Chapter Number	章节名称 Chapters	课时 Class Hour	知识点 Key Points
3.3	PyTorch的机器学习基础框架 Basic framework of PyTorch	2	(1) PyTorch框架的基本概念 (2) PyTorch框架的配置与调试 (3) PyTorch框架的深度学习应用 (1) Definition of PyTorch framework (2) Basic configuration and debugging of PyTorch framework (3) DL applications of PyTorch framework
3.4	开源机器学习基础框架 Basic framework of open source machine learning	2	(1) 开源机器学习框架的基本情况 (2) 开源机器学习框架的配置与调试 (3) 开源机器学习框架的深度学习应用 (1) Definition of other open source framework (2) Basic configuration and debugging of other open source framework (3) Applications of other open source framework

第二部分　人工智能系统与应用(AI System and Application)

第一章　人工智能系统绪论(Introduction of AI System)

章节序号 Chapter Number	章节名称 Chapters	课时 Class Hour	知识点 Key Points
1.1	人工智能系统绪论 Introduction of AI system	1	(1) 人工智能系统的基本术语 (2) 人工智能系统的一般原理与开发工具 (1) Basic terminologies of AI system (2) General principles and development tools of AI system
1.2	主流AI训练平台 Mainstream AI training platform	1.5	(1) 云平台：亚马逊云平台、微软Azure ML、谷歌云、阿里云 (2) 开源平台：OpenPAI、KubeFlow (1) Cloud platform: Amazon AWS, Microsoft Azure ML, Google Cloud, Alibaba Cloud (2) Open source platform: OpenPAI, KubeFlow

续表

章节序号 Chapter Number	章节名称 Chapters	课时 Class Hour	知识点 Key Points
1.3	主流 AI 推断平台 Mainstream AI inference platform	0.5	(1) 云平台：亚马逊云平台、微软 Azure ML、谷歌云、阿里云 (2) 开源平台：TensorRT、TVM、ONNX (1) Cloud platform：Amazon AWS，Microsoft Azure ML，Google Cloud，Alibaba Cloud (2) Open source platform：TensorRT，TVM，ONNX
1.4	人工智能系统硬件 Hardware of AI system	0.5	(1) 人工智能系统硬件：GPU、ASIC、FPGA、IoT Device、Infiniband (1) Hardware of AI system：GPU，ASIC，FPGA，IoT Device，Infiniband
1.5	数据处理系统 Data processing system	0.5	(1) 数据处理系统：Spark、Hadoop、HDFS (1) Data processing system：Spark，Hadoop，HDFS

第二章　AI 训练系统概论(Introduction of AI Training System)

章节序号 Chapter Number	章节名称 Chapters	课时 Class Hour	知识点 Key Points
2.1	分布式训练绪论 Introduction of distributed AI training	1.5	(1) 数据并行、模型并行 (2) 参数服务器、AllReduce (3) 分布式训练工具 (1) Data parallelism，model parallelism (2) Parameter server，AllReduce (3) Tools of distributed training
2.2	基于 OpenPAI 平台的分布式 AI 训练 OpenPAI based distributed AI training	0.5	(1) OpenPAI 分布式训练作业部署 (1) OpenPAI distributed training job deployment

第三章 AI训练系统实践(Practice of AI Training System)

章节序号 Chapter Number	章节名称 Chapters	课时 Class Hour	知识点 Key Points
3.1	OpenPAI 系统绪论 Introduction of OpenPAI	0.5	(1) OpenPAI 概述 (2) Introduction of OpenPAI
3.2	OpenPAI 系统设计概述 Introduction of OpenPAI design	1	(1) OpenPAI 设计原则 (2) OpenPAI 架构 (1) OpenPAI design principles (2) OpenPAI architecture
3.3	OpenPAI 平台的应用 Implementation of OpenPAI	0.5	(1) OpenPAI 部署与运维 (2) OpenPAI 作业提交与调试 (1) OpenPAI deployment, operation and maintenance (2) OpenPAI job submission and debugging

第四章 AI推断系统概论与实践(Introduction and Practice if AI Inference System)

章节序号 Chapter Number	章节名称 Chapters	课时 Class Hour	知识点 Key Points
4.1	AI 推断工具绪论 Introduction of AI inference tools	2	(1) AI 推断工具概述：TensorRT、TVM、ONNX (2) Introduction of AI inference tools: TensorRT, TVM, ONNX
4.2	基于 Kubernetes 的 AI 推断部署 AI inference deployment based on Kubernetes	2	(1) Kubernetes 推断部署 (1) Kubernetes inference deployment
4.3	基于 OpenPAI 平台的推断部署 Inference deployment of OpenPAI	2	(1) OpenPAI 推断部署 (1) OpenPAI inference deployment

第五章 AI 训练系统资源管理调度（Resource Management and Scheduling of AI Training System）

章节序号 Chapter Number	章节名称 Chapters	课时 Class Hour	知识点 Key Points
5.1	分布式系统管理绪论 Introduction of distribution system management	0.5	（1）分布式系统概述：YARN、Kubernetes （1）Introduction of distribution system：YARN，Kubernetes
5.2	面向深度学习的调度系统和算法 Scheduling system and algorithm of deep learning	1	（1）群调度与容量调度 （2）支持拓扑的 GPU 调度 （1）Gang scheduling and capacity scheduling （2）Topology-aware GPU scheduling
5.3	调度算法的公平和效率研讨 Discussion of equity and efficiency of scheduling algorithm	0.5	（1）调度算法研讨 （2）Scheduling algorithm discussion

10.1.5 实验环节（Experiments）

序号 Num.	实验内容 Experiment Content	课时 Class Hour	知识点 Key Points
1	基于 MATLAB 平台的人脸识别 Implementation of face recognition based on MATLAB	2	（1）人脸图像采集方法 （2）人脸图像的预处理方法 （3）人脸检测的方法 （4）人脸识别的算法及实现 （1）Acquisition methods of facial image （2）Preprocessing methods of facial image （3）Methods of face detection （4）Implementation of face recognition algorithms

续表

序号 Num.	实验内容 Experiment Content	课时 Class Hour	知识点 Key Points
2	基于RNN的视频分析与行为识别 Video analysis and action recognition based on RNN model	2	(1) 视频数据的预处理方法 (2) 视频分析的方法 (3) 行为识别的方法 (4) RNN的实现方法 (5) 行为识别的评价方法 (1) Preprocessing methods of video data (2) Methods of video analysis (3) Methods of behaviour analysis (4) Implementation method of RNN (5) Evaluation of behaviour analysis
3	人工智能训练平台部署与实践 Deployment and practice of artif-icial intelligence training platform	1	(1) OpenPAI平台部署 (2) 测试任务提交与验证 (3) AI平台监控与分析 (4) AI平台故障处理 (1) OpenPAI platform deployment (2) Test job submission and verification (3) AI platform monitoring and analysis (4) AI platform troubleshooting
4	人工智能训练作业与推断作业部署与分析 Deployment and analysis of artificial Intelligence training and inference job	1	(1) AI训练作业部署 (2) AI推断作业部署 (3) AI作业性能监控与调试 (4) 作业优化 (1) AI training job deployment (2) AI inference job deployment (3) AI Job performance monitoring and debugging (4) Job optimization
5	人工智能训练平台系统调度算法模拟与设计实验 Simulation and design experiment of artificial intell-igence training pl-atform scheduling algorithm	2	(1) 群调度 (2) 容量调度 (3) 支持拓扑的GPU调度 (4) 系统研讨与优化 (1) Gang scheduling (2) Capacity scheduling (3) Topology-aware GPU scheduling (4) Discussion and optimization of AI system

大纲制定者：姜沛林副教授(西安交通大学软件学院)、魏平副教授(西安交通大学人工智能学院)、高彦杰工程师(微软亚洲研究院)

大纲审定：西安交通大学人工智能学院本科专业知识体系建设与课程设置工作组

10.2 “三维深度感知”教学大纲

课程名称：三维深度感知

Course：3D Depth Sensing

先修课程：计算机视觉与模式识别

Prerequisites：Computer Vision and Pattern Recognition

学分：1

Credits：1

10.2.1 课程目的和基本内容(Course Objectives and Basic Content)

本课程是人工智能学院本科专业选修课。

This course is an elective course for undergraduates in College of Artificial Intelligence.

课程以 3D 深度感知技术及设备(结构光 3D 深度相机)为主线，对高精度、高分辨率深度获取的基本理论与结构光编解码方法展开讨论，同时介绍结构光 3D 深度相机原理、组成及应用。第一章到第四章分别讨论结构光深度感知技术的基础理论、单目结构光深度感知原理方法、激光散斑结构光编码方法、深度解码方法，这部分内容的重点是 3D 深度获取的激光散斑结构光编解码方法。第五章是即插即用的嵌入式 3D 深度相机应用，包括 3D 点云生成。

本课程通过对基本理论、设计方法和应用技术的学习，帮助学生建立关于 3D 深度感知基本原理和应用设计方面的知识框架。课程采用小组学习模式，并辅之以研究性实验、课堂测验、小组讨论及综述报告等教学手段，训练学生用基本理论和方法分析解决实际问题的能力，掌握 3D 深度感知系统设计所必须的基本知识和技能。课程通过散斑编码图案的采集处理及 3D 深度感知系统设计实验使学生巩固和加深深度感知的理论知识，通过实践进一步加强学生独立分析问题、解决问题的能力，培养综合设计及创新能力，培养实事求是、严肃认真的科学作风和良好的实验习惯，为今后的工作打下良好的基础。

当前无人机、3D打印、机器人、虚拟现实、智能手机、智能监控等领域的深入研究与发展，需要解决避障、3D成像、自然交互、精确识别等难题，3D深度感知技术作为关键共性技术有助于解决这些难题，将极大地释放和激发人们对相关研究领域的科学想象力和创造力。因此，理解和掌握好3D深度感知的基本概念、基本原理和方法，在遇到实际问题时，能激发学生去寻找新的理论和技术，也能使学生利用一种熟悉的工具进入到一个生疏的研究领域。

The course focuses on 3D depth sensing technology and equipment (structured-light depth camera), and discusses the basic theories of high precision and high resolution depth acquisition and the structured-light codec methods. Moreover, it introduces the principle, structure and applications about the structured-light depth camera. Chapter 1 to 4 discuss the basic theories of structured-light depth sensing technology, monocular structured-light depth sensing principle, the laser speckle structured-light coding method, and the depth decoding method. The focus of this part is on the 3D depth acquisition according to laser speckle structured-light codec method. Chapter 5 is the applications about the plug-and-play embedded 3D depth camera, including 3D point cloud generation.

This course helps students build a knowledge framework for the basic principles of 3D depth sensing and application design through the study of basic theories, design methods, and applied techniques. The course adopts group study method, supplemented by experiments, in-class tests, discussions and reports, in order to train students the ability to solve practical problems with basic theories and methods and master the basic knowledge and skills for 3D depth sensing application design. The course includes several experiments on speckle coding patterns collection and pre-processing and 3D depth sensing system design in order to consolidate the students' theoretical knowledge of depth sensing technology, further strengthen their ability to analyze and solve problems independently, and develop their comprehensive abilities on system design and innovations as well as good habits for future work.

With the in-depth research and development in the fields of unmanned aerial vehicle, 3D printing, robot, virtual reality, smart phone, smart surveillance and so on, the problems of obstacle avoidance, 3D imaging, natural interaction and precision recognition is needed to be solved. As the key co-use technology, 3D depth sensing is very important for solving these problems. Therefore, understanding the basic concepts, principles and methods of depth sensing technology can stimulate students to find new theories and techniques when they encounter practical problems. Moreover, it also helps students to enter a strange research area with familiar tools.

10.2.2　课程基本情况(Course Arrangements)

课程名称	三维深度感知 3D Depth Sensing							
开课时间	一年级		二年级		三年级		四年级	
	秋	春	秋	春	秋	春	秋	春
课程定位	本科生人工智能工具与平台课程群选修课							
学　　分	1 学分							
总 学 时	20 学时(授课 16 学时、实验 4 学时)							
授课学时分配	课堂讲授(15 学时),大作业讨论(1 学时)							
先修课程	计算机视觉与模式识别							
后续课程	无							
教学方式	课堂教学、小组讨论、大作业与实验							
考核方式	大作业占 40%,实验编程成绩占 50 %,考勤占 10%							
参考教材	1. Pietro Zanuttigh et al. Time-of-Flight and Structured Light Depth Cameras. Berlin: Springer, 2016 2. 葛晨阳,姚慧敏,周艳辉. 结构光深度相机系统实验指导书.							
参考资料	万哲先. 代数与编码(第三版). 北京:高等教育出版社出版, 2007							
其他信息								

人工智能工具与平台	
必修 (学分)	机器学习工具与平台(2)
选修 (学分) 3 选 2	三维深度感知(1)
	人工智能芯片设计导论(2)
	无人驾驶平台(1)

10.2.3　教学目的和基本要求(Teaching Objectives and Basic Requirements)

(1) 了解主被动式感知的区别,熟悉结构光深度感知技术的基础理论;

(2) 掌握单目结构光深度感知系统测距原理;

(3) 理解随机编码原理,掌握激光散斑结构光编码方法;

(4) 熟悉深度解码系统架构,掌握各个功能模块;

(5) 了解嵌入式 3D 深度相机原理,熟悉单幅点云生成;

(6) 掌握单目结构光深度相机散斑数据的采集方法,并编程实现深度计算和点云信息生成算法。

10.2.4 课程大纲和知识点(Syllabus and Key Points)

第一章 绪论(Introduction)

章节序号 Chapter Number	章节名称 Chapters	课时 Class Hour	知识点 Key Points
1.1	绪论 Introduction	1	(1) 主被动式感知的区别 (2) 结构光深度感知技术的基础理论 (1) The differences between active and passive depth sensing (2) Basic principle of structured-light depth sensing technology

第二章 单目结构光深度感知原理方法(Monocular Structured-light Depth Sensing Principle)

章节序号 Chapter Number	章节名称 Chapters	课时 Class Hour	知识点 Key Points
2.1	单目结构光深度感知系统 Monocular structured-light depth sensing system	1	(1) 深度感知测量原理 (1) Depth sensing measurement
2.2	散斑图像预处理算法 Speckle pattern preprocessing algorithm		(1) 一致性增强预处理 (1) Consistency enhancement preprocessing
2.3	视差估计算法 Disparity estimation algorithm	1	(1) 块匹配、子像素插值 (1) Block matching, sub-pixel interpolation
2.4	单目深度计算方法 Monocular depth calculation method	1	(1) 视差、基线、距离 (1) Disparity, baseline, distance

第三章　激光散斑结构光编码方法(Laser Speckle Structured-light Coding Method)

章节序号 Chapter Number	章节名称 Chapters	课时 Class Hour	知识点 Key Points
3.1	随机序列 Random sequence	1	(1) 随机序列、随机阵列、窗口唯一性 (1) Random sequence, random array, window uniqueness
3.2	散斑编码图案的生成 A generation of speckle coding pattern	1	(1) 编码方法、编码特性 (1) Coding method, coding characteristics
3.3	激光散斑光学投射系统 Laser speckle optical projection system	1	(1) 激光散斑光学投射系统 (1) Laser speckle optical projection system

第四章　深度解码方法(Depth Decoding Method)

章节序号 Chapter Number	章节名称 Chapters	课时 Class Hour	知识点 Key Points
4.1	深度解码系统架构 System architecture of depth decoding	4	(1) 系统架构 (1) System architecture
4.2	深度解码功能模块 Function module of depth decoding		(1) 功能模块 (1) Function module

第五章　嵌入式 3D 深度相机(Embedded 3D Depth Camera)

章节序号 Chapter Number	章节名称 Chapters	课时 Class Hour	知识点 Key Points
5.1	嵌入式 3D 深度相机 Embedded 3D depth camera	2	(1) 嵌入式 3D 深度相机 (1) Embedded 3D depth camera

续表

章节序号 Chapter Number	章节名称 Chapters	课时 Class Hour	知识点 Key Points
5.2	单幅点云获取 The point cloud acquisition for single frame	2	(1) 点云获取 (1) Point cloud acquisition

第六章　搭建单目结构光深度相机系统(Construction of Monocular Structured-light Depth Camera System)

章节序号 Chapter Number	章节名称 Chapters	课时 Class Hour	知识点 Key Points
6.1	采集散斑图像 Speckle image collection	1	(1) 采集散斑图像 (1) Speckle image collection
6.2	C代码编程实现深度解码算法 Achieving deep decoding algorithm through C code programming		(1) C代码编程实现深度解码算法 (1) Achieving deep decoding algorithm through C code programming

10.2.5　实验环节(Experiments)

序号 Num.	实验内容 Experiment Content	课时 Class Hour	知识点 Key Points
1	单目深度感知测量 Monocular depth sensing measurement	4	(1) 编码图像的设计与采集 (2) 散斑图像的预处理方法 (3) 视差估计算法 (4) 深度计算方法 (1) Design and acquisition of speckle coding pattern (2) Preprocessing methods of speckle pattern (3) Disparity estimation algorithm (4) Depth calculation method

大纲制定者：葛晨阳副教授(西安交通大学人工智能学院)、姚慧敏工程师(西安交通大学人工智能学院)

大纲审定：西安交通大学人工智能学院本科专业知识体系建设与课程设置工作组

10.3 "人工智能芯片设计导论"教学大纲

课程名称：人工智能芯片设计导论

Course：Introduction to Processor Design for AI Applications

先修课程：数据结构与算法、电子技术与系统、计算机体系结构

Prerequisites：Data Structure and Algorithm，Electronic Technology and System，Computer Architecture

学分：2

Credits：2

10.3.1 课程目的和基本内容(Course Objectives and Basic Content)

本课程是人工智能学院本科生选修课。

This course is an elective course for undergraduates in College of Artificial Intelligence.

课程讲解数字电路设计的基本原则、精简指令集以及深度学习加速模块的设计方法，通过配套的课程实验，旨在锻炼学生综合应用数字系统结构与设计、计算机体系结构等课程的知识。课程教学部分主要包括四个环节：门级电路设计语言基本语法，FPGA 设计方法，RISC-V 指令集以及深度神经网络加速器的基本知识。实验教学分为两个主题：要求学生通过动手实践，在 FPGA 上：

(1) 设计完成一个基本真实的精简指令集的计算机系统，设计和实现基于 RISC-V 指令系统的 CPU 系统设计；

(2) 设计深度神经网络(DNN)加速模块。通过本课程，加深学生对基于指令和基于数据流驱动的计算机系统的全面理解，深入理解数字系统，特别是计算机体系结构的运行原理和实现机制，培养学生综合应用所学知识解决实际问题的能力。本课程的教学重点在于对先修课程知识的融会贯通和综合应用。

The course explains the basic principles of digital circuit design, the reduced instruction set, and the design of deep learning acceleration module. Through the supporting experiments, the aim of this course is to train students to comprehensively apply the knowledge of digital system structure and design, computer architecture. The course mainly includes four teaching topics: basic syntax of gate-level circuit design language, FPGA design method, RISC-V instruction set and basic knowledge of deep neural network accelerator. The experimental part includes two topics: students are required to design on the FPGA with practices:

(1) To complete a reduced instruction-set computer system based on the RISC-V instruction system;

(2) Design a Deep Neural Network(DNN) Accelerator Module. Through this course, students will fully understand the instruction-based and data-driven computer systems, and deeply understand the digital system, especially the operating principle and implementation mechanism of computer architecture. The focus of this course is on the integration of pre-requisite knowledge and development of students' practical ability.

10.3.2 课程基本情况(Course Arrangements)

<table>
<tr><td>课程名称</td><td colspan="9">人工智能芯片设计导论
Introductionto Processor Design for AI Applications</td></tr>
<tr><td rowspan="2">开课时间</td><td colspan="2">一年级</td><td colspan="2">二年级</td><td colspan="2">三年级</td><td colspan="2">四年级</td><td rowspan="6"><table><tr><td colspan="2">人工智能工具与平台</td></tr><tr><td>必修
(学分)</td><td>机器学习工具与平台(2)</td></tr><tr><td rowspan="3">选修
(学分)
3选2</td><td>三维深度感知(1)</td></tr><tr><td>人工智能芯片设计导论(2)</td></tr><tr><td>无人驾驶平台(1)</td></tr></table></td></tr>
<tr><td>秋</td><td>春</td><td>秋</td><td>春</td><td>秋</td><td>春</td><td>秋</td><td>春</td></tr>
<tr><td>课程定位</td><td colspan="8">本科生人工智能工具与平台课程群选修课</td></tr>
<tr><td>学　分</td><td colspan="8">2学分</td></tr>
<tr><td>总学时</td><td colspan="8">48学时(授课16学时、实验32学时)</td></tr>
<tr><td>授课学时分配</td><td colspan="8">课堂讲授(16学时)</td></tr>
<tr><td>先修课程</td><td colspan="9">数据结构与算法、电子技术与系统、计算机体系结构</td></tr>
<tr><td>后续课程</td><td colspan="9"></td></tr>
<tr><td>教学方式</td><td colspan="9">课堂教学、大作业与实验、小组讨论、综述报告</td></tr>
<tr><td>考核方式</td><td colspan="9">平时成绩占10%,实验成绩占70%,分组答辩20%</td></tr>
<tr><td>参考教材</td><td colspan="9">David A. Patterson, John L. Hennessy. 计算机组成与设计-硬件/软件接口(RISC-V版本). 北京:机械工业出版社,2015</td></tr>
<tr><td>参考资料</td><td colspan="9"></td></tr>
<tr><td>其他信息</td><td colspan="9"></td></tr>
</table>

10.3.3 教学目的和基本要求(Teaching Objectives and Basic Requirements)

(1) 了解数字系统结构与设计中的相关概念和原理;
(2) 熟悉计算机体系结构特别是流水线、存储器设计;
(3) 熟悉基于数据流驱动的深度神经网络加速器设计;
(4) 掌握时序电路和组合逻辑电路的设计原则;
(5) 掌握 Verilog、Python、HSL 等基本语言和 EDA 工具;
(6) 掌握 FPGA 设计的方法学和基本工具;
(7) 熟悉 RISC-V 指令集;
(8) 掌握深度神经网络加速器设计基本方法。

10.3.4 课程大纲和知识点(Syllabus and Key Points)

绪论 课程要求与简介(Introduction)

章节序号 Chapter number	章节名称 Chapters	课时 Class Hour	知识点 Key points
0.1	课程简介 Introduction	2	(1) 数字系统结构与设计中的相关概念和原理 (1) Concepts and principles in digital system structure and design
0.2	数字系统知识 Digital system knowledge	2	(1) 数字逻辑 (2) 精简指令集 (3) 计算机体系结构 (1) Digital logic (2) Reduced instruction set (3) Computer architecture

第一章　Verilog 和 HLS 语法(Verilog and HLS Syntax)

章节序号 Chapter number	章节名称 Chapters	课时 Class Hour	知识点 Key points
1.1	Verilog 和 HLS 简介 Introduction of Verilog and HLS	6	(1) Verilog 和 HLS 语法 (2) 组合逻辑、时序逻辑 (3) Testbench 的编写 (1) Verilog and HLS syntax (2) Combination logic, sequential logic (3) How to write Testbench

第二章　FPGA 电路结构、开发板介绍和开发环境使用讲解(Introduction to FPGA Design and Development Environment)

章节序号 Chapter number	章节名称 Chapters	课时 Class Hour	知识点 Key points
2.1	FPGA 设计和开发环境介绍 Introduction to FPGA design and development environment	2	(1) FPGA 电路结构 (2) 开发板和开发环境使用讲解 (1) FPGA circuit structure (2) Development PCB board and development environment introduction

第三章　计算机体系结构回顾和 RISC-V 指令集(Computer Architecture Review and RISC-V Instruction Set)

章节序号 Chapter number	章节名称 Chapters	课时 Class Hour	知识点 Key points
3.1	RISC-V 介绍 Introduction of RISC-V	2	(1) 计算机体系结构 (2) RISC-V 指令集 (1) Computer architecture (2) RISC-V instruction set

第四章　AI 芯片设计回顾和 DNN 加速器设计（AI Processor and DNN Accelerator Review）

章节序号 Chapter number	章节名称 Chapters	课时 Class Hour	知识点 Key points
4.1	AI 芯片和 DNN 加速器 AI chip and DNN accelerator	2	(1) AI 芯片设计回顾和 DNN 加速器讲解 (1) AI processor and DNN accelerator review

10.3.5　实验环节（Experiments）

序号 Num.	实验内容 Experiment Content	课时 Class Hour	知识点 Key Points
1	使用 Verilog 设计组合逻辑电路和时序电路 Designing combinational and sequential circuits using Verilog	8	(1) 双端口 RAM、向量乘法器等，Verilog 和 HLS 语法 (2) 掌握代码书写、测试激励、波形分析以及基本的调试方法，为进一步的实验做好准备 (1) Practice Verilog and HLS syntax by designing basic dual-port RAM, vector multipliers, etc. (2) Master code writing, benchmark, waveform analysis, and basic debugging methods to prepare for further experiments
2	使用 FPGA 电路板和开发环境 Using FPGA boards and development environments	4	(1) FPGA 的内部构造和开发工具 (2) FPGA 设计的流程 (3) 掌握从器件选型、时钟配置、设计约束、逻辑综合、布局布线和时序报告分析的一般设计流程 (1) The internal structure and development tools of the FPGA (2) The design flow of FPGA (3) The general design flow from device selection, clock configuration, design constraints, logic synthesis, place and route, and timing report analysis

续表

序号 Num.	实验内容 Experiment Content	课时 Class Hour	知识点 Key Points
3	基于 RISC-V 指令系统的 CPU 系统设计 Designing a CPU based on RISC-V instruction system	10	(1) 通过 Verilog 代码,实现 RISC-V 的基本指令,完成多级流水线的简单处理器设计 (2) 理解如何提高处理器性能的主要手段和方法 (1) Through Verilog coding, realize the basic instructions of RISC-V, complete the simple processor design of multi-stage pipeline (2) Understand the main means and method of how to improve the performance of the processor
4	深度神经网络(DNN)加速模块设计 Design of deep neural network (DNN) accelerator	10	(1) 通过 Pynq 或者 HLS 语言,设计实现一个简单的用于图像识别或者分类任务的深度神经网络 (2) 分析主要指标:算力、资源利用率、延迟、吞吐量等,理解如何提高深度神经网络性能的主要手段和方法 (1) Through the Pynq or HLS implementation, design a simple deep neural network for image recognition or classification tasks (2) Analyze the main indicators: such as computing power, resource utilization, delay, throughput, etc. , to understand how to improve the performance of deep neural networks

大纲制定者:任鹏举副教授(西安交通大学人工智能学院)

大纲审定:西安交通大学人工智能学院本科专业知识体系建设与课程设置工作组

10.4 "无人驾驶平台"教学大纲

课程名称:无人驾驶平台

Course: Autonomous Driving Platform

先修课程:人工智能的现代方法、计算机视觉与模式识别、数字信号处理、现代控

制工程

Prerequisites：Modern Approaches of Artificial Intelligence，Computer Vision and Pattern Recognition，Digital Signal Processing，Modern Control Engineering

学分：1

Credits：1

10.4.1 课程目的和基本内容(Course Objectives and Basic Content)

本课程是人工智能学院本科生选修课。课程由三个主题组成，分别是主题1：环境感知与认知、主题2：运动决策与控制和主题3：系统架构与实现。

This course is an elective course for undergraduates in College of Artificial Intelligence. It consists of three topics：Environment Sensing and Perception，Decision Making and Control of Motion，System Architecture and Implementation.

主题1：环境感知与认知，对应第二章到第四章。本主题旨在阐述清楚无人车如何实现行驶环境的感知与认知这一核心问题。无人车的行驶环境感知与认知是一个受驾驶任务引导、有目的、有知识参与的复杂认知过程，本主题主要培养学生面向多传感器的实时环境感知数据设计无人车定位、导航和安全行驶的模型与算法的能力。具体内容包括：

(1) 获得包括车辆位置、前方车道线、道路边界以及和车之间的相对位置关系的定位与导航技术；

(2) 给出周围车辆和行人的运动意图，推测未来一段时间无人车的安全、可行驶区域的模型与算法。

本主题涵盖了多传感融合、地图创建与定位、行人和车辆的检测、跟踪、识别及运动意图预测、交通规则相关的标识/标示的识别等知识点。

Topic 1：Environment Sensing and Perception. This topic ranges from Chapter 2 to Chapter 4. It aims to answer one of core questions of autonomous driving，how does an autonomous vehicle sense and perceive its surrounding environments? The environment sensing and perception for autonomous driving is a complex process，which is task guided，purposive，and knowledge involved. We learn to design computational models and algorithms，which can analyze sensing data from multiple sensors in real time to accomplish localization，navigation，and driving safety. More specifically，two key issues are included：1) Localization and navigation techniques which obtain localization of the vehicle and distances to its surrounding vehicles，lane markings，road boundaries. 2) Predicting motion intentions of surrounding vehicles and pedestrians，which form the basis for the prediction of the future drivable and safe zone for the autonomous vehicle. Key points under this topic include multi-sensor fusion，mapping and localization，vehicle and pedestrian detection，tracking，recognition，intention prediction，and traffic sign recognition.

主题 2：运动决策与控制，对应第五章到第八章。本主题主要阐述无人车如何实现自适应于环境变化的自主运动这一问题。无人车实现自主运动的核心问题是运动决策与控制，本主题介绍分层顺序架构和一体化模型两条技术路线。对分层顺序架构，主要介绍根据环境感知与认知形成的运动约束来确定左转、右转、车道保持、超车等驾驶行为的行为决策，给定驾驶行为条件下的运动路径规划和轨迹规划；跟踪规划路径或轨迹的运动控制控制等技术。对一体化模型，主要介绍统一考虑感知与运动不确定性的自主运动模型与算法，包括如何构建输入为当前感知信息及驾驶任务、输出即时动作的深度学习模型、直接求解感知到动作策略函数的强化学习算法等。本主题涵盖了马尔科夫决策过程、路径规划、轨迹规划、运动控制、策略学习等知识点。

Topic 2：Motion Decision-Making and Control. This topic ranges from Chapter 5 to Chapter 8. The purpose is to explain how does an autonomous vehicle drive adaptive to the dynamic environments. Motion decision-making and control lies at the core of an autonomous vehicle，and two lines of thinking approach to it are presented. The first is a three-layer hierarchic architecture which consists of driving behavior decision-making，motion planning，and motion control. The second is an integrated model which directly maps perception to action. This topic covers key points including Markov decision process，path planning，trajectory planning，motion control，and policy learning.

主题 3：系统架构与实现，对应第九章。本主题旨在从系统实现角度理解无人驾驶系统架构及组成要素，主要包括传感器选型与标定、计算平台、软件设计、数据通信和性能测试等关键技术。

Topic 3：System Architecture and Implementation. Chapter 9 focus on this topic. The goal of this topic is for us to understand the architecture of an autonomous driving system. Key issues included are sensors and their calibration techniques，building a computing platform，software framework，communication，evaluation and testing.

为了使学生全面理解与掌握无人驾驶技术，提高动手实践能力，课程针对三个主题分别设计了相应的课外研究性大作业，具体包括：

(1) 交通场景理解实验，利用车载多传感数据实现行人/车辆的检测、跟踪与识别，2学时；

(2) 运动决策与控制实验，实现车道保持和换道的运动决策与控制，2学时；

(3) 视觉引导的自主泊车，2学时。

To improve and augment students'practical skills in autonomous driving, three extracurricular projects are designed. The first project is on traffic environment understanding, which requires to design and implement algorithms for detection, tracking and recognition of pedestrians and vehicles in data from multiple sensors. The second project is on motion decision-making and control, which requires to design and implement algorithm for lane keeping and lane change. The third project is on autonomous parking.

10.4.2 课程基本情况(Course Arrangements)

<table>
<tr><td>课程名称</td><td colspan="8">无人驾驶平台
Autonomous Driving Platform</td></tr>
<tr><td rowspan="2">开课时间</td><td colspan="2">一年级</td><td colspan="2">二年级</td><td colspan="2">三年级</td><td colspan="2">四年级</td></tr>
<tr><td>秋</td><td>春</td><td>秋</td><td>春</td><td>秋</td><td>春</td><td>秋</td><td>春</td></tr>
<tr><td>课程定位</td><td colspan="8">本科生人工智能工具与平台课程群选修课</td></tr>
<tr><td>学　分</td><td colspan="8">1学分</td></tr>
<tr><td>总学时</td><td colspan="8">16学时(授课16学时、实验0学时)</td></tr>
<tr><td>授课学时分配</td><td colspan="8">课堂讲授(12学时)、小组讨论与大作业(4学时)</td></tr>
<tr><td>先修课程</td><td colspan="8">人工智能的现代方法、计算机视觉与模式识别、数字信号处理、现代控制工程</td></tr>
<tr><td>后续课程</td><td colspan="8"></td></tr>
<tr><td>教学方式</td><td colspan="8">课堂讲授、文献阅读与小组讨论、大作业</td></tr>
<tr><td>考核方式</td><td colspan="8">课程结束笔试成绩占60%，大作业占40%</td></tr>
<tr><td>参考教材</td><td colspan="8">1. 薛建儒. 自主运动系统. 北京：高等教育出版社，2020
2. Sebastian Thrun, et al. Probabilistic Robotics. Cambridge: the MIT Press, 2005</td></tr>
</table>

<table>
<tr><td colspan="2">人工智能工具与平台</td></tr>
<tr><td>必修
(学分)</td><td>机器学习工具与平台(2)</td></tr>
<tr><td rowspan="3">选修
(学分)
3选2</td><td>三维深度感知(1)</td></tr>
<tr><td>人工智能芯片设计导论(2)</td></tr>
<tr><td>无人驾驶平台(1)</td></tr>
</table>

续表

参考资料	1. 薛建儒,李庚欣. 无人车的场景理解与自主运动. 无人系统技术,2018,1(2):24-33 2. Martin Buehler, Karl Iagnemma. The DARPA Urban Challenge: Autonomous Vehicles in City Traffic. Berlin: Springer,2009. 3. Jianru Xue et al. A vision-centered multi-sensor fusing approach to self-localization and obstacle perception for robotic cars. Frontiers of Information Technology & Electronic Engineering,2017,18(1):122-138 4. Chao Ma, Jianru Xue, et al. Data-driven state-increment statistical model and its application in autonomous driving, IEEE Transactions on Intelligent Transportation Systems,2018,19(12):3872-3882. 5. Dixiao Cui, Jianru Xue, et al. Real-Time Global Localization of Robotic Cars in Lane Level via Lane Marking Detection and Shape Registration. IEEE Transactions on Intelligent Transportation Systems,2016,17(4):1039-1050. 6. Liang Ma, Jianru Xue, Kuniaki Kawabata, Jihua Zhu, Chao Ma, Nanning Zheng, Efficient Sampling-based Motion Planning for On-road Autonomous Driving. IEEE Transactions on Intelligent Transportation Systems,2015,16(4):1961-1976.
其他信息	

10.4.3 教学目的和基本要求(Teaching Objectives and Basic Requirements)

主题 1 环境感知与认知

(1) 理解无人车场景理解的基本概念和难点问题;

(2) 掌握图像、激光点云和 GPS 等数据处理算法;

(3) 掌握同时地图构建与定位的核心算法;

(4) 会利用车载传感器实现目标检测、跟踪与识别的基本算法。

主题 2 运动决策与控制

(1) 理解马尔科夫决策过程、值函数、策略、期望累积回报等基本概念;

(2) 掌握运动规划的基本算法;

(3) 掌握运动控制的基本算法;

(4) 理解感知-运动的一体化建模基本方法。

主题 3 系统架构与实现

(1) 掌握无人车系统架构及核心技术;

(2) 会利用讲授的基本算法构建面向简单应用场景的自主系统。

10.4.4 课程大纲和知识点(Syllabus and Key Points)

主题1 环境感知与认知(Environment Sensing and Perception)

章节序号 Chapter Number	章节名称 Chapters	课时 Class Hour	知识点 Key Points
1	无人驾驶概述 Overview of autonomous driving	1	(1) 无人驾驶的技术发展史 (2) 无人驾驶的技术链路 (3) 无人驾驶研究方法 了解无人驾驶的发展历史,理解无人驾驶的技术链路、无人驾驶技术的特点和基本研究方法 (1) History of autonomous driving (2) Technical links of autonomous driving (3) Research methodology Understanding the technical links and research methodology of key technologies of autonomous driving
2	定位与导航 Localization and navigation	2	(1) 理解无人车的定位与导航问题 (2) 了解卫星定位系统与地图的定位导航技术 (3) 掌握环境感知传感器与惯性测量单元融合的定位技术 定位与导航是自主运动系统的首要问题。传统的卫星定位系统+地图的定位模式无法满足无人驾驶的需求,需要引入车载环境传感器的感知信息 (1) Understanding the problem of localization and navigation for autonomous driving (2) Brief introduction the method of localization and navigation through combining GPS and map (3) Mastering the techniques of fusing environment sensing data with IMU for localization and navigation Localization and navigation is the first problem of an autonomous vehicle, while the commonly adopted technology of global position satellite system with map for us is inadequate. It is urgent to introduce the environment sensing data to improve the accuracy and reliability of the positioning system for autonomous driving

续表

章节序号 Chapter Number	章节名称 Chapters	课时 Class Hour	知识点 Key Points
3	同时定位与地图创建 SLAM：Simultaneous localization and mapping	2	(1) 理解地图表征、时空对齐、滤波器等问题及相关概念 (2) 点集配准与贝叶斯滤波器的基本方法 (3) 掌握静态场景地图构建方法 同时定位与地图创建问题是指自主运动系统在无法获得环境地图且不知道位姿的情况如何创建地图并基于地图定位。贝叶斯滤波器是求解 SLAM 问题的一种基本计算框架 (1) Understanding concepts including SLAM, map representation model, Spatial-temporal alignment, filter (2) Basics of Point Set Registration and Bayesian filtering (3) Mapping method The SLAM problem arises when an autonomous car does not access to a map of the environment, nor does it known its pose. The Bayesian filter provides a computational framework for SLAM
4	动态场景理解 Dynamic scene understanding	2	(1) 动态障碍物表征、检测、跟踪与识别的基本方法 (2) 行人、车辆等多类动态障碍物识别的深度神经网络方法 (3) 多传感融合的可行驶区域估计 无人车的动态场景理解的目标是形成安全、可靠的可行驶区域，而可行驶区域的形成有赖于对场景内运动物体的检测、跟踪与运动意图预测 (1) Basic method for dynamic obstacle representation, detection, tracking and recognition (2) Deep neural network for detection of Pedestrians, vehicles, and other dynamic obstacles (3) Drivable zone estimation via multi-sensor fusion The goal of understanding dynamic scene is to estimate a reliable, safe zone for autonomous car, which relies on detection, tracking, and predicting motion intention of moving objects

主题2　运动决策与控制(Motion Decision-making and Motion Control)

章节序号 Chapter Number	章节名称 Chapters	课时 Class Hour	知识点 Key Points
1	马尔科夫决策过程 Markov decision process	2	(1) 理解无人车感知与运动中不确定性及马尔科夫决策过程 (2) 值迭代与策略迭代基本方法 用马尔科夫决策过程形式化无人车的运动与控制问题,然后用值迭代和策略迭代方法求解 (1) Understanding uncertainties in perception and action, and Markov decision process (2) Value iteration and policy iteration Motion decision and control for autonomous driving can be well formulated by a Makrov decision process (MDP). Value iteration and policy iteration are two basic approaches to MDP
2	运动规划 Motion planning	2	(1) 理解运动规划相关概念及模型 (2) 掌握参数化几何路径及A*等路径规划方法。 (3) 最优轨迹规划基本方法 运动规划分路径规划和轨迹规划两大类方法,需要考虑运动约束在位形空间和状态空间的表征模型 (1) Understanding basic concepts and models of motion planning (2) Parametric path planning and A* algorithms (3) Optimal trajectory planning Motion planning methods can be generally classified into path planning and trajectory planning methods. Different representations of constrained by work space are required for motion planning in configuration space and state space

续表

章节序号 Chapter Number	章节名称 Chapters	课时 Class Hour	知识点 Key Points
3	运动控制 Motion control	2	(1) 理解地面车辆的动力学模型 (2) 掌握路径跟踪方法 (3) 掌握轨迹跟踪方法 运动控制是指无人车按规划路径或轨迹运动，由路径跟踪或轨迹跟踪算法实现。路径或轨迹跟踪给出车体运动速度，然后通过底层方向盘和油门/踏板的控制实现 (1) Understand kinematic models for ground vehicles (2) Path tracking (3) Trajectory tracking Motion control here is to make vehicle to track the planned path or trajectory, while the actual motion is implemented through a low-level controller for steering and accelerators
4	感知-运动的一体化模型 Integrated models for perception-Action	2	(1) 了解从感知到运动的脑认知与神经科学基础 (2) 感知-运动的环境计算模型 主要讨论如何实现类人的自主驾驶这一前沿问题 (1) Basics findings of perception-action in brain and neuro science (2) Computational model for perception-action Human is a great driver, and how to implement a human-like autonomous driving is still a challenge

主题 3　系统架构与实现(System Architecture and Implementation)

章节序号 Chapter Number	章节名称 Chapters	课时 Class Hour	知识点 Key Points
1	系统架构与实现 System architecture and implementation	1	(1) 无人驾驶系统架构和实现 (2) 测试技术 (1) Architecture and implementation of an autonomous driving system (2) Testing technologies

大纲制定者：薛建儒教授(西安交通大学人工智能学院)

大纲审定：西安交通大学人工智能学院本科专业知识体系建设与课程设置工作组

第 11 章

专业综合性实验

11.1 “机器人导航技术实验”教学大纲

课程名称：机器人导航技术实验

Course：Experiments of Robot Navigation Technology

先修课程：现代控制工程、计算机视觉与模式识别、机器人学基础

Prerequisites：Modern Control Engineering，Computer Vision and Pattern Recognition，Introduction to Robotics

学分：1

Credits：1

11.1.1 课程目的和基本内容（Course Objectives and Basic Content）

本课程是人工智能学院本科生专业综合性实验必修课。

This course is a compulsory comprehensive experimental course for undergraduates in College of Artificial Intelligence.

本课程综合应用机器视觉技术、机器人控制技术和计算机视觉与模式识别的知识，在各课程已有实验的基础上，要求学生动手实践，完成一个基于视觉的低成本机器人的设计和实现，包括机器人的组装、对机器人的导航路线进行图像采集与拼接、机器人的路径规划、机器人的避障、机器人运动控制方法以及基于视觉的导航算法的实现。通过本课程，加深学生对机器人导航技术的全面理解，深入理解基于机器视觉技术的机器人导航技术的运行原理和实现机制，培养学生综合应用所学知识解决实际问题的能力。本课程的教学重点在于各课程之间知识点的衔接和综合应用。

This course integrates the knowledge of machine vision technology，robot control technology and computer vision and pattern recognition. On the basis of existing experiments in each course, students are required to do it. The design and implementation of a vision-based low-cost robot, including the assembly of the robot, the image acquisition and mosaic of the robot's navigation route, and the realization of the navigation algorithm based on the vision, are completed. Robot obstacle avoidance and robot motion control method. Through this course, we can deepen students' comprehensive understanding of robot navigation technology, deeply understand the operating principle and realization mechanism of robot navigation technology based on machine vision technology, and cultivate students' ability to solve practical problems by comprehensive application of the knowledge they have learned. The teaching emphasis of this course lies in the connection and comprehensive application of the knowledge points among the courses.

11.1.2 课程基本情况(Course Arrangements)

<table>
<tr><td>课程名称</td><td colspan="10">机器人导航技术实验
Experiments of Robot Navigation Technology</td></tr>
<tr><td rowspan="2">开课时间</td><td colspan="2">一年级</td><td colspan="2">二年级</td><td colspan="2">三年级</td><td colspan="2">四年级</td><td colspan="2">专业综合性实验</td></tr>
<tr><td>秋</td><td>春</td><td>秋</td><td>春</td><td>秋</td><td>春
下</td><td>秋</td><td>春</td><td rowspan="5">必修
（学分）</td><td>机器人导航技术实验(1)</td></tr>
<tr><td>课程定位</td><td colspan="8">本科生专业综合性实验必修课</td><td>自主无人系统实验(1)</td></tr>
<tr><td rowspan="2">学　　分</td><td colspan="8" rowspan="2">1 学分</td><td>虚拟现实与仿真实验(1)</td></tr>
<tr><td>脑信号处理实验(1)</td></tr>
<tr><td>学　　时</td><td colspan="8">32 学时</td><td>选修</td><td>/</td></tr>
<tr><td>先修课程</td><td colspan="10">现代控制工程、计算机视觉与模式识别、机器人学基础</td></tr>
<tr><td>后续课程</td><td colspan="10"></td></tr>
<tr><td>考核方式</td><td colspan="10">实验成绩占 70%，实验报告占 20%，考勤占 10%</td></tr>
<tr><td>参考教材</td><td colspan="10">无</td></tr>
<tr><td>参考资料</td><td colspan="10">1. Chatterjee A, Rakshit A, Singh N N. Vision Based Autonomous Robot Navigation. Berlin. Springer, 2012
2. 郑南宁. 计算机视觉与模式识别. 北京：国防工业出版社，1998
3. 朱大奇，颜明重. 移动机器人路径规划技术综述. 控制与决策，2010，25(7)：961-967
4. 王春颖，刘平，秦洪政. 移动机器人的智能路径规划算法综述. 传感器与微系统，2018，37(8)：5-8
5. 王耀南，梁桥康，朱江，等. 机器人环境感知与控制技术. 北京：化学工业出版社，2019
6. 陈兵旗. 机器视觉技术及应用实例详解. 北京：化学工业出版社，2014</td></tr>
<tr><td>其他信息</td><td colspan="10"></td></tr>
</table>

11.1.3 实验目的和基本要求(Experiment Objectives and Basic Requirements)

(1) 动手组装简易版机器人,了解用于感知外界环境信息的外设接口(内置的红外、增量编码器等传感器,摄像头的安装等),完成计算机与机器之间的数据传递;

(2) 进行图像采集以及处理(低通滤波,边缘检测,加粗并连接图像中的边缘,对边缘加粗的图像进行区域增长分割,将区域增长图像转化为地面区域等);

(3) 掌握障碍物检测与避障(掌握基于视觉的模糊导航系统以及基于红外传感器的模糊避障);

(4) 掌握路径规划技术(已知环境下静态环境路径规划、未知环境下静态环境路径规划、已知环境下动态环境路径规划、未知环境下动态环境路径规划);

(5) 掌握机器人的运动控制方法(基于运动学的机器人同时镇定和跟踪控制、基于动力学的机器人同时镇定和跟踪控制、基于动态非完整链式标准型的机器人神经网络自适应控制);

(6) 根据机器人接口的控制技术进行程序设计与优化,实现集中基于视觉的导航算法。

11.1.4 实验大纲和知识点(Experiment Syllabus and Key Points)

序号 Num.	实验内容 Experiment Content	课时 Class Hour	知识点 Key Points
1	实验环境搭建 Experimental environment construction	2	(1) 机器人基本构造及组装 (2) 内置红外传感器的安装 (3) 内置增量编码器传感器的安装 (4) 摄像头的安装 (1) Basic structure and assembly of the robot (2) Installation of built-in infrared sensor (3) Installation of built-in incremental encoder sensor (4) Camera installation

续表

序号 Num.	实验内容 Experiment Content	课时 Class Hour	知识点 Key Points
2	图像处理(低通滤波、边缘检测、加粗并连接图像中的边缘、对边缘加粗的图像进行区域增长分割和将区域增长图像转化为地面区域) Image processing(low-pass filtering,edge detection,thickening and concatenating edges in the image,area-growth of images with bold edges,and conversion of area-growth images to ground areas)	6	(1) 算术均值滤波 (2) 坎尼边缘检测 (3) 膨胀与腐蚀 (4) 区域增长算法 (5) 图像坐标与机器人坐标之间的变换 (1) Arithmetic mean filtering (2) Canny edge detection (3) Expansion and corrosion (4) Regional growth algorithm (5) Transformation between image coordinates and robot coordinates
3	路径规划(已知环境下静态环境路径规划、未知环境下静态环境路径规划、已知环境下动态环境路径规划和未知环境下动态环境路径规划) Path planning(static environment path planning in known environments,static environment path planning in unknown environments,dynamic environment path planning in known environments,and dynamic environment path planning in unknown environments)	8	(1) 算术均值滤波 (2) 坎尼边缘检测 (3) 膨胀与腐蚀 (4) 区域增长算法 (5) 图像坐标与机器人坐标之间的变换 (6) 可视图法,泰森多边形法。栅格法构建环境; (7) 点对点路径规划:搜索路径最优:图搜索类算法(迪科斯特拉算法、A* 算法、D* 算法),随机采样类算法(概率路标算法、快速随机数算法)智能仿生算法(遗传算法、蚁群算法、粒子群算法) (8) 局部路径规划:人工势场法、模拟退火法、模糊逻辑法、神经网络法、动态窗口法、强化学习法以及基于行为的路径规划 (9) 遍历路径规划:随机遍历策略,沿边规划策略,漫步式探测路径规划

续表

序号 Num.	实验内容 Experiment Content	课时 Class Hour	知识点 Key Points
3	路径规划(已知环境下静态环境路径规划、未知环境下静态环境路径规划、已知环境下动态环境路径规划和未知环境下动态环境路径规划) Path planning(static environment path planning in known environments, static environment path planning in unknown environments, dynamic environment path planning in known environments, and dynamic environment path planning in unknown environments)	8	(1) Arithmetic mean filtering (2) Canny edge detection (3) Expansion and corrosion (4) Regional growth algorithm (5) Transformation between image coordinates and robot coordinates (6) Viewable method, Voronoi diagram, grid method build environment (7) Point-to-point path planning: search path optimization: graph search algorithm(Dijkstra algorithm, A * algorithm, D * algorithm), random sampling algorithm (probabilistic landmark algorithm, fast random number algorithm) intelligent bionic algorithm(genetic algorithm, ant colony algorithm, particle swarm algorithm) (8) Local path planning: artificial potential field method, simulated annealing method, fuzzy logic method, neural network method, dynamic window method, reinforcement learning method and behavior-based path planning (9) Traversal path planning: random traversal strategy, edge planning strategy, walk-through path planning
4	障碍物检测与避障(基于视觉的模糊导航系统和基于红外传感器的模糊避障) Obstacle detection and obstacle avoidance(vision-based fuzzy navigation system and fuzzy obstacle avoidance based on infrared sensor)	8	(1) 图像去噪 (2) 亮度自动校正 (3) 视觉导航系统和避障时的模糊规则的表示 (4) 保存可能转向角绕行信息的算法 (1) Image denoising (2) Automatic brightness correction (3) Visual navigation system and representation of fuzzy rules in obstacle avoidance (4) Algorithm for saving possible steering around information

续表

序号 Num.	实验内容 Experiment Content	课时 Class Hour	知识点 Key Points
5	机器人运动控制方法(基于运动学的机器人同时镇定和跟踪控制、基于动力学的机器人同时镇定和跟踪控制和基于动态非完整链式标准型的机器人神经网络自适应控制) Robot motion control method (skin-based robot simultaneous stabilization and tracking control, dynamic-based robot simultaneous stabilization and tracking control, and robotic neural network adaptive control based on dynamic non-holonomic chain standard)	8	(1) 运动学控制律 (2) 动力学控制律 (3) 参数自适应律 (4) 反演控制方法 (5) 控制器设计 (6) 神经网络模型 (7) 混合控制律 (1) Kinematics control law (2) Dynamic control law (3) Parameter adaptive law (4) Inversion control method (5) Controller design (6) Neural network model (7) Mixed control law

大纲制定者：袁泽剑副教授(西安交通大学人工智能学院)、王乐副教授(西安交通大学人工智能学院)

大纲审定：西安交通大学人工智能学院本科专业知识体系建设与课程设置工作组

11.2 “自主无人系统实验”教学大纲

课程名称：自主无人系统实验

Course: Experiments of Autonomous Unmanned System

先修课程：计算机程序设计、人工智能的现代方法、多智能体与人机混合智能

Prerequisites: Computer Programming, Modern Approaches of Artificial Intelligence, Multi-agent and Human-machine Hybrid Intelligence

学分：1

Credits: 1

11.2.1 课程目的和基本内容(Course Objectives and Basic Content)

本课程是人工智能学院本科生专业综合性实验必修课。

This course is a compulsory comprehensive experimental course for undergraduates in College of Artificial Intelligence.

本课程综合应用计算机程序设计、人工智能现代方法、多智能体与人机混合智能课程的知识,在各课程已有实验的基础上,要求学生动手实践,在已有无人驾驶平台的基础上,熟悉无人驾驶汽车的基本实现,了解无人驾驶系统的基本构成和概念,包括导航和定位、环境感知、规划和决策、控制执行等。通过本专项实验,加深学生对无人智能系统特别是无人驾驶的全面理解,深入理解无人驾驶车辆运行的原理和实现机制,培养学生综合应用所学知识解决实际问题的能力。本课程的教学重点在于各课程之间知识点的衔接、综合应用和动手调试中大型实验平台的能力。

This course integrates knowledge of Computer Programming, Modern Approaches of Artificial Intelligence, and Multi-agent and Human-machine Hybrid Intelligence courses. Based on the existing experiments in each course, students are required to practice based on the existing unmanned platform, and understand the basic components and concepts of the autonomous system, including navigation and positioning, environmental perception, planning and decision-making, control execution and so on. Through this special experiment, the students will deepen their comprehensive understanding of unmanned intelligent systems, especially unmanned driving, deeply understand the principle and implementation mechanism of unmanned vehicle operation. This course cultivates students'ability to comprehensively apply what they have learned to solve practical problems. The focus of this course is on the integration of knowledge points between the courses, the comprehensive application and the ability to debug large-scale experimental platforms.

11.2.2　课程基本情况（Course Arrangements）

<table>
<tr><td>课程名称</td><td colspan="10">自主无人系统实验
Experiments of Autonomous Unmanned System</td></tr>
<tr><td rowspan="2">开课时间</td><td colspan="2">一年级</td><td colspan="2">二年级</td><td colspan="2">三年级</td><td colspan="2">四年级</td><td colspan="2">专业综合性实验</td></tr>
<tr><td>秋</td><td>春</td><td>秋</td><td>春</td><td>秋</td><td>春</td><td>秋</td><td>春</td><td rowspan="4">必修
（学分）</td><td>机器人导航技术实验(1)</td></tr>
<tr><td>课程定位</td><td colspan="8">本科生专业综合性实验必修课</td><td>自主无人系统实验(1)</td></tr>
<tr><td>学　　分</td><td colspan="8">1 学分</td><td>虚拟现实与仿真实验(1)</td></tr>
<tr><td rowspan="2">总 学 时</td><td colspan="8" rowspan="2">32 学时</td><td>脑信号处理实验(1)</td></tr>
<tr><td>选修</td><td>/</td></tr>
<tr><td>先修课程</td><td colspan="10">计算机程序设计、人工智能的现代方法、多智能体与人机混合智能</td></tr>
<tr><td>后续课程</td><td colspan="10"></td></tr>
<tr><td>考核方式</td><td colspan="10">平时成绩占 20%、实验成绩占 50%、调研综述报告占 30%</td></tr>
<tr><td>参考教材</td><td colspan="10">课程组编写实验教材</td></tr>
<tr><td>参考资料</td><td colspan="10">李力，王飞跃. 智能汽车：先进传感与控制. 北京：机械工业出版社，2016</td></tr>
<tr><td>其他信息</td><td colspan="10"></td></tr>
</table>

11.2.3　实验目的和基本要求（Experiment Objectives and Basic Requirements）

（1）了解自动驾驶计数的基本概念和原理；

（2）掌握无人驾驶汽车导航与定位基本实现方法；

（3）掌握无人驾驶汽车多传感器环境感知方法设计与实现；

（4）掌握无人驾驶汽车路径规划仿真实现基本方法；

（5）掌握无人驾驶汽车控制执行设计与实现；

（6）了解无人驾驶汽车的系统集成与模块通信。

11.2.4 实验大纲和知识点(Experiment Syllabus and Key Points)

序号 Num.	实验内容 Experiment Content	课时 Class Hour	知识点 Key Points
1	自动驾驶技术平台概述 Overview of autonomous vehicle	4	(1) 无人驾驶汽车硬件系统 (2) 无人驾驶汽车开发软件及工具 (3) 无人驾驶汽车关键模块及通信 (1) Hardware system of autonomous vehicle (2) Software and tools for developing autonomous vehicle (3) Key modules of autonomous vehicle and their communications
2	无人驾驶汽车导航与定位 Navigation and positioning of autonomous vehicle	6	(1) 基于GPS的定位 (2) 惯性导航系统 (3) 基于地图的无人车定位 (1) GPS-based positioning (2) Inertial navigation system (3) Map-based autonomous vehicle positioning
3	多传感器环境感知方法 Environment perception based on multi-sensor	8	(1) 无人驾驶汽车环境感知 (2) 基于可见光数据的环境感知 (3) 基于雷达数据的环境感知 (1) Environment perception of autonomous vehicle (2) Environment perception based on visible light data (3) Environmental perception based on radar data

续表

序号 Num.	实验内容 Experiment Content	课时 Class Hour	知识点 Key Points
4	路径规划 Path planning	6	(1) 无人驾驶汽车路径规划概念 (2) 无人驾驶汽车路径规划设计 (3) 无人驾驶汽车行为与路径联合决策 (1) Concepts of autonomous vehicle path planning (2) Path planning design of autonomous vehicle (3) Joint decision of behavior and path for autonomous vehicle
5	无人驾驶车辆障碍环境自主行驶 Self-driving in obstacle environment	8	(1) 环境障碍物检测：模型的离线训练、在线调试、联合优化 (2) 路径规划模拟：全局规划与局部规划、风险预测与联合决策 (3) 无人驾驶车辆障碍物环境自主行驶实现 (1) Environmental obstacle detection: offline training of the models、online debugging、joint optimization (2) Path planning simulation: global and local planning、risk prediction and joint decision (3) Implementation of autonomous vehicle in obstacle environment

大纲制定者：魏平副教授(西安交通大学人工智能学院)
大纲审定：西安交通大学人工智能学院本科专业知识体系建设与课程设置工作组

11.3 “虚拟现实与仿真实验”教学大纲

课程名称：虚拟现实与仿真实验

Course: Experiments of Virtual Reality and Simulation

先修课程：计算机程序设计

Prerequisites：Computer Programming

学分：1

Credits：1

11.3.1 课程目的和基本内容(Course Objectives and Basic Content)

本课程是人工智能学院本科生专业综合性实验必修课。

This course is a compulsory comprehensive experimental course for undergraduates in College of Artificial Intelligence.

本课程综合应用3D计算机图形学、虚拟现实与增强现实等理论和技术方法，要求学生动手实践，利用图形学引擎(Unity 3D、PBRT Engine等)协作完成基于物理渲染的交通场景构建与仿真实现，包括交通场景3D建模与真实感绘制，交通智能体路径规划及仿真，视景导航与传感器仿真以及基于纸板VR眼镜的沉浸式交互等内容的实现。通过本课程，加深学生对基于虚拟现实的交通场景仿真的全面理解，深入理解虚拟现实系统的运行原理和实现机制，培养学生综合应用所学知识解决实际问题以及沟通协作的能力。本课程的教学重点在于各课程之间知识点的衔接和综合应用。

Oriented to integrate the theories and techniques of 3D computer graphics, virtual reality and augmented reality in this course, students are required to build and simulate traffic scenes using physically based rendering theory in Unity 3D or PBRT engine, including 3D modeling and realistic rendering of traffic scenes, path planning and simulation of traffic agents, visual navigation and sensor simulation, and immersive interaction based on cardboard VR glasses. Through this course, students will fully understand the virtual reality-based traffic scene simulation, along with the operating principle and implementation mechanism of virtual reality system. Meanwhile the students' ability to comprehensively apply knowledge to solve practical problems will be enhanced. The focus of this course is on the integration of knowledge points between courses.

11.3.2　课程基本情况（Course Arrangements）

<table>
<tr><td>课程名称</td><td colspan="8">虚拟现实与仿真实验
Experiments ofVirtual Reality and Simulation</td></tr>
<tr><td rowspan="2">开课时间</td><td colspan="2">一年级</td><td colspan="2">二年级</td><td colspan="2">三年级</td><td colspan="2">四年级</td></tr>
<tr><td>秋</td><td>春</td><td>秋</td><td>春</td><td>秋</td><td>春</td><td>秋</td><td>春</td></tr>
<tr><td>课程定位</td><td colspan="8">本科生专业综合性实验必修课</td></tr>
<tr><td>学　　分</td><td colspan="8">1 学分</td></tr>
<tr><td>学　　时</td><td colspan="8">32 学时</td></tr>
<tr><td>先修课程</td><td colspan="8">计算机程序设计</td></tr>
<tr><td>后续课程</td><td colspan="8">无</td></tr>
<tr><td>考核方式</td><td colspan="8">实践环节占 40%，大作业及成果汇报占 60%</td></tr>
<tr><td>参考教材</td><td colspan="8">1. Steven M LaValle. Virtual Reality. Cambridge：Cambridge University Press，2019
2. Pharr M，Jakob W，Humphreys G. Physically based Rendering：From Theory to Implementation. San Francisco：Morgan Kaufmann，2016</td></tr>
<tr><td>参考资料</td><td colspan="8">1. Physically Based Rendering：From Theory To Implementation. https：//github.com/mmp/pbrt-v3/
2. Road Network Library. http：//gamma. cs. unc. edu/RoadLib/</td></tr>
<tr><td>其他信息</td><td colspan="8">对于选修了“3D 计算机图形学”“虚拟现实与增强现实”等课程的学生，将安排较深层次的大作业</td></tr>
</table>

<table>
<tr><td colspan="2">专业综合性实验</td></tr>
<tr><td rowspan="4">必修
（学分）</td><td>机器人导航技术实验(1)</td></tr>
<tr><td>自主无人系统实验(1)</td></tr>
<tr><td>虚拟现实与仿真实验(1)</td></tr>
<tr><td>脑信号处理实验(1)</td></tr>
<tr><td>选修</td><td>/</td></tr>
</table>

11.3.3　实验目的和基本要求（Experiment Objectives and Basic Requirements）

（1）回顾基于物理的真实感渲染技术与虚拟现实方法；

（2）掌握并实现交通场景 3D 建模与真实感绘制（道路环境的几何建模、真实感光照估计及纹理绘制）；

（3）掌握并实现交通智能体路径规划及仿真（空间变换、车辆动力学及行为仿真、路径规划、人群仿真、物理引擎与碰撞模拟）；

（4）掌握并实现视景导航与传感器仿真（视口变换、单目/双目成像仿真与参数调整）；

（5）掌握并实现基于纸板 VR 眼镜的沉浸式交互（纸板 VR 眼镜的交互原理、视点/物体运动学建模与交互控制）；

（6）了解虚拟现实系统架构设计及 Unity 3D 程序开发的关键技术。

11.3.4 实验大纲和知识点(Experiment Syllabus and Key Points)

导论 实验要求与环境介绍(Experiment Requirements and Experimental Environment Setup)

<table>
<tr><th>序号
Num.</th><th>实验内容
Experiment Content</th><th>课时
Class
Hour</th><th>知识点
Key Points</th></tr>
<tr><td>0.1</td><td>Unity 3D与PBRT图形学引擎
Introduction to unity 3D and PBRT graphics engine</td><td>1</td><td rowspan="2">(1) Unity 3D配置及功能
(2) PBRT配置及功能

(1) Unity 3D configuration and utilities
(2) PBRT configuration and utilities</td></tr>
<tr><td>0.2</td><td>实验要求及相关资源介绍
Experiment requirements and related resources</td><td>1</td></tr>
</table>

实验一 交通场景3D建模与真实感绘制(3D Modeling and Realistic Rendering of Traffic Environment)

序号 Num.	实验内容 Experiment Content	课时 Class Hour	知识点 Key Points
1.1	交通场景几何建模的实现 Geometric modeling of traffic scene	2	(1) 城市交通场景建模：程序建模、模型导入、视口变换 (2) 道路系统构建：路网格式、道路属性、交通模型 (1) Urban traffic scene modeling: procedural geometric modeling, model import and viewport transformation (2) Road system building: road network format, road attributes, traffic model
1.2	真实感绘制的实现 Photo-realistic Rendering	6	(1) 真实感光照实现：光照类型、光照技术、高动态范围、反射、环境光 (2) 真实感绘制实现：材质、纹理、天空盒及标准shader (3) 粒子系统：时变性质、动画绑定、常见天气实现 (1) Lighting: type and illuminating technology, high dynamic range, reflections, ambient light (2) Rendering: material, texture, skybox and standard shader (3) Particle system: time-varying properties, animation binding, common weather implementation

实验二　交通智能体路径规划及仿真(Path Planning and Simulation of Traffic Agents)

序号 Num.	实验内容 Experiment Content	课时 Class Hour	知识点 Key Points
2.1	交通智能体几何建模与实现 Geometric modeling of traffic agents	2	(1) 交通智能体几何建模：模型导入、部件建模、空间变换、内部运动 (1) Geometric modeling of traffic agents: model import, component modeling, space transformation, root motion
2.2	交通智能体行为建模与实现 Behavior modeling of traffic agents	4	(1) 交通智能体行为建模：有限状态AI、行为状态基类、固定轨迹行为、决策及状态切换 (1) Behavior modeling of traffic agents: finite state AI, action and state base classes, fixed action, decision making, and state transiting
2.3	多智能体仿真实现 Multi-agent simulation	4	(1) 路径规划：导航网格NavMesh、智能体及障碍物设定、实时生成 (2) 物理引擎构建：刚体、碰撞物体、车辆控制、持续碰撞检测 (1) Path planning: NavMesh, NavMesh agent and obstacle settings, NavMesh at runtime (2) Physics engine: rigid body, collision object, vehicle control, continuous collision detection

实验三 视景导航与传感器仿真(Vision Navigation and Sensor Simulation)

序号 Num.	实验内容 Experiment Content	课时 Class Hour	知识点 Key Points
3.1	单目成像仿真实现 Simulation of molecular imaging	3	(1) 视口变换:视锥、相机视野、裁剪平面、光线投射、遮挡剔除 (2) 单目成像:真实相机模型、焦距、传感器尺寸、镜头偏移 (1) Viewport transformation: view frustrum, field of view, clipping plane, raycast, occlusion culling (2) Visual imaging: realistic camera model, focal length, sensor size, lens shift
3.2	立体视觉成像仿真实现 Simulation of stereo vision imaging	3	(1) 立体成像:单通道立体渲染 (1) Stereoscopic rendering: single pass stereo renderings

实验四 基于纸板 VR 眼镜的沉浸式交互(Immersive Interaction based on Cardboard VR Glasses)

序号 Num.	实验内容 Experiment Content	课时 Class Hour	知识点 Key Points
4.1	视点运动学建模与实现 Viewpoint kinematics modeling	3	(1) 相机运动:6 自由度运动、跟踪、状态驱动、后处理 (1) Camera motion: 6 DoF motion, tracking, state driven motion, post processing
4.2	纸板 VR 眼镜的交互技术及实现 Interaction techniques of cardboard VR glasses	3	(1) 纸板 VR 眼镜的交互方法:按键交互、头部追踪、全景浏览 (1) Interaction with cardboard VR glasses: button interaction, head tracking, panoramic browsing

大纲指导者:刘跃虎教授(西安交通大学人工智能学院)

大纲制定者:张驰助理研究员(西安交通大学认知科学与工程国际研究中心)

大纲审定:西安交通大学人工智能学院本科专业知识体系建设与课程设置工作组

11.4 “脑信号处理实验”教学大纲

课程名称：脑信号处理实验

Course：Experiments of Brain Signal Processing

先修课程：计算机程序设计、数字信号处理、人工智能的现代方法、计算神经工程

Prerequisites：Computer Programming，Digital Signal Processing，Modern Approaches of Artificial Intelligence，Computational Neural Engineering

学分：1

Credits：1

11.4.1 课程目的和基本内容(Course Objectives and Basic Content)

本课程是人工智能学院本科生专业综合性实验必修课。

This course is a compulsory comprehensive experimental course for undergraduates in College of Artificial Intelligence.

本课程综合应用数字信号处理、机器学习、计算神经工程等相关的知识，融合脑信号相关技术，要求学生了解脑电(EEG)、功能磁共振(fMRI)等实验设备的科学使用方法和基本的范式设计思想，理解并能使用经典的脑信号处理方法。课程包括两个实验，分别是基于EEG的脑机接口实验和基于fMRI的视觉编解码实验。基于EEG的脑机接口实验主要利用BCI2000开源软件系统，针对常见的脑电范式如稳态视觉诱发或运动想象，实现脑电信号的采集、预处理、特征提取与分类，并实现简单的脑机接口应用。基于fMRI的视觉编解码实验采集视觉刺激下的fMRI信号，进行预处理，并利用视觉认知数学模型进行编解码。本课程的实践可使学生对脑信号的认识更加深入，理解和运用脑信号的处理方法；并培养学生综合运用所学知识解决实际问题的能力，并激发他们探索大脑的兴趣。

This course integrates the knowledge of digital signal processing，machine learning，computational neural engineering，brain signal related technologies and so on. Students are required to master the scientific use of EEG and functional magnetic resonance experimental devices and basic paradigm design ideas，understand and use classical brain signal processing methods. It includes two experiments，experiment on the BCI based on EEG and experiment on visual encoding and decoding based on FMRI. The first experiment is mainly based on BCI2000 open-source software system, let students design and implement acquisition, preprocessing, feature extraction and classification algorithms of EEG signals for common EEG paradigms (SSVEP or MI), and then realize simple BCI application. The second experiment collects fMRI data with visual stimulation, do the preprocessing and then utilize visual cognitive mathematical models to encode and decode the fMRI signals. This course can help students deepen the understanding of brain signals, and understand and apply the signal processing methods of brain signal. Furthermore, it cultivates the students' abilities to use the knowledge comprehensively in solving practical problems, and stimulates their interests in exploring the brain.

11.4.2 课程基本情况(Course Arrangements)

<table>
<tr><td>课程名称</td><td colspan="11">脑信号处理实验
Experiments of Brain Signal Processing</td></tr>
<tr><td rowspan="2">开课时间</td><td colspan="2">一年级</td><td colspan="2">二年级</td><td colspan="2">三年级</td><td colspan="2">四年级</td><td colspan="3">专业综合性实验</td></tr>
<tr><td>秋</td><td>春</td><td>秋</td><td>春</td><td>秋</td><td>春</td><td>秋</td><td>春</td><td rowspan="4">必修
（学分）</td><td colspan="2">机器人导航技术实验(1)</td></tr>
<tr><td>课程定位</td><td colspan="8">本科生专业综合性实验必修课</td><td colspan="2">自主无人系统实验(1)</td></tr>
<tr><td>学　分</td><td colspan="8">1学分</td><td colspan="2">虚拟现实与仿真实验(1)</td></tr>
<tr><td rowspan="2">学　时</td><td colspan="8" rowspan="2">32学时</td><td colspan="2">脑信号处理实验(1)</td></tr>
<tr><td>选修</td><td colspan="2">/</td></tr>
<tr><td>先修课程</td><td colspan="11">计算机程序设计、数字信号处理、人工智能的现代方法、计算神经工程</td></tr>
<tr><td>后续课程</td><td colspan="11">无</td></tr>
<tr><td>考核方式</td><td colspan="11">实验成绩占70%、实验报告占20%、考勤占10%</td></tr>
<tr><td>参考教材</td><td colspan="11"></td></tr>
<tr><td>参考资料</td><td colspan="11">1. Gerwin Schalk, Jürgen Mellinger. BCI2000与脑机接口. 胡三清. 译. 北京：国防工业出版社，2011
2. Sung-Phil Kim. Preprocessing of EEG. Singapore: Springer, 2018
3. Larrivee D. Envolving BCI Therapy-Engaging Brain State Dynamics II SSVEP-Based BCIs. IntechOpen, 2018</td></tr>
<tr><td>其他信息</td><td colspan="11"></td></tr>
</table>

11.4.3 实验目的和基本要求(Experiment Objectives and Basic Requirements)

(1) 熟悉脑信号实验硬件设备使用方法,了解BCI2000软件开发环境的配置搭建方法,熟悉相关的开发流程;

(2) 理解脑信号产生的机理和采集方法,以及在不同采集方法下的脑信号分类;

(3) 了解脑电信号的基本特性,会对脑电图做简单的识别分析,在此基础上能实现基本的脑电信号的预处理、特征提取、分类算法;

(4) 了解功能磁共振的相关知识以及BOLD信号的原理,掌握磁共振数据预处理方法和对大脑激活区的初步判读方法;

(5) 理解基于磁共振数据的大脑视觉编码和解码算法;

(6) 了解脑信号可应用的领域,深入理解不同脑信号处理的基本流程。

11.4.4 实验大纲和知识点(Syllabus and Key Points)

实验一　基于EEG的脑机接口实验(Experiment on the BCI based on EEG)

序号 Num.	实验内容 Experiment Content	课时 Class Hour	知识点 Key Points
1	脑机接口技术回顾及开源软件系统介绍 Review on Brain-Computer Interface technology and introduction to open-source system	2	(1) 脑电信号产生机理及采集原理 (2) BCI2000系统介绍 (1) Brain signal generation mechanism and acquisition technology (2) Introduction to BCI2000 system
2	脑电信号获取 EEG signal acquisition	3	(1) 实验范式设计 (2) 采集脑电信号数据,并观察信号 (1) Design of experimental paradigm (2) Collection and observation of EEG signal

续表

序号 Num.	实验内容 Experiment Content	课时 Class Hour	知识点 Key Points
3	脑电信号预处理 Pretreatment of EEG signal	3	(1) 脑电信号有效性检测 (2) 噪声消除方法：线性回归、滤波、经验模态分解、盲源分离等 (3) 基于BCI2000的脑电信号滤波处理、独立量分析、实验结果分析 (1) Effectiveness detection of EEG signals (2) Denoising methods: linear regression, filtering, wavelet transform and empirical mode decomposition, and blind source separation (3) EEG signal filtering processing and ICA realization based on BCI2000, and experimental results analysis
4	脑电信号特征提取 Feature extraction of EEG signal	3	(1) 基于共同空间模式的脑电信号时域特征提取 (2) 基于能量谱密度的频域特征提取 (1) Time domain feature extraction based on CSP (2) Frequency domain feature extraction based on PSD
5	脑电信号分类 Classification of EEG signal	3	(1) 常用无监督分类方法：典型相关性分析 (2) 常用有监督分类方法：线性判别分析、支持向量机、神经网络 (1) Common used unsupervised classification method: CCA (2) Common used supervised classification methods: LDA, SVM, neural network
6	脑机接口实现 BCI implementation	4	(1) 基于psychotoolbox和BCI2000软件系统，编程实现SSVEP打字程序或运动想象程序 (1) Based on psychotoolbox and BCI2000 software system, implement an SSVEP typing or a MI application

实验二　基于 fMRI 的视觉编解码实验(Experiment on Visual Encoding and Decoding based on FMRI)

序号 Num.	实验内容 Experiment Content	课时 Class Hour	知识点 Key Points
1	视觉认知及 fMRI 编解码 Introduction of visual cognition and brain encoding and decoding based on fMRI	4	(1) 视觉认知过程、编解码概念 (2) 简单视觉刺激实验范式 (3) 磁共振数据采集 (1) Visual cognitive procedure and concepts of brain encoding/decoding (2) Simple visual fMRI experimental paradigm (3) fMRI data acquisition
2	fMRI 数据预处理 fMRI data preprocessing	4	(1) 血液动力学响应函数(HRF)、统计检验(t 检验与 F 检验) (2) 基于 SPM 工具箱的数据预处理 (3) 大脑激活区基础分析 (4) 感兴趣区域(ROI)选择 (1) Hemodynamic response function and statistical test(t test and F test) (2) Preprocessing fMRI data based on SMP toolbox (3) Preliminary analysis of brain activated areas (4) ROI selection
3	fMRI 视觉编解码 fMRI visual encoding and decoding	6	(1) 单体素编码算法(线性模型)、MVPA 多体素解码算法(支持向量机) (2) 采集简单的视觉刺激任务 fMRI 数据 (3) 利用 SPM 软件进行数据预处理 (4) 编写简单的 Matlab 脚本完成编解码算法 (1) Voxel-wise encoding model(linear model), multi-voxel pattern analysis decoding model(SVM) (2) Acquisition of fMRI data with simple visual task (3) Preprocessing of the data with SPM (4) Implementing of encoding and decoding algorithms using matlab

大纲指导者：郑南宁教授(西安交通大学人工智能学院)

大纲制定者：陈霸东教授(西安交通大学人工智能学院)、张璇助理研究员(西安交通大学认知科学与工程国际研究中心)

大纲审定：西安交通大学人工智能学院本科专业知识体系建设与课程设置工作组

后　　记

当前，人工智能正在以惊人的速度向纵深和更高级的方向发展，人类社会的几乎所有领域对人工智能技术都有着越来越迫切的需求。因此，掌握了人工智能的基本理论和方法，就能使我们以熟悉的方法与工具进入到生疏的研究与应用领域，发现新的知识和自然规律。

虽然我们结合自身的实践，完成了人工智能专业知识体系构建和课程设置，但还需要在实践中进一步完善。随着人工智能的发展，其知识体系与课程内容、人才培养方式与模式也应与时俱进。特附上主编于2019年3月在《西安交通大学学科前瞻三十年》上发表的文章《深化学科交叉，发展人工智能》，抛砖引玉，以飨读者。

附：

深化学科交叉　发展人工智能

2019年3月7日

人工智能是人类历史上最重要的一个演变。过去40亿年当中，所有的生命完全按照有机化学的规则演化，但人工智能的出现和发展使这一规则发生了变化，即生命可以在某种程度上根据计算机智能设计，人类社会将迎来以有机化学规律演化的生命和无机智慧性的生命形式并存的时代。当前，人工智能已成为引领新一轮科技革命和产业变革的战略性技术。以此为契机的人工智能及相关技术的发展和应用对于整个人类的生活、社会、经济和政治都正在产生重大而深远的革命性影响，人工智能已成为国家综合实力与发展的核心竞争力的重要体现。

一、人工智能是新一轮科技革命和产业革命的引擎

人工智能是以机器为载体，模拟、延伸和扩展人类或其他生物的智能，使机器能胜任一些通常需要人类智能才能完成的复杂工作。人工智能的萌芽可以追溯到2300多年前亚里士多德提出的逻辑三段论和形而上学的思想。逻辑打开了人工智能的可能性，亚里士多德提出的三段论使逻辑走向形式化的发展，后人在此基础上不断完善和发展，使逻辑学取得了极大的进步。无论未来人工智能发展到何种水平，逻辑学这门基础科学在其中的重要作用都无法忽视。1956年在美国达特茅斯学院举行了为期两个月的关于“如何用机器模拟人的智能”的夏季研讨会，第一次正式采用“人工智能”（Artificial Intelligence，AI）术语，标志着人工智能正式成为一门新兴的交叉学科。人工智能具有多学科综合、高度复杂的特征，渗透力和支撑性强等特点。

近年来，布局发展人工智能已经成为世界许多国家的共识与行动。以习近平同志为核心的党中央高度重视人工智能发展。习近平总书记多次就人工智能做出重要批示，指出人工智能技术的发展将深刻改变人类社会生活、改变世界，要求抓住机遇，在这一高技术领域抢占先机，加快部署和实施。习近平总书记特别强调"人工智能是新一轮科技革命和产业变革的重要驱动力量，加快发展新一代人工智能是事关我国能否抓住新一轮科技革命和产业变革机遇的战略问题"；2017 年 7 月，国务院正式发布《新一代人工智能发展规划》，将我国人工智能技术与产业的发展上升为国家重大发展战略。《新一代人工智能发展规划》要求"牢牢把握人工智能发展的重大历史机遇，带动国家竞争力整体跃升和跨越式发展"，提出要"开展跨学科探索性研究"，并强调"完善人工智能领域学科布局，设立人工智能专业，推动人工智能领域一级学科建设"。2018 年 4 月，为贯彻落实国家《新一代人工智能发展规划》，教育部印发了《高等学校人工智能创新行动计划》，强调了"优化高校人工智能领域科技创新体系，完善人工智能领域人才培养体系"的重点任务。

同时，美英法加日和欧盟等主要发达国家和经济体也都相继制定了人工智能的重大发展战略，不断加大对人工智能发展的国家引导力度。此外，为应对解决计算普及和人工智能崛起带来的全球机遇和挑战，世界人工智能教育和科研的佼佼者——美国麻省理工学院（MIT）于 2018 年 10 月宣布投资 10 亿美元加强人工智能与其他相关学科的交叉融合和发展，实施 60 多年来最重大的所有学科结构的变革，以计算和人工智能重塑 MIT。

二、人工智能面临的三大挑战

2016 年，围棋软件"阿尔法围棋"战胜围棋世界冠军李世石，让人们惊叹人工智能发展取得的成就。这是否意味着机器即将获得类人智能呢？现在得出这样的结论还为时过早。

发展新一代人工智能将面临以下三大挑战：

1. 让机器在没有人类教师的帮助下学习。人类的很多学习是隐性学习，即根据以前学到的知识进行逻辑推理以掌握新的知识。然而，目前的计算机并没有这种能力。迄今为止最成功的机器学习方式被称为"监督式学习"，需要人类在很大程度上参与机器的学习过程。要达到人类水平的智能，机器需要具备在没有人类过多监督和指令的情况下进行学习的能力，或在少量样本的基础上完成学习，即机器无须在每次输入新数据或者测试算法时都从头开始学习。

2. 让机器像人类一样感知和理解世界。触觉、视觉和听觉是动物物种生存所必需的能力，感知能力是智能的重要组成部分。在对自然界的感知和理解方面，人类无疑是所有生物中的佼佼者。如果能让机器像人类一样感知和理解世界，就能解决人工智能研究长期面临的规划和推理方面的问题。虽然我们已经拥有非常出色的数据收集和算法研发能力，利用机器对收集的数据进行推理已不是开发先进人工智能的障碍，但这种推理能力建立在数据的基础上，也就是说机器与感知真实世界仍有相当大的差距。如果能让机器像人类那样进一步感知真实世界，它们的表现也许会更出色。要达到人类水平的智能，机器需要具备对自然界的丰富表征和理解能力，这是一个大问题。尽管围棋很复杂，让计算机在棋盘上识别最有利的落子位置也很难，但与精确地表征自然界相比，描述围棋对弈的状态显然要简单得多，两者之间的差距还要几十年甚至更长时间才能弥合。

3. 使机器具有自我意识、情感以及反思自身处境与行为的能力。这是实现类人智能最艰难的挑战。具有自我意识以及反思自身处境与行为的能力是人类区别于其他生物最重要、最根本的一点。另外，人类的大脑皮层能力是有限的，如果将智能机器设备与人类大脑相连接，不仅会增强人类的能力，而且会使机器产生灵感。让机器具有自我意识、情感和反思能力，无论对科学和哲学来说都是一个引人入胜的探索领域。

三、西安交通大学模式识别与智能系统学科的发展

虽然在我国现有的学科体系中，尚未设立人工智能的一级学科，但在20世纪80年代，在控制科学与工程一级学科内就已设置了“模式识别与智能系统”二级学科，在当时所有自然科学门类中这是唯一与人工智能相关的学科。

1986年春天，我从国外留学归来不久，在我国模式识别领域著名学者、西迁教师宣国荣教授的带领下，我们在自动控制专业计算机控制教研室的基础上组建了西安交通大学在人工智能领域第一个专职科研机构——“人工智能与机器人研究所”（简称人机所）。当时学校在论证研究所设置的会议上，建议的名称为“机器人研究所”，我们坚持在研究所名称中加上“人工智能”，并给出英文名称为“Institute of Artificial Intelligence and Robotics”（简称IAIR）。从今天的人工智能发展来看，当时的学术判断和坚持是具有前瞻性的。在我们研究所成立至今的33年历程中，世界范围内人工智能的发展曾经历过寒冬，但我们始终坚持人工智能，特别是计算机视觉与模式识别的应用基础理论研究，并与国家重大需求相结合，没有放弃当初建所时的学术目标和追求，培养了一大批优秀人才，取得了一批丰硕的科研成果，为西安交通大学在人工智能领域奠定了坚实的基础。今天，人工智能与机器人研究所已成为在国内外学术界乃至工业界具有重要影响的研究机构，它是“模式识别与智能系统”国家重点二级学科、“视觉信息处理与应用国家工程实验室”及“高等学校学科创新引智基地”等国家级科研平台的支撑单位。特别是近十余年来，我们围绕人工智能前沿基础理论及其在国家航天重大工程、无人驾驶、医学图像处理、视觉大数据智能化处理及其芯片等领域的人才培养和科学研究，取得了一系列在国内外具有重要影响力的突出成就，建立了一支

能力突出、结构合理的具有一流水平的教学和科研团队，形成了独特的育人文化和制度，培养了国际人工智能领域45岁以下顶尖科学家、前微软亚洲研究院首席研究员、现任旷视科技首席科学家孙剑博士为代表的一批学术界和产业界的领军人才。

人工智能不仅是科技发展竞争的焦点，更是大学发展和学科建设的新机遇。在当前的人工智能浪潮中，人工智能技术在高等教育、人才培养和各个学科的应用与发展也必将重塑国内外一流大学的格局和地位。

四、人工智能与机器人研究所下一个三十年的学术目标

人工智能与机器人研究所下一个三十年的发展将立足国家发展全局，聚焦人工智能重大科学前沿问题和应用基础理论瓶颈，重视面向国家重大需求的研究和应用，加强多学科的深度交叉融合，并重点围绕如何设计更加健壮的人工智能、人机协同的混合增强智能，以及人工智能技术的核心芯片与新型计算架构开展系统性的研究，并在新的发展时期进一步做好西迁精神和人机所团队文化的传承，做强做大西安交通大学人工智能学科，为我国人工智能科技水平跻身世界前列，为加快建设创新型国家和世界科技强国做出更大的贡献。

未来三十年的主要学术目标：

1. 设计更加健壮的人工智能。尽管当前深度神经网络在诸多领域获得了成功的应用，但其泛化能力差、过度依赖训练数据、缺乏推理和对因果关系的表达能力等缺陷也被广为诟病。经典人工智能的形式化方法不可能为所有对象建立模型，不可能枚举出一个行为的所有隐性结果，“未知的未知”问题对构建稳健的人工智能系统提出挑战。谷歌流感预测的失败证实数据并非越大越好，一个鲁棒的人工智能系统必须在一个非完备的世界模型下正常运行。而人类大脑不是通过一个统一的未分化的神经网络实现单一的全局优化原理来学习，而是具有独特且相互作用的子系统支持认知功能，如记忆、注意、语言和认知控制。研究大脑网络的聚合和敛散性可以洞察大脑的认知机理，类脑神经计算的潜力在于能够将直觉与经验和以数据为基础的演绎归纳相结合，从而能够在不完整的世界描述中产生正确的行为。因此，需要从脑认知机理和神经科学获得启发，发展新的人工智能计算模型与架构，让机器具备对物理世界最基本的感知与反应，使机器具有“常识”推理的能力，它能快速思考、推理和学习，能够像人一样凭直觉了解真实世界，从而实现更加健壮的人工智能系统。

2. 实现人机协同的混合增强智能。人类智能与机器智能的协同在人工智能发展中是贯穿始终的，任何智能程度的机器都无法完全取代人类，将人的作用或认知模型引入人工智能系统，形成混合增强智能形态，是人工智能可行的、重要的成长模式。人工智能具有标准化、重复性和逻辑性的特点，擅长处理离散任务，而不是自身发现或打破规则；人类智能则具有创造性、复杂性和动态性的特点，两者优势高度互补。人在回

路的混合增强智能是新一代人工智能的典型特征，通过人机交互、人机协作逐步提高机器的自主学习和自适应能力，并逐步发展到人机融合。脑机协作的人机智能共生是耦合程度最高的混合增强智能方式，采用脑机交互有望实现人与机器在神经信息连接基础上的智能融合增强。该领域取得新突破的关键在于脑功能建模、脑机接口以及全脑模拟等方面的探索。云机器人可能是人机混合增强智能研究转换为应用最快的领域之一，通过云计算强大的运算和存储能力，给机器人提供一个更智能的"大脑"，构成"1＋1＞2"的人机协同混合智能系统。

3. 探索新型计算架构及其核心芯片。人工智能的发展需要突破硬件平台和处理器设计架构等基础设施建设的掣肘，人工智能技术的核心芯片已经成为国内外产业界高度关注的创新领域。随着摩尔定律的失效，通过减小工艺尺寸改善硬件计算效能遇到了瓶颈。灵活的可重构计算架构已引起学术界和工业界的广泛关注，被认为是能够同时达到高灵活性和高能效的计算架构设计技术；神经形态计算研究力图在基本架构上模仿人脑的工作原理，使用神经元和突触的方式替代冯·诺依曼架构体系，使芯片能够进行异步、并行、低速和分布式处理信息数据，并具备自主感知、识别和学习的能力。因此，实现计算、存储和通信高效协作的混合计算架构在新一代人工智能发展战略中起着核心的平台支撑作用。我们将继续深入研究内存与计算融合的新型存储设备、神经网络功能连接的实现机制、认知计算框架等基础科研问题，并积极探索结合冯·诺依曼计算架构和生物智能计算特征的混合计算架构和新型人工智能芯片设计技术。

五、人工智能的基本方法和哲学思考

人工智能的多学科交叉属性需要我们把来自不同学科的具有创新思维的科学家、工程师聚集在一起，对新一代人工智能的基本科学问题及实现进行深入研究，要准确地把握问题的所在，并能给出合适的方法和数学工具，这样才能为未来的研究铺平道路。

同时，我们要清楚地认识到，一些人工智能发展的重大问题，在现时很难纳入已有的或成熟的理论框架之中，因此一些新的研究方向是不确定的，但一个重要的基本途径是：从脑认知和神经科学寻找发展新一代人工智能的灵感，推动人工智能的学科交叉研究已成为必然的趋势。

在推动新一代人工智能发展的过程中，还需要有科学的哲学思考。在每一个看似极其复杂、而难以用已有方法解决的人工智能重大问题的背后，总是存在一种简化的基本原理，找到这种基本原理，就能使我们深刻理解问题的本质及其产生的规律。例如对于人工智能领域一大类具有不确定的复杂性问题，往往具有约束条件和先验知识，其机理并非都是杂乱无章的，揭示这类复杂性的机理，实现机器理解的计算模型，就可以找到不确定问题求解的方法。

由于人工智能模糊了物理现实、数据和个人的界限，衍生出复杂的伦理、法律和安全问题。随着人工智能的逐渐普及，如何应对人工智能所带来的深刻的社会问题已成为全球性的问题。人类社会需要审慎管理人工智能来应对这一转变。在这一方面，人文社会学科领域和哲学学科将大有作为。

六、深化人工智能应用，助力新一代人工智能发展

人工智能已给人们的生产、生活方式带来革命性变化，未来的世界科技强国也一定是人工智能强国，中国要成为世界科技创新强国，发展人工智能已成为这一伟大事业的重要基础。当前，我们要充分利用和发挥互联网大国的优势，把我国数据和用户的优势资源转换为人工智能技术发展的优势，深化人工智能技术的推广应用，做强做大人工智能产业。

人工智能是人类最伟大的梦想之一，将是未来30年对人类发展影响最大的技术革命。“前事不忘，后事之师”，人工智能成为一门独立学科已走过六十三年的历程，也经历了两次高潮和低谷，20世纪人工智能领域在实现其“宏伟目标”上的完全失败，曾导致人工智能研究进入“冬天”。

在当前人工智能发展新一轮的热潮中，我们要保持清醒的认识，进一步加强信息科学、认知科学、脑科学、神经科学、数学、心理学、人文社科与哲学等学科的深度交叉融合，踏踏实实地开展人工智能的基础研究，避免不切实际的预言和承诺，而使研究“落入一张日益浮夸的网”中；另一方面，我们必须重视人工智能面向重大应用工程的研究和市场的创新开拓，但同时要避免在产品研发和市场推广中的“低水平、同质化”现象。

西安交通大学人工智能与机器人研究所不会满足于过去的辉煌，未来我们将继续促进与其他学科的深度交叉融合，推动人工智能技术新的应用，催生新的学科生长点，助力中国新一代人工智能事业的发展。

（郑南宁，中国工程院院士，西安交通大学人工智能与机器人研究所教授）